성공하는 미용기업을 위한

미용경영학

Beauty Management

정 훈

청구문화사

글을 시작하면서

"당신은 미용(美容)을 사랑합니까?"
"예, 저는 미용을 사랑합니다. 그리고 영원히 사랑하려고 최선을 다할 것입니다."

아침 햇살에 잠이 깨여 공간의 상념에 젖어있을 때, 처음 나의 머리를 스쳐가는 생각이 있다면 그것은 무엇일까? 무의식의 자아 속에서 내가 느낄 수 있고 나의 의지와는 상관없이 나의 주위를 맴도는 그 힘은 무엇으로 표현해야 하나?

누군가를 아름답게 해 준다는 것, 아름답게 변화하는 모습에서 희열을 느끼는 것, 많은 사람이 만족하는 모습에서 자신의 아름다움을 느끼는 것, 그것이 바로 뷰티의 모습이고 미용인의 참다운 자아상일 것이다.

미용을 사랑하는 것, 미용을 하나의 예술적인 작품으로 표현하는 것, 미용을 자신의 아름다움 인생을 향한 동반자로 생각하는 마음이 바로 미용인이 성공하는 지름길이 아닌가 싶다.

"미용 경영(Beauty Management)이란 과연 무엇일까?"
"자신이 경영하는 미용기업을 성공하는 미용기업으로 만드는 경영전략은 무엇일까?"
"미용경영에 대해 고민하는 미용인을 바라보면서 무엇을 어떻게 하는 것이 미용경영에서 성공을 거두는 것이며, 현재의 미용경영환경에 낙오하지 않고 적응할 수 있는 경영체계를 구축할 수 있는 것일까?"에 대한 해답을 제시해 보려고 미용업계에서는 최초로 경영학이라는 학문에 미용을 접목시킴으로서 실전적으로 미용현장에 적용될 수 있는 경영전략을 제시하려고 노력하였다.

이제까지 미용경영의 중요성은 많이 강조되어 왔지만 미용기업이 대형화 · 기업화 · 프랜차이즈화 된 시점에서 미용경영을 체계적으로 공부할 수 있는 책이 없었던 것이 현실이었다.

미용기업의 과다경쟁과 인구수 감소 및 소비위축으로 매출이 바닥에 이른 상황에서 경쟁력을 키우고 어려운 경영환경을 극복할 수 있는 대안을 제시하며 소비자의 심리를 자극할 수 있는 경영전략과 마케팅 전략을 제시하고자 한다.

미용기업은 소비자가 추구하는 욕구와 요구사항이 무엇인가를 파악하고, 이 욕구와 요구사항을 충족시키기 위해 미용테크닉과 서비스로 소비자를 맞이할 수 있어야 한다. 또한 소비자는 미용테크닉과 서비스를 더욱 향상할 수 있도록 미용테크닉과 서비스 개선에 대한 의견을 기탄없이 피드백 하는 정신을 길러야 한다. 이렇게 하여 미용기업과 소비자 간의 공존관계를 새로이 정립함으로써 새롭게 펼쳐질 미용경영환경에 능동적으로 적응할 수 있는 경영방법을 창조해 가야 하겠다.

소비자와 미용기업 모두가 새로운 미용경영 질서에 순응하는 주체자로서의 자신의 모습을 재정립해야 할 때다.

"미용경영학(Beauty Management)"은 결국 실천력과 추진력을 가진 사람이 미용현장에서 성공하기 위해 실천하는 학문이다. 따라서 이론과 현실의 상황에 한치의 틈이 있어서는 안 된다.

현장에서 일하는 미용인과 미용을 배우는 학생들이 미용경영을 기본적으로 쉽게 이해할 수 있어야 하며 미용기업 현장에 곧바로 참조할 수 있는 것이 되어야 한다.

물론 미용경영 실무자들의 지침서로서도 활용될 수 있을 것이다. 이 책에서 가장 중심을 둔 것은 바로 미용현장의 반영이며 미용인의 입장에서 생각하고 미용경영현실을 접목하려고 노력하였다.

이 책은 단순한 지식전달이나 이론적 배경보다 우리 미용기업이 실제 추구해야 할 실무전략 중심으로 전개한 것이 특징일 것이다.

"미용경영에는 정답이 없다."라는 말에서 알 수 있듯이 성공하는 미용기업을 창조하는 것은 미용을 진정으로 사랑하고 열심히 노력하고 실천하는 것만이 현재의 미용경영환경에서 살아남는 열쇠일 것이다.

아무쪼록 이 한 권의 책이 미용의 길을 걷고 있는 모든 이에게 빛과 소금의 역할을 하는 글이 되었으면 하는 바램이며, 현재의 미용경영환경에서 낙오되지 않고 성공하는 미용기업이 되기 위한 지침서로서 활용되기를 바란다.

불꽃같은 열정적인 삶을 위하여

정 훈

목 차

Ⅰ부 | 미용경영의 기본 이해

I 미용경영의 이해

Chapter 1

미용경영에 대한 이해

1. 미용경영에는 정답이 없다.

예전에 미용경영이라는 것을 전혀 모르는 상황에서 미용기업(미용실, 피부관리실, 메이크업실, 네일샵, 두피관리센터, 화장품 샵, 화장품/두발제조회사 등)을 창업했을 때를 지금 되새겨보면 참 겁 없이 덤볐구나 하는 생각과 함께 어떻게 하면 미용기업을 잘 운영하고 직원들을 잘 관리할 수 있을까? 하는 생각으로 많은 고민과 함께 눈물을 흘렸던 기억이 난다.

젊은 나이에 미용경영의 의미조차도 모른 채 미용기업을 경영하면서 열심히 노력하면 "잘 되는 미용기업, 성공하는 미용기업"을 만들 수 있을 것이라는 막연한 생각을 하였다.

물론 노력하는 것이 최선의 방법이지만, 결정적으로 미흡하였던 점은 산을 오르는데 지름길을 아는 지혜라던가, 방법을 생각하지 않고 노력을 통한 전진만 하면 된다는 생각을 가지지 않았나 생각이 든다. 지금 생각해보면 그 때의 기억이 한편의 추억 속의 영화처럼 아련한 그림으로 스쳐 지나가는 느낌이다.

미용대학과 미용산업 현장에서 "미용경영학"이라는 교과목을 학생들에게 가르치고, 미용기업을 경영하고 있는 현재도 미용기업을 잘 경영·관리할 수 있는 경영방법이 무엇이냐고 물어보는 미용기업의 경영자(원장)나 미용관련업체 대표님들의 이야기를 들으면 나는 "미용경영이 무엇일까?" 라는 고민에 빠지곤 한다.

하루는 이 문제에 대해 깊이 고민하다 한국 최고의 직영 미용기업을 창업하여 성공적인 경영으로 유명하신 미용기업 대표님에게 경영성공담과 함께 "미용경영이란 무엇인가?" 에 대해 여쭈어 본 적이 있다.

그 대표님은 곰곰이 생각하신 후 하시는 말씀이 "처음 미용기업을 경영할 때는 정확한 정답이 있는 줄 알았는데, 지금은 미용기업의 경영문제에 대해서는 정답이 여러 개라는 사실을 깨달았다." 라고 말씀하셨다.

나는 몇 번이나 이 말을 되새겨 본 후 깨달은 진리는 미용기업의 경영문제에는 정답이 여러 개라는 의미는 결국 "미용경영에는 정답이 없다."는 의미와 상통한다는 것을 알았다.

결국 미용경영이라는 것은 실천하는 행동에서 그 정답을 찾아야 하는 실천학문이라는 것을 깨닫게 되었다.

여기에서는 미용경영에 대한 개괄적인 의미를 되새겨 보고, 경영학의 이론적 체계를 미용경영에 접목하면서 실제적인 미용기업 현장에 필요한 부분을 살펴보게 될 것이다.

급변하는 미용경영환경에서 성공하는 미용기업을 만드는데 이 글이 미력의 힘이나마 되었으면 하는 바램과 함께 미용경영을 느낄 수 있는 초석이 되기를 바란다.

2. 미용경영환경의 현주소

1) 미용기업의 변화 현상

전국의 미용기업(미용실, 피부관리실, 메이크업실, 네일샵, 두피관리센터, 화장품 샵, 화장품/두발 제조회사 등)중 특히 두발 미용실 숫자는 87,126개 업소, 피부미용실 숫자는 15,511, 기타 미용업 숫자는 6,803(2013년 보건복지부 집계)로서 어려운 경기불황 속에서 감소할 것이라는 예상을 뒤엎고, 매년 미용기업의 숫자는 조금씩 증가하고 있다.

이런 현상은 규모화, 프랜차이즈화, 전문화 된 대형 미용기업이 어려운 경기영향으로 폐업을 하는 현상이 발생함으로서, 대형 미용기업에서 실직한 미용인들이 중소형 미용기업을 개업하는 것과, 새로운 시각으로 바라보는 미용업의 인기로 인해 많은 미용대학과 사설 교육기관을 통해 미용인들이 배출되었고 이것은 곧바로 소규모 동네 미용기업의 과다 탄생으로 이어지게 되었다.

또한, 토탈 뷰티에서 전문성을 강조한 기술부분으로 분화되면서 미용실, 피부관리실, 메이크업실이 구분하여 증가하게 되었고, 새로운 분야인 탈모와 두피 및 모발케어의 전문성을 강조한 두피관리센터도 급증하게 된다. 한류의 영향으로 미용산업이 크게 성장하게 되었으며, 이로 인해 화장품 산업과 두발 제조산업도 크게 성장하는 효과로 나타나게 되었다.

각 시·도별 집계를 보면 대도시보다는 외곽지역으로 상권이 분산되어 미용업소가 늘어나고 있으며 중소형 미용실과 전문적인 특성(예: 남성전용 커트전문점, 헤어칼라링 전문점, 헤어클리닉 전문점, 패밀리 헤어 전문점, 실버 전문점 등)을 갖춘 미용실이 많이 증가하고 있음을 볼 수 있다.

또한, 메디컬 분야와 뷰티 분야의 협력을 통한 메디컬 뷰티 산업이 크게 성장하고 있으며, 고객확보에 유리한 뷰티분야의 우수성과 전문성의 신뢰를 가진 메디컬 분야가 동반성장하고 있는 추세에 있다.

2) 새로운 메뉴의 등장

(1) 미용기업의 새로운 메뉴 등장

(가) 헤어 칼라링 : 미용실

1990년대 중반부터 불기 시작한 헤어 칼라링 바람은 미용실을 방문하는 고객들의 주 메뉴로 자리 잡게 되었다. 헤어 칼라링이 미용실의 주요 메뉴로 자리 잡으면서 헤어 칼라링 메뉴를 전문화한 "헤어 칼라링 전문 미용실"과 "헤어칼라리스트 양성을 위한 전문 교육기관"이 생겨나고 있다.

헤어 칼라링 전문 미용실 및 헤어칼라리스트 양성 교육기관은 헤어 칼라링의 정확한 이해와 이를 통한 전문기술 습득 교육 및 고객 클레임 처리 등의 방법 등을 제시하고 있다.

특히, 자신의 손에 익숙한 헤어 칼라링 제품만을 사용하던 습관에서 벗어나 다양한 염모제를 능숙하게 사용할 수 있는 전문 칼라리스트 양성을 배출하는데 목표를 두고 있다.

기존의 웰라, 로레알, 아모스 등의 독일과 프랑스 한국의 헤어제품 전문기업 외에도 최근에는 일본기업인 밀본, 데미, 시세이도, 넘버3 등 여러 두발 화장품업체나, 한국의 제약회사들이 속속 헤어 칼라링 시장을 선점하기 위해 진출하고 있으며, 새치(흰머리) 염색 및 멋내기 염색의 헤어 칼라링 시장 확보를 위한 치열한 마케팅 경쟁이 펼쳐지고 있는 상황이다.

헤어 칼라링 시장의 지속적인 확대를 위해서는 무엇보다 헤어 칼라링에 대한 지식과 이론, 상황에 따라 달라지는 헤어칼라에 대한 노하우 등을 교육하고 미용실

내에서 숍 인 숍(shop in shop) 개념의 헤어 칼라링 전문점을 운영하는 경영전략 방법이 필요할 것이다.

또한 새로운 염색기법의 개발을 통해 헤어 칼라 전문점이 더욱 경쟁력 있는 미용실의 주 메뉴로 등장하도록 전문교육이 시급한 실정이다.

새로운 헤어 칼라링 공급시장으로 홈쇼핑 시장이 크게 성장하므로 인해 미용실을 방문하던 고객들이 집에서 홈케어를 통해 헤어 칼라링을 하므로 인해 미용실 방문 고객수가 줄어들고 있는 것도 헤어 칼라링 시장이 어렵게 되는 요인이므로, 홈케어 시장에서 전문적인 미용실 시장으로 얼마나 고객의 마음을 돌리게 하는 것도 중요한 부분이다.

(나) 모발클리닉 : 미용실, 두피관리센터

1997년도에 모발진단기기의 도입을 통해 미용실이 새로운 메뉴로 모발클리닉 개념을 도입함으로써 고객에게 손상되지 않은 머릿결을 유지시키려는 움직임이 있었으나, 화학적 시술로 인한 손상모에 대한 모발클리닉 시술의 완벽한 기술 적용이 미흡하여 모발클리닉이 주춤하게 되었다.

모발클리닉에 대한 고객의 요구와 욕구 증가가 꾸준하게 증가되므로 고객만족을 시킬 수 있는 미용실의 새로운 메뉴로 모발클리닉 개념이 등장하게 되었으며, 모발클리닉의 필수 품목인 모발진단기기와 모발클리닉 제품을 선보이는 업체들이 엄청나게 경쟁하고 있다.

특히 일본 미용기업의 모발클리닉 제품인 무코타, 르미네상스, 다이찌 등의 제품들이 고객들에게 큰 인기를 얻게 되므로 인해 모발클리닉 시장이 크게 성장하게 되었으며, 백화점 및 홈쇼핑 시장까지 진출하게 되었다.

이런 흐름은 물리적, 화학적, 환경적 요인에 의해 손상된 고객의 모발에 윤기를 주며, 홈케어(Home Care)를 통한 관리를 해 주면서 고객감동을 느끼게 함으로 고객 확보율의 확대 효과와 함께 매출증가로 이어지게 하는 것이다.

(다) 두피케어 및 탈모케어 : 두피/ 탈모 전문케어센터

1998년부터 도입된 두피케어 및 탈모케어 시스템은 초창기에는 두피제품과 탈모제품 위주로 점판이 중심이 된 신 메뉴로 미용실에 도입되게 되었다.

초창기에는 두피제품에 대한 안내와 탈모제품에 대한 안내 및 적용방법에 대한 교육이 주로 이루어졌으나, 2003년을 넘어서면서 두피케어 시스템과 탈모케어 시스템으로 발전시키면서 새로운 미용실의 고부가가치를 창출하는 시술메뉴로 자리

잡게 된다.

또한, 2007년부터 두피케어와 탈모케어를 전문적으로 하는 "두피/ 탈모 전문케어센터"가 등장하게 되면서 두피와 탈모를 케어를 성공적으로 할 수 있는 테크닉과 효과를 낼 수 있는 제품 개발이 꾸준하게 이루어지게 되었다.

이런 테크닉 개발과 우수한 제품 및 임상자료를 가지고, 해외로 진출한 성공기업이 나오게 되었으며, 이러한 제품들은 홈쇼핑과 인터넷쇼핑을 통해 고객에게 조금 더 다가가서 판매되는 새로운 시장을 형성하게 되었다.

(라) 메디컬과 뷰티의 융합 : 메디컬 뷰티센터

2000년 전에는 미용실 안에 피부관리실, 네일아트, 메이크업을 할 수 있는 공간을 분할하여, 한곳의 미용실 안에서 토탈로 피부와 네일, 메이크업 시술을 하였다.

2000년이 넘어서면서는 미용기업은 전문화를 강조하며, 토탈로 운영되던 샵들은 미용기업의 전문성과 직원들의 전문성을 내세우며, 각 분야별의 전문기술 분야로 전문화된 샵이 오픈하게 된다.

이런 현상은 2014년 아이디헤어의 뷰티클러스터가 탄생하면서 600평 공간에 성형외과/ 피부과 및 카페, 꽃집, 휘트니스 센터와 미용기업이 융합된 메디컬 뷰티공간이 탄생하게 된다.

2016년에는 두피/ 탈모 전문기업이 "닥터스칼프"가 한국의 심장부인 압구정에 "HBC 메디컬 뷰티센터"를 최초로 오픈하게 되면서, 여기에는 "닥터미 성형외과, 닥터미 피부과, 닥터스칼프, HBC 메디컬 뷰티센터, HBC 메디컬 뷰티아카데미, HBC 홀딩스, HBC 코스메틱"이 메디컬과 뷰티가 융합된 새로운 메디컬 뷰티시장이 등장하게 된다.

이런 메디컬과 뷰티과 융합된 공간을 통해 고객을 같이 확보할 수 있는 시너지 효과와 함께 고객의 공유를 통해 매출을 극대화 시키고, 한 공간에서 원스톱으로 메디컬 클리닉과 뷰티케어를 동시에 받을 수 있는 효과를 얻을 수 있게 되었다.

이 모델은 해외에서도 각광 받을 수 있는 메디컬 뷰티 융합 모델로 메디컬 뷰티 컨설팅을 통해 해외에 수출하게 될 것이며, 여기에 근무하는 우수인재를 양성하는 메디컬 뷰티 아카데미 사업도 크게 성장하게 된다.

<표 1-1> 해외 및 한국 미용업계의 변천

연대	내용
1950년대 : 셋팅	미용사는 뷰티션(Beautician), 이용사는 바버(Barber)로 구분되고, 여성은 뷰티 살롱(Beauty Salon), 남성은 바벌스(Barber's)로 발길을 옮겼다. 또한, 이발소(Barber's)의 영업형태에 점점 그늘이 드리운다.
1960년대 : 커트	비틀즈의 영향으로 멋진 장발을 선호하는 남성이 증가했다. 그것에 대응해서 "유니섹스 살롱"이 출현했으며, 바버(Barber)는 급격히 감소했다. 헤어디자이너로 유명한 "비달사순"이 등장하게 되므로, 커트 기술의 기본인 원랭스 커트의 기초가 정립되게 되었다.
1970년대 : 파마	남성이 미용실에 가는 것이 당연하게 되고, 헤어 스타일을 아름답게 하기 위해 방문하는 장소는 "헤어살롱"이라는 명칭으로 일체화되었다. 미용 기술적인 것에 성 구분이 없어지고, 미용 기술자는 헤어 스타일리스트(Hair Stylist)라고 호칭하였다.
1980년대 : 칼라링	1개 헤어살롱에서 모든 미용기술을 하는 토탈 뷰티살롱이 대두하였고, 헤어 칼라링에 대한 관심이 상당히 고조되었다. 또한, 커트 메뉴를 중심으로 한 저요금의 아메리카 살롱이 출현했다.
1990년대 : 모발케어	미용실 형태의 다양화, 분업화, 전문화가 진행되었다. 미용서비스에서도 아름답게 보이는 서비스(Look-Good Service)에서 기분이 좋은 서비스(Feel-Good Service)를 플러스한 뷰티살롱(Beauty Salon)이 등장하게 되였다.
2000년대 : 두피/ 탈모케어	두피케어와 탈모케어를 전문으로 하는 "두피/ 탈모 전문케어센터"가 등장하게 되었으며, 홈쇼핑 시장의 성장으로 인해 염모제 및 샴푸류와 다양한 뷰티제품들이 홈케어 제품으로 홈쇼핑 시장에서 판매되고 있다.
2010년대 : 메디컬 뷰티	메디컬과 뷰티 시장의 고객확보에 대한 필요에 의해 메디컬과 뷰티시장의 공간이 융합된 모델이 등장하게 되었으며, 이 모델은 해외 및 한국에서도 새로운 미용업계의 수익모델 및 비즈니스 모델로 성장하게 된다.

3) 전문화된 미용테크닉 시대

일본 미용업계의 교육흐름을 한국 미용업계와 비교해 보면, 일본은 전문화된 교육 위주로 교육과정을 세분화시켜 교육함으로 미용 전문가를 양성하고 있으나 우리 미용업계는 그렇지 못한 것이 현실이다.

여기에 대한 반성의 결과로 2016년 현재 20개가 넘는 뷰티/ 화장품 관련 4년제 대학교와, 100가 넘는 2년제 전문대학에서 유능한 인재양성을 위한 전문화된 교육을 시키고 있다.

또한, 재교육 기관으로 커트 전문 아카데미, 헤어 칼라링 전문 아카데미, 피부 및 두피 전문 아카데미, 메이크업 및 네일 아카데미 등의 미용 인력 양성 아카데미가 생겨나고 있다. 이것은 곧 전문인력 양성으로 이어질 것이며, 전문인력을 인정하는 국가 자격증도 전문화된 분야에 맞게 통합 미용사 자격증에서 헤어 국가자격증, 피부 국가자격증, 메이크업 국가자격증, 네일 국가자격증으로 구분되어 전문성을 강조하고 있다.

두피분야는 전문성 교육을 통해 민간자격증이 발급되고 있으며, 화장품 제조에 대한 국가자격증도 발급되고 있다.

4) 리엔지니어링을 통한 경영기법

"리엔지니어링"을 한마디로 정의하자면 과거의 경영방식을 포기하고 조직을 재구축하는 것이다.

리엔지니어링의 궁극적인 목적은 바로 "고객만족경영"이며 추구하는 것은 "스피드 경영"을 통한 리엔지니어링 경영기법을 미용경영환경에 접목시킴으로 예전의 주먹구구식 경영방법에서 탈피하여 구체화된 방법론을 행동으로 옮김으로 기술·이익·서비스·속도를 혁신시킴으로 고객만족중심의 미용기업으로 탄생하도록 하려는 움직임이 일어나고 있다.

〈그림 1-1〉 새로운 미용기업 경영관리

경영관리	현재 미용업		미래의 미용업
경영스타일	1. 기술만 있으면 2. 사람만 있으면 3. 합리화 4. 원가절감(부분가치)	→	고객에 대한 서비스 질의 향상이 이익을 낳는다. (토탈 가치)
미용기업 종업원	기술수준에 맞는 서비스를 제공한다.	→	고객에 대해서 최고의 서비스를 제공한다. 업무서비스/개인서비스
경영자·매니저	관리조정(의존성 강화)	→	1. 종업원의 활동을 지지, 지원 2. 가능성에 도전 3. 스스로 따라옴 (자립성 강화)
평가	매출성과	→	고객만족도
테마	미용기업 주도	→	고객주도

3. 미용기업 경영의 활성화 방안

우리나라는 80년대 후반 경제적 성장과, 88 서울올림픽이라는 세계적인 행사를 치르면서 괄목할만한 성장을 이룩하였다. 한국인들은 예로부터 멋과 아름다움을 중요시하였으므로 특히 신체를 아름답게 꾸미는 미용에 상당한 관심을 가진 것으로 볼 수 있다. 이로 인해 미용기업은 부를 축적할 수 있는 바탕을 마련하였으며 이를 기반으로 여러 형태의 미용관련 사업을 하는 경영자들이 탄생하였고, 미용 문화 또한 한층 나아지는 계기가 되었다.

미용이라는 직업은 다른 분야의 직업과는 달리 매일매일 제각기 다른 고객들을 만나게 되며 고객의 얼굴에 맞게 헤어, 피부, 메이크업, 네일, 두피/ 탈모케어 서비스해 주므로 "美"를 창조하는 예술적인 작업으로 변화하는 고객의 욕구에 맞추지 못하고 지속적인 노력이 없으면 절대 해 나갈 수 없는 전문직업이라고 할 수 있다.

그러나, 미용이라는 전문직업도 다른 분야의 산업과 같이 능동적으로 변화하지 않으면 살아남을 수 없으며, 단순한 변화가 아니라 혁신을 할 수 있는 대비책을 마련하여야 한다.

미용기업 자체적으로 새로운 경영시스템을 계획하여 체계적으로 운영관리 하여야 하며, 경영자 및 종업원들의 마인드가 변화하여야 하고, 새로운 경영 패러다임(Paradigm)으로 등장한 지식경영(Knowledge Management)이론을 미용기업에 접목시킴으로써 미용기업을 활성화 할 수 있는 방안을 마련해야 할 것이다.

1) 지식경영(Knowledge Management) 도입

새로운 기업 패러다임으로 등장하고 있는 지식경영의 의미를 보면 "기업목표를 달성하기 위해 지식을 창조하고 확산하고 활용하는 일련의 과정"이라고 표현할 수 있다.

또한, 지식경영은 크게 세 가지 핵심요소로 구성되는 데 "지식을 창출 획득하는 과정, 그것을 공유하는 과정, 그리고 이를 이익 창출로 연결하기 위해 활용하는 과정"으로 나눌 수 있다. 여기서 무엇보다 중요한 것은 조직 내부에 있는 기존 지식을 공유하는 것이라고 볼 수 있다.

지금까지의 미용기업은 자기만의 뛰어난 기술, 경영 노하우, 독특한 CS(고객만족) 서비스를 가지고 있어도 조직 외부는 물론 내부에서도 절대로 공유하지 않는 것을 원칙처럼 생각하여 왔다.

이런 사고방식으로는 다가오는 미용경영환경에서 미용기업의 발전이라는 것은 이루어질 수 없으며 이로 인해 미용 문화는 낙후를 거듭할 것이다.

미용기업이 성장할 수 있는 길은 미용기업 내부 어딘가에 있지만, 지식공유가 이뤄지지 않아 현실에 적용하지 못하고 있는 지식을 찾아서 적용하므로 고객수요를 창출하도록 하여야 할 것이다.

시대가 변화하고 있으며 또한 미용을 새로운 전문직업으로 배우려고 하는 젊은 인재들이 속속들이 미용업계로 들어오고 있는 현실에 비추어 볼 때 지식공유를 통한 전문지식의 확산은 미용업계의 발전과 더불어 미용을 배우는 후배들에게 새로운 이정표가 될 것이다.

2) 경영마인드의 혁신

미용기업에서 무엇보다 중요한 것은 경영자의 마음가짐, 즉 마인드 일 것이다. 아무리 똑똑한 미용기술자가 미용기업에 많다고 하여도 이 직원들을 리드해 나갈 경영자가 없다면 그 미용기업은 모래 위에 집을 짓는 것과 같을 것이다.

먼저 경영자는 장기적인 경영이념을 설정해야 하며 이를 바탕으로 단기적인 사업방침을 결정해야 할 것이다. 사업방침이 결정되면 1년, 6개월, 3개월, 1개월 등으로 구분하여 사업목표를 정립하여야 한다.

예를 들면, 미용기업의 수익면의 사업목표를 살펴보면 매출목표 및 이익목표, 일일 손익분기점을 설정하고 이를 달성할 수 있도록 방법 및 직원운영 계획을 검토하는 것을 들 수 있을 것이다. 경영자는 자신의 행동에 책임을 지는 마음가짐과 함께 강한 추진력 그리고 실천력이 필수라고 할 수 있다. 이것은 하루아침에 만들어지는 것이 아니기에 매니저 교육을 통해 능력이나 자질을 배양하도록 하여야 할 것이다.

이런 사례는 “맥도널드” 회사의 매니저 교육체계에서도 알 수 있듯이, 경영자의 변화만이 성장하는 미용기업을 만들 수 있을 것이다.

3) 강자만이 살아남는다.

지금까지 미용기업은 단지 옆에 있는 미용기업과의 경쟁, 즉 국내에 있는 미용기업으로만 생각하여 왔지만, 국제경쟁시대이므로 외국 미용기업, 외국 유명 디자이너와 경쟁하는 시대로 접어들게 될 것이다.

1990년대 중반 외국 유명 미용 프랜차이즈인 “쟈그데상쥬” “모즈헤어” “장루이다

비드"가 외국기술과 경영 노하우로 미용업계에 진출하였지만 한국 미용기업에 비해 큰 성공을 거두지는 못하고 있다.

최근 들어, 직영중심의 미용실(예 : 준오헤어, 화미주, 아이디 헤어, 리차드 헤어 등)이 크게 성장하고 있으며, 피부 미용실의 경우 피부과 병원과의 전문성에 의존하는 샵 만이 성장하고 있다.

또한, 네일이나 메이크업 분야의 경우에는 기술 서비스 보다는 제품판매로 인해 매출 증대를 중심으로 하는 미용기업만이 살아남고 있으며, 두피/ 탈모 분야의 미용기업은 제품과 기술서비스를 가지고 해외진출을 통해 성장하는 기업만이 살아남고 있는 것이 현실정이다.

이런 현실로 볼 때 성공하는 미용기업, 경영자, 종업원이 되기 위해서는 내실 있는 실력과 이익창출을 할 수 있는 전략 및 고객을 유치할 수 있는 방법을 마련하고 국내부분도 중요하지만 우수기술과 서비스 및 시스템을 가지고 해외진출을 통해 새로운 방향을 모색하는 것이 중요하다.

4) 고객만족경영(Customer Satisfaction)시대

미용기업의 "고객만족"이란 고객의 욕구와 기대에 최대한 부응하여, 그 결과 미용기업의 기술과 서비스의 재이용과 재구매가 이뤄지고 아울러 고객의 신뢰감이 연속적으로 이어지는 상태를 말하는 것이다.

미용기업은 고객만족, 고객창조 경영시대에 낙오하지 않기 위해서는 고객의 욕구가 무엇인가를 파악하고 이 욕구를 충족시키는 데 부족함이 없는 기술과 서비스로 고객을 맞이할 수 있어야 할 것이다.

(1) 고객의 3대 만족

(가) 상품 : 뛰어난 기술, 독특한 기술, 차별화된 기술

(나) 살롱(기업) : 좋은 이미지, 신뢰할 수 있는 미용기업, 편안한 미용기업

(다) 사람 : 친절하고 적극적인 미용사, 웃음과 활력을 줄 수 있는 직원

(2) 고객 개척, 유지 노력을 배가하라.

(가) 고객의 밀착관리

미용기업을 지키면서 고객이 올 때까지 기다리는 것이 아니라, 고객을 유치할 수

있는 방법을 모색하여 고객에게 다가가도록 하여야 한다.

(나) 고객 응대 기법을 개발하라.

고객은 한가지 성격을 가진 사람만 오는 것이 아니므로 각자의 성격에 맞는 응대 기법을 개발하고 이를 교육을 통해 숙지할 수 있도록 해야 한다.

(3) 고객의 심리를 파악하고 만족시키자.

고객들은 미용기업에 꼭 헤어나 피부관리, 메이크업, 네일, 두피/ 탈모케어 관리만을 하러 오지는 않는다. 가령 편하게 쉬고 싶다든지, 스트레스가 있을 경우 해소하기 위해 오는 경우도 있다. 이런 고객의 심리를 잘 파악하여 만족시키는 것도 고객만족의 한 방법일 것이다.

예) 고객의 심리 : 우월성 심리, 과시적 심리, 편하고 싶은 마음, 대접받고 싶은 마음, 자랑하고 싶은 마음, 아름다워지고 싶은 마음, 행복하고 싶은 마음 등

5) 미용기술 변화에 대한 능동적으로 대처

예를 들어 미용기업 중 미용실의 메뉴 중에서 1998년에 유행이었던 것이 바로 셋팅 파마였다. 자연스러운 분위기를 연출할 수 있는 파마가 유행하였는데 이것이 유행하리라고 예측한 사람은 그렇게 많지 않을 것이다. 그 후 1999년 초부터 유행했던 미용기술 매뉴얼은 바로 매직 스트레이트였다.

미용실을 지나가다 보면 "곱슬머리 확실하게 펴 드립니다."라는 문구를 적어 놓지 않은 미용실은 거의 없을 것이다. 이렇듯이 기본적인 미용실의 매뉴얼 외에 고객들의 욕구와 만족을 자극하는 새로운 매뉴얼이 고객의 욕구와 요구에 따라 시대의 유행에 따라 끊임없이 변화하고 트랜드를 만들어 내며 등장하고 있다.

최근에 새로운 트랜드로 유행하고 미용실 매뉴얼은 두피/ 탈모 및 모발관리로서 모발과 두피를 보호하는 헤어케어 분야가 상당히 강조되고 있다. 다른 미용실에서 새로운 매뉴얼로 받아들여 고객에게 시술하고 난 뒤 저것이 될까? 하고 고민할 때 유행의 흐름은 이미 지나가고 있는 것이다. 무엇이든지 빨리 변화의 흐름에 대처하는 사람이 고객을 한 명이라도 더 유치할 수 있는 미용실이 될 것이며 이것이 수익으로 연결될 것이다.

새로운 미용경영환경에서의 미용기업의 활성화 방안은 앞에서 기술한 내용도 물론

미용기업을 활성화시키기 위한 구체적인 전략으로 중요하겠지만, 무엇보다 중요한 것은 미용을 진정한 예술로서, 자신의 평생직업으로서 사랑하는 마음이 우선일 것이다.

이런 미용에 대한 열정과 마음가짐이 기초가 되어 미용기업을 경영할 때, 우리의 미용수준은 한층 더 향상될 것이며 미용에 종사하는 한사람 한사람이 미용업계를 짊어지고 가는 버팀목이 될 것이다.

미용에 꿈을 가지고 열심히 공부하고 있는 후배 미용인들에게 미용의 비전과 발전되어 가는 모습을 보이기 위해 노력해야 할 것이며 이들이 진정한 한국 미용계의 발전을 이루는 초석이 될 수 있도록 격려자가 되어야 할 것이다.

4. 미용경영의 연구방향

"미용경영에는 정답이 없다."라는 말에 공감을 하는 사람들에게 들려주고 싶은 이야기가 한 가지 있다면 물론 미용경영에는 정답이 없지만 경영을 잘 할 수 있는 방법은 바로 자기역량에 맞는 실천력과 추진력이라는 것을 제시하고 싶다.

발로 뛰는 꾸준한 실천력과 추진력 만이 급변하는 미용경영환경에서 살아남을 수 있는 길이며, 매일매일 닥쳐오는 미용환경에서의 어려움과 고민거리를 이겨낼 수 있는 방법일 것이다. 먼저 미용창업과 미용경영시 겪게 되는 고민거리를 미용경영의 연구방향 중심으로 살펴보도록 하자.

① 미용경영에 대한 기본적인 이해를 하며 미용경영환경에 대해 살펴본다.
: 미용경영에 대한 이해

② 미용경영학 및 미용경영자의 개념과 중요성을 인식하므로 미용경영학이 미용기업에 필요한 이유에 대해 알아본다.
: 미용경영학 및 미용경영자의 개념

③ 미용기업을 둘러싼 환경의 변화를 정확하게 포착하여 이에 대한 조화를 도모하기 위해 어떻게 대응할 것인가를 연구하지 않으면 안 된다.
: 미용경영 환경 및 분석

④ 미용창업시 겪게 되는 창업 준비 과정 및 상권분석을 원활하게 함으로 개업 준비를 완벽하게 하는 것이다.

: 미용창업론

⑤ 고객의 요구(Needs)나 욕구(Wants)를 최대한 만족시키는 기술 및 서비스를 어떻게 개발하고 고객에게 전달시키느냐 하는 문제이다.
: 미용마케팅

⑥ 어떻게 하면 고객(Customer)을 많이 유치하여 이것을 경제적 효율성(이익)으로 연결시킬까 하는 것이다.
: 미용고객관리

⑦ 미용기업은 종업원을 유능한 인재로 육성하는데 관심을 두지 않으면 안 된다. 급변하는 경영환경 속에서 경쟁력을 확보하면서 성장과 발전을 촉진하기 위해서는 무엇보다도 환경변화에 대응할 수 있는 우수한 인적자원이 필요하기 때문이다.
: 미용 인적자원관리

⑧ 미용기업에 채용한 인재의 능력을 향상시키고 일에 대한 의욕을 높이기 위한 방법으로 교육훈련이 실시되는데, 새로운 기술과 지식을 어떻게 하면 빠른 시간안에 연마하느냐 하는 문제이다. 또한 미용기업에서 종업원 개개인의 업무수행을 통하여 보다 큰 성취와 발전을 이룰 수 있도록 사람을 평가 내지 평정하는 방법을 제도화 한 것을 인사고과제도라고 한다.
: 미용교육훈련

⑨ 미용기업경영을 지속시키기 위해서는 종업원의 생활을 유지시켜 일에 대한 의욕을 향상시키면서 기업의 목표를 달성시킬 수 있는 임금제도가 필요하다.
: 미용임금관리

⑩ 미용기업의 생산성과 운영시스템을 어떻게 잘 관리할 것인가 하는 문제이다.
: 미용운영관리

⑪ 미용경영에 있어서의 재무관리 및 경영 평가표를 통한 경영분석에 관한 문제이다.
: 미용재무관리

⑫ 미용기업 현장의 문제를 보다 구체적으로 파악하며 미용창업 계획을 작성해 보므로 경영현장의 적응력과 창업능력을 기른다.
: 미용기업의 모의경영

이상의 고민거리를 완벽하게 해결할 수 있는 정답은 없겠지만, 구체적인 경영이론과 벤치마킹을 통한 성공사례를 중심으로 연구함으로 성공하는 미용기업의 지름길을 찾는 동반자가 되도록 하겠다. 아무쪼록 미용을 사랑하는 미용인의 한사람으로 열정과 정열을 가진 미용인들에게 자그마한 힘의 원동력이 되었으면 하는 바램이다.

Chapter 2

미용경영학 및 미용경영자의 개념

1. 미용경영학의 정의

경영학이라고 이야기하면 막연하다든지 아니면 아주 어려운 학문으로 인식하는 사람이 많다. 물론 경영학을 처음 접하는 사람은 생소함을 느낄 것이며 실천학문인 경영학을 미용에 접목시키리란 쉬운 것은 아니다.

그러나, 하루하루 변화하는 미용환경에서 살아남고 성공적인 미용기업을 만들기 위해서는 경영학의 미용기업에 대한 접목은 필수 불가결한 것이다.

그러므로 경영학을 미용환경에 접목시킨 미용경영학의 개념을 이해하고 경영일선에서 활약하고 있는 모든 미용인들에게 새로운 것을 깨우치는 기쁨과 즐거움을 느끼면서 기초지식을 터득하여 보다 깊은 학습에의 흥미와 실리를 거두어 주는 것이 주된 목적이라고 생각한다.

미용기업의 목표달성을 위해 미용기업이 동원할 수 있는 모든 자원을 활용하여 구성원들의 노력을 계획, 조직, 지휘, 통제하는 일련의 과정을 통해 효율적이며 성공적인 미용기업을 만들 수 있게 연구하고 경영하는 실천적 학문을 "미용경영학"이라고 한다.

미용경영학이란 단지 말로만 그치는 이론학문이 아니라 실제 경영자가 변화하고 미용기업에서 근무하는 종업원들이 변화하며 그 미용기업을 이용하는 고객들이 변화된 모습에서 감동을 느끼므로 실천적인 행동과 마음자세의 변화를 요구하는 실천학문이 미용경영학이라 말할 수 있다.

그러나, 미용기업이라는 공간이 각 지역이나 장소의 특수성, 직원의 수, 미용기업의 규모 등에 따라 여러 변수가 존재하지만 이런 세분화된 분류 없이 막연히 미용기업을 잘 운영하는 방법이 미용기업에 일반적인 경영학의 개념만 도입하면 된다는 식으로 생각하고 미용기업에서 미용경영학이라는 이름을 사용하고 있지는 않나 하는 생각이 든다.

미용기업에서 경영을 잘하기 위해서는 고객관리, 인적자원관리, 마케팅관리, 인성교육 및 접객서비스, 기술개발 및 교육관리, 경영자의 마인드와 직원들의 마음가짐, 시설과 인테리어, 상권선택, 제품 판매관리, 재무관리, 가격관리, 광고와 판촉, 미용상담 심리, 정보 및 인터넷 등을 어떻게 효율적으로 잘 습득하고 활용하여 자기 미용기업에 맞게 적용·실천하므로 경영의 변화를 주느냐 하는데 있다.

〈표 2-1〉 미용경영학의 의미

광의적 의미	미용기업의 경영자원을 활용하여 계획, 조직, 지휘, 통제를 하는 것을 의미한다.
협의적 의미	미용기업의 관리대상인 인적자원, 물적자원 등을 경영수단과 방법을 활용하여 효율적으로 운영하는 것을 의미한다.

〈표 2-2〉 미용경영의 중요성

구 분	경영계획이 있는 미용기업	경영계획이 없는 미용기업
고 객	중심 고객층이 누군가 명확하게 나타나 있다.	중심 고객층이 명확하게 나타나 있지 않다.
기 술	타겟에 맞는 기술이나 서비스를 특화한다.	중심기술과 특징이 없으며, 서비스가 특화되어 있지 않다.
경영자	기술자로서의 자부심보다 경영자로서의 책임감을 우선으로 한다.	"자신은 기술이 높기 때문에"를 입버릇처럼 말한다.
종업원	항상 생산성을 고려하여 업무를 하며 매출에 신경을 쓴다.	안정적인 종업원 정착을 바랄 수 없고, 항상 종업원이 고생스럽다.
이 익	이익은 결과로서가 아니라 적극적으로 획득하는 것이라고 생각한다.	이익은 열심히 일한 결과라고만 생각한다.
관 리	합리적이며 다른 사람이 알기 쉽도록 한다.	모든 일을 적당히 하며, 다른 사람이 알아보기 어렵다.
전 략	경영의 비전을 실현하기 위한 명확한 지침이 나타나 있다.	처음부터 전략이라는 개념이 없다.

2. 미용경영자의 개념

1) 미용경영자의 정의 및 역할

"미용경영자"는 미용기업의 재자원을 이용하여 계획, 조직, 지휘, 통제하여 미용기업 활동을 담당하고 조직을 이끌어 성과를 내며 그 결과에 책임을 지는 역할을 담당하며, 미용기업의 분위기 조성과 종업원들의 자질, 능력을 파악하여 개발할 수 있게 하며 미용기업을 이끌어갈 지도력을 가지고 타 미용기업과의 경쟁능력을 갖춘 경영자를 말한다.

또한 미용기업을 이용하는 고객이 편안함을 느낄 수 있게 시설을 배치하는 능력과 소비자들의 유행욕구에 대해 관심을 갖고 매상과 경비 이익을 잘 파악하여 합리적으로 미용기업을 운영·경영해 나가는 역할을 담당해야 한다.

미용경영자는 고객과는 달리 조금이라도 유리하게 경영전개를 하기 위해 자기 미용기업의 개성에 끌려오는 고객을 타겟으로 설정하거나 새로운 업태로 새로운 고객을 창출하려고 생각한다. 그러므로 미용경영자는 자기 미용기업의 경영전략과 업태가 무엇인지를 충분히 인식해서 그것에 적합한 리더의 조건을 갖추어야 한다.

〈표 2-3〉 미용경영자의 역할 10가지

1. 미용기업의 상권을 파악할 수 있어야 한다.
2. 교육의 특성화를 통해 직원들의 능력을 최대로 발휘하게 할 수 있어야 한다.
3. 고객들의 심리를 잘 파악해야 한다.
4. 미용기업에 필요한 인적구성을 잘 확보하고 적재적소에 배치할 수 있어야 한다.
5. 수입과 지출과 이익관리를 잘 해야 한다.
6. 미용기업간의 경쟁가치를 높일 수 있어야 한다.
7. 고객의 변화 흐름을 파악할 수 있어야 하고 조직을 잘 이끌어 나가야 한다.
8. 고객이 만족할 수 있도록 미용기업내의 시설설비를 계획해야 한다.
9. 이익관리를 능률적으로 해 자산가치를 높일 수 있어야 한다.
10. 미용을 사랑할 수 있는 인성교육을 통해 인재양성을 할 수 있어야 한다.

2) 미용경영자의 경영이념

미용경영자는 경영자로서의 경영철학 및 경영이념을 반드시 가지고 있어야 한다. 경영자로서의 경영철학은 "배품으로 얻을 수 있다."는 철학을 가지고 기업의 종업원에게 최대한 잘해 줄 수 있도록 한다.

먼저 종업원의 만족이 이룩되고 난 뒤 고객 만족, 경영자 만족으로 이어진다는 원리를 알아야 한다. 또한 종업원 스스로가 즐겁게 근무할 수 있는 제도와 발전된 미래의 대비책을 준비해 나가는 경영이념을 세워야 한다.

① 유행을 창조하는 미용 감각, 디자인 감각, 패션 감각, 고도의 미용기술, 좋은 매너, 적정한 가격 등으로 고객만족을 최우선 경영이념으로 생각하며 고객에게 봉사한다.
② 미용기업 성공은 합리적인 이윤 추구에 있다.
③ 미용기업 전 종업원의 생활안정 및 자아실현 욕구 향상에 최선을 다한다.
④ 경영자의 경영관리 능력개발과 종업원의 기술 능력개발에 지속적인 노력을 한다.
⑤ 급속히 변화하는 사회, 경제, 고객의 상황에 능동적으로 대처하는 능력을 배양한다.
⑥ 국가와 지역사회에 공헌하는 미용경영자가 된다.

3) 미용경영자의 요건

모든 것은 문제의 인식으로부터 출발하며 문제를 인식한 후 행동목표를 설정하고 실천에 옮겨야 한다. 미용경영의 중요성을 인식한다면 지금까지 보고, 듣고, 막연하게나마 생각했던 것을 구체적으로 글로 기록하고 몇 가지 사항을 실천목표로 확정하고, 당장 행동에 옮기는 태도가 전문경영인으로서 "미용경영자의 요건"이다.

(1) 미용경영자의 기질

당신은 미용경영자로서의 기질을 얼마나 갖고 있는가를 판단하기 위해 아래의 설문에 대답해 보도록 하자.

〈표 2-4〉 미용경영자의 기질

기 질	-2	-1	0	+1	+2
융통성	*	*	*	*	*
도전적임	*	*	*	*	*
박력	*	*	*	*	*
리더십	*	*	*	*	*
남과 잘 어울릴 수 있음	*	*	*	*	*
다른 사람 의견에 관심을 가짐	*	*	*	*	*
비판적인 견해에 귀를 기울임	*	*	*	*	*
끈기	*	*	*	*	*
자금동원능력	*	*	*	*	*
성취욕구	*	*	*	*	*
주도적으로 일을 함	*	*	*	*	*
독립심	*	*	*	*	*
앞을 내다보는 능력	*	*	*	*	*
이익지향적	*	*	*	*	*
낙천적	*	*	*	*	*
다양한 재주	*	*	*	*	*
미용에 관한 지적 욕구	*	*	*	*	*
미용에 관한 기술 향상력	*	*	*	*	*
미용 직업에 대한 긍지	*	*	*	*	*
선배 미용인에 대한 존경심	*	*	*	*	*
기타 특기사항(기록요망)					
점 수					

- 2 : 이러한 기질은 전혀 갖고 있지 않다.
- 1 : 이러한 기질을 갖고 있지 않다.
0 : 잘 모르겠다.
+ 1 : 이러한 기질을 약간 갖고 있다.
+ 2 : 이러한 기질을 대단히 많이 갖고 있다.

※ 점수가 높을수록 경영자로서의 기질이 많음

4) 미용기업의 경영지침

(1) 미용기업의 경영혁신 지침

(가) 비전과 리더십이 중요하다.

미용기업의 경영혁신은 강력한 리더십을 지닌 최고경영자가 변화를 주도해야 성공할 수 있다. 불황과 위기에는 강력하고 확고한 지도력만큼 효과적인 것은 없다. 이런 지도력은 최고경영자가 분명한 비전을 제시하는 데서 나온다.

(나) 생존전략에 기본을 두지 말고, 성공에 기본을 두라.

살아남으려고 하는 자는 다 죽는다. 성공하려고 해야 한다. 생존전략의 메커니즘에 초점을 맞추지 말고 성공하려는데 초점을 맞춰라. 경영혁신 방향을 비용을 줄이는 데 맞추지 말고, 적극적인 마케팅을 통해 성공하는 프로그램을 세워 놓고 거기에 모든 정열을 바쳐라.

(다) 우선 순위를 정해 경영혁신을 시도하라.

미용기업에는 많은 혁신방안이 내부에 있게 마련이다. 하지만 그 모든 것을 한번에 실행하려고 해서는 안 된다. 성공을 위한 문제, 즉 성공전략으로서 경영혁신을 효과적으로 수행하는 게 먼저다. 새로운 문제와 기회가 생기면 즉시 대응해야 한다.

(라) 과감하고 분명한 태도를 가져라.

경영혁신에 실패하는 가장 큰 이유는 경영자들이 자신이 처한 상황의 심각성을 과소 평가하거나 그것을 바꿔 놓는데 너무 소극적이라는 점이다. 최고경영자는 과감히 결단하고 신속히 추진해야 한다.

(마) 미용기업 현장을 중시하라.

미용기업 내부의 문제점, 해결가능성은 단순한 수치나 계산으로 이뤄지는 것이 아니다. 미용기업 현장의 상황을 제대로 이해하고 분석하려면 미용기업 내부의 세부사항과 현실을 낱낱이 파악해야 한다.

(바) 신속히 대처하라.

지금처럼 미용기업 경영혁신은 시간이 결정적인 요인이 된다. 문제를 지나치게 분석하려는 이른바 “분석 마비증(Analysis Paralysis)”은 치명적인 영향을 끼칠 수 있다.

(사) 뚜렷한 목표를 실천하라.

미용기업이 성공하는 가장 중요한 것은 뚜렷한 목표를 세우는 것이다. 뚜렷한 목표가 설정되면 "이익관리"를 잘해야 한다. 이익이 되지 않는 미용기업은 결코 성공할 수 없는 미용기업이다.

(2) 미용경영자의 경영지침

(가) 미용기업의 심벌마크와 로고체(고유한 글씨모양)를 만들어야 한다.

아울러 고유색도 정하도록 한다. 이것을 간판, 유니폼, 명함, 실내 인테리어, 광고용품, 상품 등에 표시하도록 한다. 따라서 앞으로 미용기업 경영의 초점은 브랜드 이미지가 될 것이다.

(나) 사훈과 경영목표, 표어를 만들도록 한다.

배가 항해를 하려면 항구가 있어야 하듯이 경영자가 가야 할 길을 직원과 고객에게 확실히 공표해야 한다. 매달 표어나 슬로건을 만들어 액자에 걸거나 써 붙여 목표달성에 최선을 다하도록 한다.

(다) 직원조회는 종업원이 번갈아 가며 사회를 보도록 한다.

직원조회를 하는 미용기업이 늘고 있지만 가장 큰 문제점은 경영자의 지시사항만이 일방적으로 전달되는 경향이 강하다는 것이다.
경영자와 종업원의 의견은 상반되는 경우가 많으므로 무엇보다도 조회는 의견이 일치되는 가운데 상호 협력하여 사안을 처리하는데 있는 만큼 종업원이 주체성을 갖고 토론하여 의견을 접근하게끔 하고 경영자는 최종 결론을 내리거나 격려를 하는 말로 조회를 마무리하는 것이 좋다.

(라) 광고와 판촉활동은 계속적으로 성과가 나도록 한다.

아무리 좋은 기술, 상품, 시설을 갖췄다고 하더라도 한번쯤 와보지 않으면 아무 소용이 없다. 항상 생각해야 할 것은 소비자는 미용기업에서 자극을 주지 않으면 아무 것도 알 수 없고, 알려고도 하지 않는다는 사실이다.
따라서 미용기업은 모든 사항을 소비자에게 계속 전달하고 일깨워져야만 자극을 받아 내점을 하게 되고 고객이 된다는 사실이다.
모든 면에서 미용기업의 준비가 완전하다면 결국 고객관리의 성패에 대해 승부를 내는 것은 광고와 판촉활동이 아닐까? 신장개업시부터 광고예산은 5~

10% 정도로 책정하고, 주기적으로 계속 광고와 판촉활동을 손님의 많고 적음에 관계없이 시행하도록 한다.

(마) 기술과 경영관리의 표준안(매뉴얼)을 만들어 실행한다.

경영에 합리성을 주는 것은 기본방침에 충실하는 것이다. 미용사의 기술의 단계, 시술의 내용과 방법, 요금, 접객과 서비스의 내용과 절차, 영업방침, 근무시간 등을 확정하여 표준안을 만들어 전직원에게 숙지시키고 이와 어긋나지 않게 실천에 옮기도록 한다.

(바) 고객, 기술, 상품, 서비스, 분위기 등이 다른 미용기업과 확실히 다르게 차별화시킨다.

똑같은 방법이나 영업방침으로는 경쟁상태에서 자꾸 가격인하의 압력을 받는다. 이제 대량판매, 대중소비의 시대는 지나갔다.
소비자의 욕구는 다양해지고 계층화되어 간다. 따라서 미용기업의 선택도 고객의 계층, 수준, 연령, 성별 등을 고려해야 한다. 남다른 기술과 상품과 서비스 등으로 가격도 차별화 시켜서 고요금으로 고소득을 올려야 한다.

(사) 전문성을 바탕으로 고객이 만족하도록 한다.

손님과 충분히 의견교환이 이뤄진 후에 시술하도록 한다. 따라서 미용에 관련된 여러 가지 능력을 겸비해야 한다. 예를 들어 헤어스타일을 스케치하는 능력, 모발과 피부를 과학적으로 분석하여 시술방법이나 재료를 의사가 처방하고 치료하듯 하는 전문지식이 필요하다.

(아) 종업원이 성공하도록 장기적인 안목으로 이끌어 주고 도와주도록 한다.

인력난, 인재 부족, 후계자 부족 등이 어느 정도 성공한 경영자에게도 문제가 된다. 종업원에게 금전도 중요하지만 교육과 연수 기회를 부여하여 경영자에 대한 믿음과 자신의 미래에 대한 꿈을 갖도록 한다.

(자) 회계장부를 철저히 기록하고 비용과 수익을 분석하도록 한다.

절대로 주머니 돈이 쌈짓돈이 되어서는 안 된다. 어떤 일이 있어도 한 달에 한번은 회계에 대한 분석을 하도록 한다.

(차) 건강한 가운데 긍정적이고 낙관적이며 적극적으로 사는 생활철학이 필요하다.

경영자의 궁극적인 목적은 보람과 행복을 추구하는데 있다. 모든 것이 잘 이뤄질 것이라는 여유 있는 마음가짐도 가지도록 하자.

〈그림 2-1〉 종합인재 육성시스템

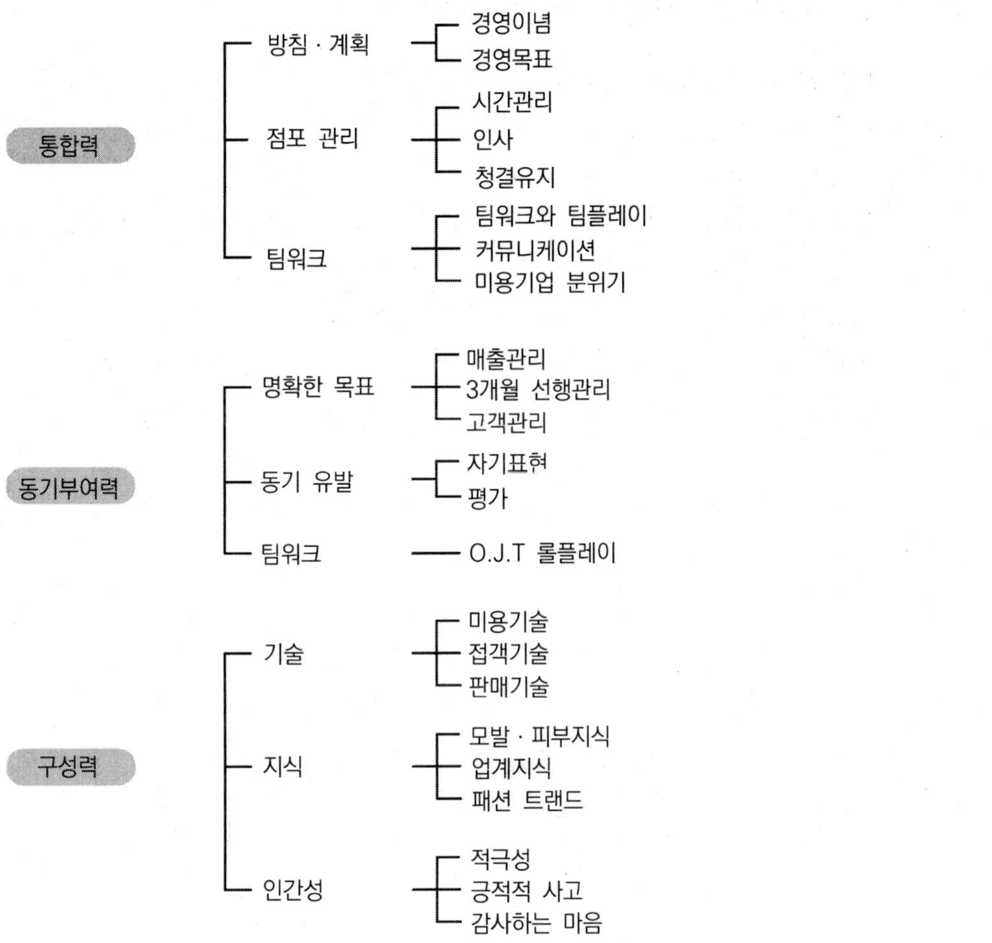

3. 뷰티매니저 육성방안

1) 뷰티매니저의 종류와 역할

(1) 고객의 미용기업 선택기준 파악이 필수이다.

소비자의 라이프 스타일이 다양화되고 고도화되고 있다. 또한 미용시장도 성숙화되고 규모의 확대가 이뤄지고 있으나 미용기업의 과잉현상으로 상권이 점점 협소화되고 있는 것도 사실이다.

다만 자기실현의 욕구를 만족시키기 위하여 마음에 드는 미용기업이 있으면 고객은 아무리 먼 곳에 미용기업이 위치해 있더라도 찾아간다는 것이다. 그러나 회사에 근무하는 회사원의 경우는 가기가 편한 기업을 선택하는 경향이 두드러진다.

한편, 미용기업이 여기저기에 개업하게 되면 한정된 지역에 생활하는 사람의 경우에는 가깝게 있는 단골 미용기업을 선택한다. 이러한 것은 각 미용기업의 상권이 협소한 경우 먼 곳의 미용기업을 이용한다거나 통근상 떨어진 지역의 미용기업을 이용하는 고객도 있지만, 이와 반대현상으로 가깝게 있는 미용기업을 이용한다는 것도 염두에 두어야 한다.

미용기업의 뷰티매니저는 자기 기업의 경영전략이나 업태가 무엇인가를 충분하게 인식하여야 하며 그것에 적합한 리더의 조건을 구비하여야 한다.

단지 막연한 이름뿐인 뷰티매니저가 아니라 경영자와 종업원들이 요구하는 뷰티매니저가 되어야 한다. 또한 고객의 미용기업 선택의 심리까지 파악하여 자신의 기업에 적용을 시킬 수 있는 능력도 소유해야 한다.

예를 들면 노인층을 타겟으로 하는 실버 미용기업인 경우 노령층을 중요하게 하는 것이 당연하므로 건강이나 의료에 관한 전문지식도 제공하는 것이 필요하다.

(2) 뷰티매니저의 종류

뷰티매니저의 종류는 미용기업의 타입의 종류에 따라 요구되어지는 요소가 달라진다. 가령 100평 이상의 대형미용기업과 20평 이하의 소형 미용기업의 운영방법과 인적자원관리 방법도 크게 다른 것이 좋은 예가 될 것이다.

〈그림 2-2〉 뷰티매니저의 종류

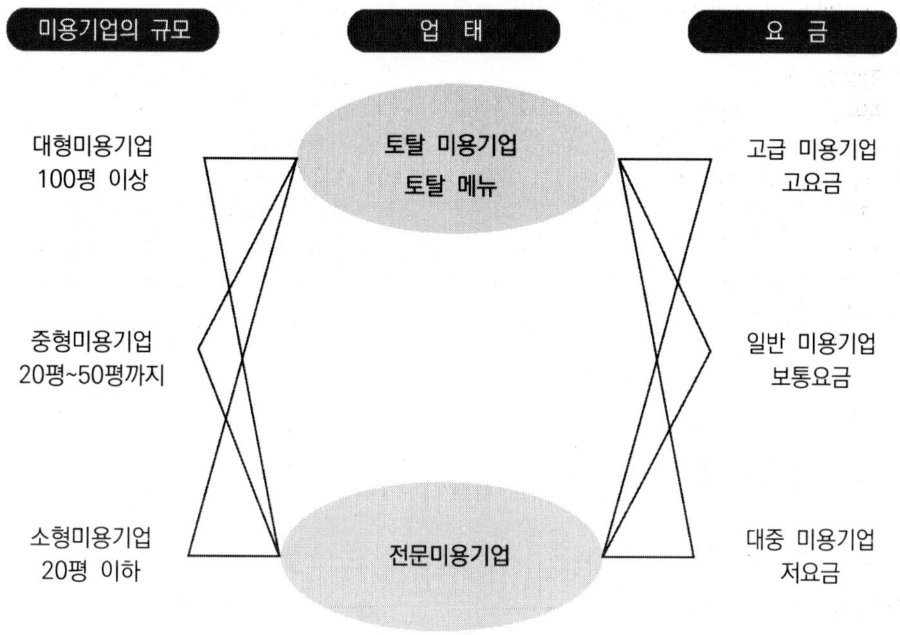

* 입지조건, 타겟을 두는 연령층 등 미용기업의 타입의 종류에 따라 요구되는 요소가 다르다.

(3) 뷰티매니저의 역할과 책임

"뷰티매니저"는 경영자 수준의 의식을 갖고 많은 고객에게 만족감을 주기 위해서 경영자와 같은 영업센스를 갖추는 것을 잊어서는 안 된다. 경영자와 같은 경영감각이 갖추어지면 고객으로부터 경영자로 착각하는 일도 일어날 것이다.

예를 들면 종업원이 거절하고 있는 고객을 적극적으로 받아들인다거나 공휴일에도 정보수집에 적극적으로 나서는 등 경영자의 의식과 행동으로써 자신의 일처럼 행하게 될 때 고객이나 종업원들로부터 신뢰를 얻게 될 것이다.

〈표 2-5〉 뷰티매니저의 역할

1. 경영이념 · 목표 · 방침의 명확한 설정 및 수행	11. 고객개발 · 고객관리
2. 경영자의 직무대행	12. 점판관리
3. 정보수집과 제공	13. 이벤트, 광고 · 판촉계획 입안 및 실시
4. 복무규율 · 일과의 관리	14. 업적 종합관리
5. 긴급사태의 즉각적인 대응	15. 기술개발과 관리
6. 경영자에 대한 보고의무	16. 종업원 육성
7. 회의, 미팅의 개최	17. 종업원 통솔과 동기부여
8. 점포 · 시설 · 기기의 관리	18. 솔선수범, 영업시간 외의 종합지도
9. 역할 분담 · 담당자의 관리	19. 문제의식 환기, 문제해결 기능
10. 서비스 관리	20. 임기응변 조치

2) 뷰티매니저에게 요구되는 자질

뷰티매니저에게 요구되어지는 5가지 자질을 보면 아래 표와 같다.

뷰티매니저는 자신의 직무에 관하여 실무능력을 발휘할 필요가 있다. 직무에 관한 능력과 그것을 살리는 지혜를 습득하여 뛰어난 뷰티매니저로 자기 개혁을 진행하여야 한다.

뷰티매니저는 밝고 쾌활한 분위기를 만들 수 있도록 하여야 하며, 출근은 누구보다도 빨리 하며 퇴근은 누구보다 늦게 하므로 신뢰감을 줄 수 있으며 사람을 다루는데 관심을 가지고 최선을 다해야 한다.

또한 경영자의 사고방식을 똑바로 이해시키지 않는 뷰티매니저는 좋은 무엇인가를 내놓을 수 없는 인물이므로 자격이 없다고 볼 수 있다.

〈표 2-6〉 뷰티매니저의 자질

1. 객관적으로 사물의 판단이 가능할 것.
2. 밝고 쾌활한 분위기를 창출할 것.
3. 사람 대우에 관심이 있고 그 향상을 인정해 주는 것.
4. 고정관념에 사로잡히지 않고 의견을 잘 듣는 것.
5. 경영자의 이념이나 사고방식을 철저하게 이해하는 것.

3) 뷰티매니저의 육성방안

예전의 공업사회로부터 지식이나 정보의 획득, 자기실현 등에 가치를 두는 “지식가치의 사회”를 목표로 하는 분위기가 조성되고 있다.

미용업계도 미용관련법이 개정된다거나 규제완화가 되고 있고, 미용관련대학들이 빠르게 설립되어 확산되어 왔다. 또한 미용기업의 수도 급속히 증가하고 있으며 경쟁상황은 더욱 치열해지고 있다.

뷰티매니저의 경우 소형 미용기업의 뷰티매니저에게 대형미용기업을 맡게 하는 것은 바람직하지 않으며 그 반대인 경우도 그러하다.

일반적으로 소형 미용기업의 뷰티매니저만큼 실무적인 기술력이 요구되는 경우도 드물며 미용기업의 잡무에서 관리면의 업무에 이르기까지 전면적으로 하지 않을 수 없다. 그러한 일을 대체로 종업원에게 역할 분담하는 것이 가능하지 않기 때문이다.

반대로 대형미용기업의 뷰티매니저는 기술력도 만만치 않으면서 관리면의 능력에도 뛰어나지 않으면 안 된다. 그러나, 대형미용기업의 특징으로서는 종업원수가 많기 때문에 그 가운데서 직당한 인재의 발굴이 용이한 것이다.

경영전개상에 있어서 “사람”, “기술”, “물자”, “돈”의 4가지 조건은 〈그림2-3〉에서 표시된 것처럼 미용기업의 운영에 불가결하다. 또 이 4가지의 조건은 경영에 필요한 자원이므로 다른 이름으로 “4가지의 경영자원”이라고 부른다. 이것의 관리가 불충분하면 경영자원을 쓸모 없이 낭비하여 버리기 때문에 고객이나 제품이나 미용을 중요하게 관리하지 않으면 안 된다.

뷰티매니저를 육성한다 하여도 어느 입장에서, 어떠한 직무를 어떻게 줄 것인가를 명확하게 하지 않으면 본인의 인식도가 높아지지 않을뿐더러 지도하는 측의 내용에 구체성이 결여되기 때문이다.

한편, 일상의 업무에 부족함이 없이 제품의 발주나, 재고관리, 종업원의 로테이션, 프로그램의 작성, 컴퓨터 등에 의한 데이터 관리 등은 젊은 종업원에게 맡겨서 “○○담당”, “○○계”라고 하는 것도 좋은 방법일 것이다.

다만 상대에게 맡겼으므로 미용기업의 뷰티매니저 자신은 그 내용을 알지 못하고 있어서는 안 된다. 담당자에게 그 실무의 순서나 효율적인 방법을 지도하는 반면, 그러한 것의 진행상태나 내용의 체크와 함께 결과의 보고도 받아야 한다.

〈그림 2-3〉 미용기업의 경영에 불가결한 4가지의 조건

- 관리대상
  - 사 람
    - 1) 고객 (신규고객, 고정고객, 재내점 고객, 지명고객, 휴면고객, ……)
    - 2) 종업원 (스텝, 인턴, 초급디자이너, 디자이너, 아티스트, 뷰티매니저, ……)
    - 3) 거래선 (영업사원, 담당자, 재료상, 메이커, 은행, ……)
  - 기 술
    - 1) 교육훈련 커리큘럼 (교육훈련 계획, 실천, 평가, ……)
    - 2) 기술통일, 기술개발 (기초기술, 응용기술, 센스, 디자인, ……)
    - 3) 메뉴개발, 요금 (신 메뉴, 세일즈 포인트, 요금설정, ……)
  - 물 자
    - 1) 점포, 설비 (간판, 의자, 냉난방시설, ……)
    - 2) 원재료, 상품 (샴푸제, 파마제, 칼라링제, 스타일링제, ……)
    - 3) 기타 (유니폼, 대여의상, 자료, 인쇄물, ……)
  - 돈
    - 1) 매출 (기술매출, 상품매출, 잔돈, ……)
    - 2) 비용 (임금, 자본, 이자, ……)
    - 3) 기타 (예금, 적립금, ……)

4. 미용기업에 미용경영학이 필요한 이유

일상생활을 영위함에 있어 사람들은 경제활동을 해나가면서 생활하고 있는데 매일 어떠한 물질을 소비하고 있는 것이 중심이 되고 그 외에도 여러 가지 경제활동을 하고 있다. 그리고, 소비하는 물건을 보더라도 한가지에 국한된 것이 아니라 식료품, 의료품, 의류품 등 다양한 물건이 존재하고 있으며 소비자는 많은 물건 중에서 자신의 만족에 기준을 두고 선택하게 된다.

여기에는 선택의 기준이 반드시 존재하기 마련이다. 소비자가 선택하는 기준을 보면 맛이 있어서라든지 가격이 저렴해서든지 품질이 좋다든지 등 선택하는 기준은 구매하는 사람에 따라 다르지만 그 선택기준에 일치하는 것이 필요하며 그것이 고객의 만족으로 이어져야 한다.

미용기업에서도 고객으로부터 자신의 살롱이 선택되어지는 것에 의해서 고객이 내점하는 것이므로 보다 많은 고객으로부터 선택되어지기 위해서는 여러 가지 각도에서 선택기준을 설정하여 실행하는 것이 필요하다. 따라서 효율적인 방법에 의해 고객을 유치하고 성공하는 미용기업을 만들며 고객을 만족시키기 위해서는 미용기업에서 미용경영학을 연구할 필요가 있다.

〈표 2-7〉 미용기업 / 미용인의 특성

1. 성실함, 근면함으로 일군 경영관 - 고된 역경 속의 자신에 대한 이기주의
2. 미(美)와 아름다움의 창조 - 예술적이며 지적인 측면의 재능
3. 주고객이 여성을 상대한다는 의미
4. 고객 밀착형 비즈니스 - 소비자 욕구의 충족
5. 고객만족경영의 중요성 - 실질적인 사업의 성패

〈표 2-8〉 서비스업으로서의 미용업의 전망

1. 정보화사회의 미에 대한 새로운 시각
2. 아름다움에 대한 욕구 - 예술적인 의미
3. 미용환경변화의 둔화

5. 미용경영의 체계적 분석

파욜(H. Fayol)에 의한 경영관리를 분석해 보면 경영관리를 하나의 과정(Process)으로 파악하는 점에 특징이 있고, 경영관리자의 일은 하나의 흐름(Flow)으로 되어 있다고 생각하였는데 이 개념을 미용기업에 적용시켜 미용경영관리가 어떠한 흐름으로 형성되어 있는지 알아보도록 하자.

계획화(예측) → 조직화 → 명 령 → 조 정 → 평 가

피 드 백

〈그림 2-4〉 경영관리의 과정

1) 계획화(예측)

"계획화"란 특정기간 내에 효과적이고 경제적으로 일련의 특정한 목표를 달성하기 위하여 일련의 적절한 행동과정을 사전에 결정하는 합리적인 과정이라고 정의할 수 있다. 일반적으로 기업 도산의 90%정도가 계획, 경험, 관리부족에 있다는 통계는 계획의 기능이 얼마나 중요한 것인가를 나타내고 있다.

미용경영자의 최초의 활동은 고객의 변화파악 및 유행흐름 등 미용에 관한 정보수집과 이에 의거한 의사결정을 의미하는 계획화이다. 미용기업의 목표라든가 방향성을 결정하는 것이며 미용기업을 성공으로 이끌기 위한 경영전략은 미용기업 경영에 있어서 중요한 계획화가 된다.

예) 올해 가을·겨울 유행칼라 - 로레알에서 세계적인 흐름인 언-유니폼 칼라(Un-Uniform Color : 일률적이지 않은 칼라)를 제시하였다.

① 1단계 : 미용잡지를 통한 정보수집 단계
② 2단계 : 언-유니폼 칼라에 대한 이해 및 기법 습득 (기술교육을 통한 습득)
③ 3단계 : 고객에 대한 새로운 유행 제시방법을 계획화
④ 4단계 : 계획화에 필요한 경영자원 준비 및 실행
⑤ 5단계 : 실행을 위한 명령
⑥ 6단계 : 통일되고 균형 잡힌 활동을 위한 조정
⑦ 7단계 : 계획된 목표의 달성도 체크 및 평가

(1) 계획화의 이점

(가) 계획수립은 불확실성과 변화에 의한 부정적인 영향을 최소화 시켜준다.
(나) 계획수립은 목표에 초점을 두게 하여 전략적인 의사결정과 전술적인 의사결정에 일관된 방향을 제시해 준다.
(다) 계획수립은 경영의 효율을 높여 준다.
(라) 계획수립은 실제의 성과와 계획된 목표를 비교할 수 있게 함으로써 통제를 용이하게 하여 준다.
(마) 계획수립은 사업에 혼란을 초래함이 없이 융통성과 적응성을 갖게 해 준다.

2) 조직화

계획화의 달성에 필요한 경영자원(사람, 물건, 돈, 정보)을 준비하고 실현을 지향하여 질서 있는 작업을 행하는 것이다. 여기서 말하는 조직화의 중심은 인적조직을 바탕으로 한 조직화를 의미하는 것이다. 그리고 "조직화"는 조직의 구조만을 만드는 것이 아니라 적절하게 인적자원을 배치하고 그 일을 행할 수 있는 추진력을 부여하여 실행하는 과정이다.

3) 명령

미용경영자는 계획화와 조직화만 이루었다고 모든 것이 다 이뤄진 것은 절대 아니다. 결국 미용조직이 활동할 수 있도록 하여야 한다. 경영자는 계획화의 달성을 위해 명령을 내리므로 업무를 추진할 수 있도록 한다.

최근의 미용기업 경영을 보면 강압적인 명령보다는 리더십을 발휘, 동기부여를 위한 배려, 커뮤니케이션의 원활화 등의 사고방식으로 바뀌고 있다. 그러므로 조직화된 내용은 미용기업의 경영자 뿐만 아니라 스텝에게도 충분히 인식되어 행동에 옮기게 하는 것이다. 이에 대한 실천결과는 체크되어 기록으로 남겨져야 한다.

4) 조정

명령에 의해 조직이 움직이기 시작하므로 계획화에 의한 활동은 통일되고 균형이 잡힌 것이어야 한다.

5) 평가

미용경영자의 가장 중요한 일은 결정된 의사가 직원들에 의해 얼마만큼 실현되었는가를 검토하고 평가하는 일이다. 즉 계획에 대한 평가를 의미한다.

계획된 목표와 방향성의 달성도를 체크하고, 달성도가 미흡한 경우에는 그 원인을 반드시 찾아내어야 한다. 이런 평가 과정을 통해 새로운 계획화의 기초가 되며 평가 내용의 정보는 이를 위해 피드백 되기 때문에 확실하게 행할 필요가 있다.

미용기업의 경영을 주먹구구식으로 하지 않기 위해서는 무엇보다 경영상황을 수시로 분석하여 책정된 목표를 끌어올리고 잘못된 점이 있으면 계획을 수정하여 경영의 효율성을 높이는 것이 중요하다.

<표 2-9> 미용기업 경영 평가표

<table>
<tr><th rowspan="2">번호</th><th rowspan="2">분 야</th><th rowspan="2">평 가 항 목</th><th colspan="5">평 점</th></tr>
<tr><th>5</th><th>4</th><th>3</th><th>2</th><th>1</th></tr>
<tr><td>1</td><td>계 획 성</td><td>뚜렷한 목표를 갖고 구체적인 계획(주간 · 월간 · 연간)을 세워 경영하고 있는가?</td><td></td><td></td><td></td><td></td><td></td></tr>
<tr><td>2</td><td>직 업 관</td><td>미용이 천직이라고 생각하고 긍지와 자신감을 갖고 꾸준히 공부하고 연구하고 있는가?</td><td></td><td></td><td></td><td></td><td></td></tr>
<tr><td>3</td><td>목표달성</td><td>지난달의 영업실적을 분석하고, 이 달의 매상목표를 책정하고 있는가?</td><td></td><td></td><td></td><td></td><td></td></tr>
<tr><td>4</td><td>살롱 이미지</td><td>살롱은 청결하고 안락하며 특색 있게 잘 꾸미고 있는가?</td><td></td><td></td><td></td><td></td><td></td></tr>
<tr><td>5</td><td>시설관리</td><td>시설은 매일 점검하고 특색 있게 잘 꾸미고 있는가?</td><td></td><td></td><td></td><td></td><td></td></tr>
<tr><td>6</td><td>외부 디자인</td><td>살롱은 눈에 잘 띠며, CI · 간판 · POP가 참신한 이미지를 갖는가?</td><td></td><td></td><td></td><td></td><td></td></tr>
<tr><td>7</td><td>영 업 력</td><td>매월 의도적으로 새 미용기술과 패션 및 신상품을 도입하고 있는가?</td><td></td><td></td><td></td><td></td><td></td></tr>
<tr><td>8</td><td>영 업 력</td><td>경쟁업소에 비해 일류급 종업원이 많으며 설비가 뒤지지 않는가?</td><td></td><td></td><td></td><td></td><td></td></tr>
<tr><td>9</td><td>영 업 력</td><td>자체 연수교육을 실시하고 있으며 세미나 참가, 미용서적과 비디오 구입은 정기적으로 하고 있는가?</td><td></td><td></td><td></td><td></td><td></td></tr>
<tr><td>10</td><td>인적자원 관리</td><td>종업원의 임금과 복리시설 후생대책은 타업소에 비해 부족하지 않는가?</td><td></td><td></td><td></td><td></td><td></td></tr>
<tr><td>11</td><td>인적자원 관리</td><td>직원회의를 민주적으로 잘 운영하고 있으며, 상호 의사소통이 잘 이뤄지는가?</td><td></td><td></td><td></td><td></td><td></td></tr>
<tr><td>12</td><td>인적자원 관리</td><td>종업원의 신규채용 대책과 충원방법은 다각적으로 마련되어 있는가?</td><td></td><td></td><td></td><td></td><td></td></tr>
<tr><td>13</td><td>광고판촉</td><td>매월 신규고객 유치와 이미지 관리를 위한 새로운 아이디어로 광고와 판촉을 하고 있는가?</td><td></td><td></td><td></td><td></td><td></td></tr>
<tr><td>14</td><td>고객관리</td><td>고객카드 작성은 잘하고 있으며, 데이터베이스를 통한 SNS 관리를 잘 활용하는가?</td><td></td><td></td><td></td><td></td><td></td></tr>
<tr><td>15</td><td>고객관리</td><td>내점한 고객의 안내, 시술, 서비스 등은 좋은 느낌으로 잘 이뤄지고 있는가?</td><td></td><td></td><td></td><td></td><td></td></tr>
<tr><td>16</td><td>요금정책</td><td>요금은 기술과 시설 수준에 적당하게 책정되어 손님과 마찰은 없는가?</td><td></td><td></td><td></td><td></td><td></td></tr>
<tr><td>17</td><td>구매관리</td><td>재료는 양질의 제품으로 적당한 가격에 제때에 구매되어 잘 관리되고 있는가?</td><td></td><td></td><td></td><td></td><td></td></tr>
<tr><td>18</td><td>회계 · 세무</td><td>회계는 예산을 세워 합리적으로 관리하며, 장부정리와 세무관리는 잘하고 있는가?</td><td></td><td></td><td></td><td></td><td></td></tr>
<tr><td>19</td><td>경영분석</td><td>매월 경영성과(매상, 고객수, 비용지출 등)를 통계적으로 분석하고 대책을 세우는가?</td><td></td><td></td><td></td><td></td><td></td></tr>
<tr><td>20</td><td>공공관계</td><td>대외적 관계(재료상, 협회, 학원, 관공서, 지역사회 등)는 우호적인가?</td><td></td><td></td><td></td><td></td><td></td></tr>
<tr><td colspan="2">합 계</td><td colspan="6">50점 이하 (문제 심함), 50점~60점 (노력 요함), 60~70점 (보통),
71~80점 (좋아지고 있음), 81~90점 (우수함), 91~100점(아주 우수함)
총 점 (점)</td></tr>
<tr><td colspan="2">비 고</td><td colspan="6">매월 1회 자체 점검하여 개선하도록 합시다.</td></tr>
</table>

Chapter 3 미용경영환경 및 분석

1. 미용경영환경과 경영전략

1) 미용경영환경에 대한 이해

미용업계의 경영환경 변화를 살펴보면 가히 눈부시고 또한 급변하고 있다는 것을 느낄 수 있을 것이다. 미용업계의 가장 큰 주축을 이루고 있는 소비자, 비용기업, 새료유통업체, 두발제품회사 및 화장품 회사를 살펴보면 가열화 된 경쟁에서 어떡하면 생존할 수 있을까? 하는 "생존의 문제"와 새로운 아이템을 개발하여 미용업계에 접목시킴으로써 위기가 기회가 되는 "승리자가 되기 위한 문제"로 연구하고 발로 뛰고 있는 모습이 역력하게 보이고 있다.

소비자들이 미용기업을 이용하는 소비패턴은 점점 까다로워지고 있으며, 특히 미용기업의 숫자는 매년 조금씩 전문분야별로 증가하고 있으며, 이제는 경쟁의 차원을 넘어 생존의 시대로 접어들고 있는 실정이다.

미용기업 경영자들은 새로운 메뉴 개발을 통해 고객을 유치하여 수익을 올릴 수 있는 방법 모색에 고심하고 있으며, 이와 같은 미용경영환경 변화를 정확하게 포착하여 이에 대한 대처방안을 마련하고 대응할 것인가를 연구하지 않으면 안 되는 상황에 처해져 있다.

2) 미용경영환경 분석

미용기업 경영이념의 기본 구조 안에서 외부환경과 자기 미용기업의 경영자원으로부터 특정한 전략을 선택하는데, 외부환경 가운데 가장 중요한 것 중의 하나는 "미용경영환경"이고 내부환경 가운데에서 가장 중요한 것은 "고객 분석" 및 "경쟁 미용기업 분석"이다.

따라서 미용경영환경의 구조적 변화를 재빨리 파악하고 현재 또는 다가올 미래의 환경과 일치되는 경영전략을 수립하는 것이 필요하다. 미용경영환경의 변화로부터 미용기업이 나아가야 할 방향을 찾아내어 경영전략을 수립하고 미용기업 활성화에 적용시켜 가는 실천력이 있어야 한다.

미용경영환경을 분석하는 목적은 미용기업 활성화를 위한 전략과제를 명확하게 하는데 있다.

미용기업 활성화 전략과제는 고객(Customer), 경쟁 미용기업(Competitor) 등 외부분석과, 자기 미용기업 경영자원 분석(내부 분석)으로부터 도출된다.

이것은 항상 변화를 계속하는 미용경영환경에 대해서 우선 사실을 정확하게 파악하고, 미용기업 활성화 전략을 수립함에 있어 필요한 정보를 취사선택하여 깊은 통찰력을 통해 해석함으로써 자기 미용기업이 직면한 현실적인 기회와 위협을 발견하는 것이다.

(1) 기업경영환경의 개념

"기업"이란 유기적 조직체로서 사회적 · 문화적 · 경제적 · 정치적 및 법률적 제 조건하에서 존속 · 성장하는 것이므로 외부로부터의 기업내부에 대한 압력이나 영향 또는 강제 등에 대한 이해가 없다면, 기업의 합리적인 경영을 기대할 수 없는 것이다.

그러므로 "기업경영환경"이란 기업의 내부 및 외부에 있어서 기업이나 기업활동에 영향을 미치는 모든 것이라고 할 수 있으며, 이를 구성하는 요소는 그 범위도 넓고 다양하다.

즉 "기업경영환경"이란 기업조직이나 활동의 내부나 외부에 직접 또는 간접적으로 영향을 미치고 상호작용하며 적응해 나가도록 기회도 주고 위협도 주는 모든 주변상황과 요인을 말한다.

<표 3-1> 환경의 개념

1. 과업 환경
미용기업의 경영과 관리에 직접적으로 영향을 미치는 외적인 환경이다. 이는 조직에 영향을 미치게 되는 특정하고 특수한 조직의 것으로 구성되어 있다.
예)외부요인 - 고객, 재료유통업자, 경쟁자, 임대인, 이해자 집단(미용협회 및 사단체)

2. 내적 환경
미용기업의 내부에 존재하는 환경으로 종업원, 미용기술, 인테리어, 조직구조, 설비 및 특히 조직문화 등으로 구성되어 있다. 이는 조직풍토라고 불리기도 하는 것으로 구성원들이 조직의 본질과 유형 및 특성에 대해 공유하고 있는 바의 지각으로 구성되어 있다.

3. 일반 환경
미용기업에 간접적으로 영향을 미치는 외적인 환경이다. 이는 조직의 제반 활동에 영향을 미칠 수도 있는 조직을 둘러싼 비 특수적인 차원으로 구성되어 있다. 이들 요소들은 특정 조직과 반드시 관련되어 있지는 않다.

일반적 환경의 요소는
① 경제적 ② 사회 · 문화적 ③ 기술적 ④ 정치적 및 법적 ⑤ 윤리적 환경 ⑥ 국제적 환경 등이다.

3) 미용경영환경의 외부분석

(1) 거시환경 분석

"거시환경"이란 미용기업 외부에 있으나 미용기업과 관련이 있다고 생각되는 인구구성 및 동태, 경제적 수준, 상권 등을 말한다.

예를 들면 인구구성의 비율이나 상권 구조에 따라 미용기업의 고객 유입이나 예상 매출액에 영향을 주며, 경제적 수준은 고객의 미용기업 이용률을 좌우한다.

(2) 고객(customer) 분석

"고객"이란 미용기업에서 가장 중요한 부분이며, 미용기업 존재의 출발점이다. 미용기업에서의 고객이란 잠재적으로 미용기업을 이용할 가능성이 있는 사람과, 지금 현재 미용기업을 이용하고 있는 사람들을 총칭하여 일컫는다.

그러나, 고객은 항상 유동성이 존재한다는 것을 염두에 두어야 하며 어떡하면 자기 미용기업의 단골고객으로 유치하고 오랫동안 잔류할 수 있도록 하는 것이 매우 중요하다.

고객분석을 위한 기본 틀을 표시해 보면 다음과 같다.

① 미용기업 이용 인구수

② 미용기업 이용 결정과정

③ 미용기업 이용에 영향을 주는 요인

등을 명확하게 분석함으로써 고객을 자기 미용기업으로 끌어내는 것이 쉬어진다.

(3) 경쟁 미용기업 분석 및 방법

앞서 말한 두 가지 요인은 주로 미용기업의 고객유치를 통한 수요 조정이라는 관점에서 외부환경을 분석한 것이다. 그러나 요즈음은 이 두 가지 요인만을 외부 환경으로 간주해서 미용기업 활성화 전략을 세우면 반드시 성공하는 미용기업을 만든다는 보장이 어렵다.

이것은 미용기업의 숫자가 한정된 상황에서 고객의 수요가 무한대인 상황에 있는 것이 아니라 고객의 수요가 한정된 상황에서 미용기업의 숫자가 계속 증가하고 있는 상황에서는 어떻게 경쟁자를 물리치고 차지할 것인가 하는 경쟁의 관점에서 바라보아야 한다.

(가) 미용기업은 경쟁의 시대에 처해져 있다.

미용기업은 예술로 표현되는 미용기술과 보이지 않는 서비스를 판매하는 서비스업에 속한다. 즉 "무형의 재"인 서비스를 소비자에게 판매하는 서비스업에 속하고 있다. 미용기술은 서비스재라고 부른다. 이 서비스재가 팔리지 않고 있는 것이다. 아니 정확히 말하면 쉽게는 팔리지 않고 있다고 할까?

예전에는 미용기업의 공급보다 고객의 수요가 더 많았으므로, 1등 미용기업이건 10등 미용기업이건 아니면 그 이하의 미용기업이건 모두 번성하였다. 그러나, 지금의 상황은 무조건 번성하던 시대에서 승부를 내야하는 경쟁의 시대에 살고 있다는 것을 인식해야 한다.

특히 미용실의 경우 전국에 87,126개의 미용실이 있는 상황에서 경쟁미용실과 나의 미용실이 동시에 양립하는 것이 불가능하다는 것을 전제로 해야 하는 것이다.

(나) 미용기업 분석방법

① 조사대상 선정

자신의 미용기업 주변에도 많은 미용기업이 있을 것이다. 규모나 고객층 메뉴 내용이나 요금도 극히 다양할 것이다. 이런 속에서 경쟁점을 조사해야만 하는데 너무

수가 많고 그 위에 규모나 내용이 천차만별이기 때문에 먼저 필요한 것은 경쟁 미용기업의 조사대상과 목적을 명확히 하여야 한다.

여기서 "경쟁 미용기업"이란 나의 미용기업과 똑같은 고객층을 중심 고객으로 하는 미용기업이 되는 것을 염두에 두고 경쟁점을 파악하여야 한다.

예컨대 자신의 미용기업이 주부층을 중심고객으로 삼고 있다면 같은 경영방식을 택하고 있는 미용기업을 조사대상으로 해야 하는 것이다. 설령 주위에 있는 미용기업이라도 그 곳이 젊은층이 모이는 미용기업이라면 경쟁점으로서의 조사대상에서는 제외시키는 것이 좋다. 자신의 미용기업과는 고객의 이용면에서 상충하는 확률이 낮기 때문이다.

〈그림 3-1〉 경쟁점 조사의 순서

1. 경쟁점의 선정(자신의 미용기업의 진정한 경쟁점은 어디냐?)
2. 조사항목을 만든다.(무엇을 알고 싶은 것이냐?)
3. 조사방법의 결정(어떻게 조사할 것이냐?)
4. 조사 실태
5. 조사 결과의 분석 검토(경쟁점의 강점, 약점 파악)
6. 자신의 미용기업과의 비교(우열관계의 분석, 파악)
7. 전략화(경쟁점에 이기기 위한 계획 작성)

② 조사항목 결정

조사대상이 어느 정도 선정되었으면 다음에는 무엇에 대해서 조사 할 것인가를 결정해야 한다. 이것을 "조사항목"이라고 말하는데 한정된 시간과 비용, 혹은 인원으로 조사한다는 것을 생각하면 "무엇이든 알아본다"는 것은 불가능하다. 특히 알고 싶은 점에 초점을 맞추는 것이 중요하다.

특히 알고 싶다고 생각되는 것은 4가지이다. 자신의 미용기업의 강점과 약점 반대로, 경쟁미용기업의 강점과 약점부분의 4가지를 조사해야 한다.

자신의 미용기업의 강점이라 생각되는 부분과 경쟁점의 강점을(기술이건 고객수준이건) 비교해서 그 부분에서 얼마만큼 앞서가고 있는 것을 알 수 있다. 자기 미용기업에 약한 부분에 대해서 경쟁점은 어느 정도 숙달하고 있는지를 앎으로서 반대로 어느 정도 앞서 있는가를 알아 볼 수 있다.

미용기업이 강점이라고 하는 부분에 고객은 집중한다. 그것은 때로는 기술일수도, 요금일수도, 영업시간일수도 있다. 경쟁에서 이긴다고 하는 것은 자신의 미용기업의 약점을 공격당하지 않도록 체제를 정비하고 상대의 강점을 초과하는 매력을 미용기업에 갖추는 것이다. 그 진행 과정에서는 상대의 약점을 공략할 전력도 때로는 필요하게 된다.

이상의 4가지 점을 비교함으로서 매력이 명확해진다. 서로의 우열관계를 먼저 아는 쪽이 이긴다. 혹시 자신의 미용기업과 경쟁점의 힘이 동등하다면 상대의 역량을 정확히 측정한 미용기업이 살아 남을 수 있다. 상대의 속을 알 수 있으면 반드시 이긴다.

"적을 알고 나를 알면 백 번 싸워도 지지 않는다."인 것이다. 반대로 먼저 이쪽의 전략을 상대측이 알아 버리면 이번에는 이쪽이 이길 수 있는 길은 없다. 거기에는 극히 냉철한 법칙이 존재하는 것이다.

③ **경쟁점 조사항목**

경쟁점을 선정한다고 하더라도 현실적으로 단번에 한 점포까지 초점을 맞추기는 어렵다. 그래서 일상적으로 주변 미용기업의 기본적인 영업태도를 파악해 두는 것이 바람직하다.

〈표 3-2〉 기본항목조사의 예

	규 모	종업원 수	중심 고객층	월 매출고(추정)	고객단가	이미지
A점	30평, 거울5	기술자 5, 스텝 2	주 부	2,200만원	45,000원	고 급
B점	25평, 거울10	기술자 6, 스텝 3	직장여성	2,500만원	35,000원	케쥬얼
C점						
D점						
E점						
F점						

이러한 기본 항목에 대해서 파악해 두면 자신의 미용기업과의 조사 비교에 더욱 어울리는 미용기업을 선택할 수 있게 된다.

예컨대 "직장 여성의 지지를 보다 많이 받기 위해 선행하는 B점을 조사하자"라든가 "고객단가 향상에 성공하고 있는 A점을 배우자"라는 식이다. 조사 내용에 따라 그 시점에서 경쟁점포가 달라진다는 것을 잊어서는 안 된다.

〈표 3-3〉은 일반적인 경쟁점 조사의 항목이다. 종합적인 것을 조사할 때는 〈표 3-3〉에 표시한 정성적 항목을 먼저 조사하고 매출고, 고객수 등의 정량적 조사 항목을 추가해서 실태를 떠올린다.

더 나아가 자신의 미용기업이 특히 알고 싶은 항목으로 추가해 나간다. 말하자면 일반적인 조사에서 나중에는 특정적인 것으로 진행하는 것이 바람직하다.

그런데 조사의 대상은 경쟁점과의 우열 비교를 통해서 상대를 이길 전략을 짜내는데 있다. 따라서 전제로서 경쟁점에 대한 조사 항목에 대해서 자신의 미용기업의 그것들에 대해서도 충분한 자기분석을 해두지 않으면 목적은 달성할 수 없다.

적을 알았더라도 나를 알지 못하면 이길 수 없는 것이다. 경쟁점 조사는 따라서 필요조건으로서 자신의 미용기업의 자기 점검도 동시에 요구되는 것이다.

〈표 3-3〉은 각 조사항목에 대해서 경쟁점과 자신의 미용기업을 비교해 볼 수 있도록 생각해 본 것이다. 조사항목에 대한 답은 숫자로든, 말로든 상관없다. 중요한 것은 당신이 명확한 평가 기준을 가졌는가 하는 것이다. 분명한 잣대로 측정함으로서 비로소 상호의 우열관계가 분명하게 떠오르는 것이다.

〈표 3-3〉 경쟁점 조사 비교표(정성요인)

	조 사 항 목	경쟁미용기업	자기미용기업
살롱입구	살롱 외관은 미용기업 개념을 명확히 표현하고 있는가?		
	살롱은 일반고객이 알기 쉽게 인식할 수 있는가?		
	주차 공간을 가지고 있는가?		
	살롱입구 부분에 고객에게 호소하는 시각효과가 있는가?		
살롱연출	필요한 메뉴, 요금표 등이 적절하게 게시되어 있는가?		
	살롱내의 청결 정도는 높은가? 낮은가?		
	항상 계절감이 연출되고 있는가?		
	소품은 고객층을 고려한 것이냐?		
종업원	행동은 바르게 되고 있는가?		
	항상 웃는 얼굴로 고객을 맞이하는가?		
	팀워크는 잘 이뤄지는가?		
	적절한 제안을 하고 있는가?		
스타일	상담을 확실히 하고 있는가?		
	항상 유행을 의식한 스타일을 제안하고 있는가?		
	계절마다 새로운 스타일을 제안하고 있는가?		
	항상 변화하는 스타일을 제안하고 있는가?		
판매촉진	1년에 몇 번 캠페인을 하는가?		
	캠페인 방법은 어떤 종류인가?(할인, 경품)		
	DM 카드 등 일상적인 판촉의 종류는?		
	선전광고 매체는 어느 곳을 이용하는가?		
고객관리	고객카드는 충실한가?		
	컴퓨터 관리는 실시하고 있는가?		
	고객의 이용도별 차이를 두고 있는가, 그것은 무엇인가?		
	클레임 처리 체제는 잘 운영되고 있는가?		

④ **정량조사 및 정성조사**

실제 경쟁점을 조사하려면 먼저 생각되는 것은 "누가 하는가?"라는 것이다. 경쟁점이라 하지만 좁은 범위 내에서 서로 얼굴을 알고 지내는 경우가 흔하다. 밖에서 엿보는 정도라면 몰라도 상대 미용기업의 안에까지 들어 가보지 않으면 보이지 않는 것이 많다. 더구나 밖에서는 볼 수 없는 곳에 "찾고 싶은 보물"은 숨어 있는 것이다.

조사에는 "정량조사(定量調査)와 정성조사(定性調査)"가 있다. "정량조사"란 수치로 표현할 수 있는 조사항목이다. 예를 들면 매출고라든가, 종업원수라든가, 내점고객수 등이 그 대상이다.

〈표 3-4〉는 정량조사의 전형이라 할 수 있는 내점객 조사의 실례이다. 아르바이트를 이용해서 1주일 동안 경쟁점에 들여보내서 조사한 것이다. 그것을 그래프화한 것이 〈그림 3-2〉이다. 그래프를 만들면 그 미용기업의 특성이 잘 보인다. 여기에 자기 미용기업의 데이터를 대입시켜보면 경쟁점과의 내점객과 내점시간의 상호비교는 일목요연해진다. 거기에서 "손보아야 할 해답"이 떠오르는 것이다.

〈표 3-4〉 내점객 조사 (예)

[○○미용실 내점객 조사(1주간)] 조사기간 : 2016년 7월 4일(월)~9일(토)

	9~10시	10~11시	11~12시	12~13시	13~14시	14~15시	15~16시	16~17시	17~18시	18~19시	19~20시	20~21시	계
노인	2	1	3	5	8	6	2	5	8	11	7	1	59
주부	5	6	5	5	6	3	1	6	9	5	5	0	56
학생	0	2	6	4	4	4	6	6	6	8	15	2	63
남성	0	0	1	1	2	2	1	5	5	9	5	3	34
계	7	9	15	15	20	15	10	22	28	33	32	6	212

〈그림 3-2〉 내점객 조사 (예)

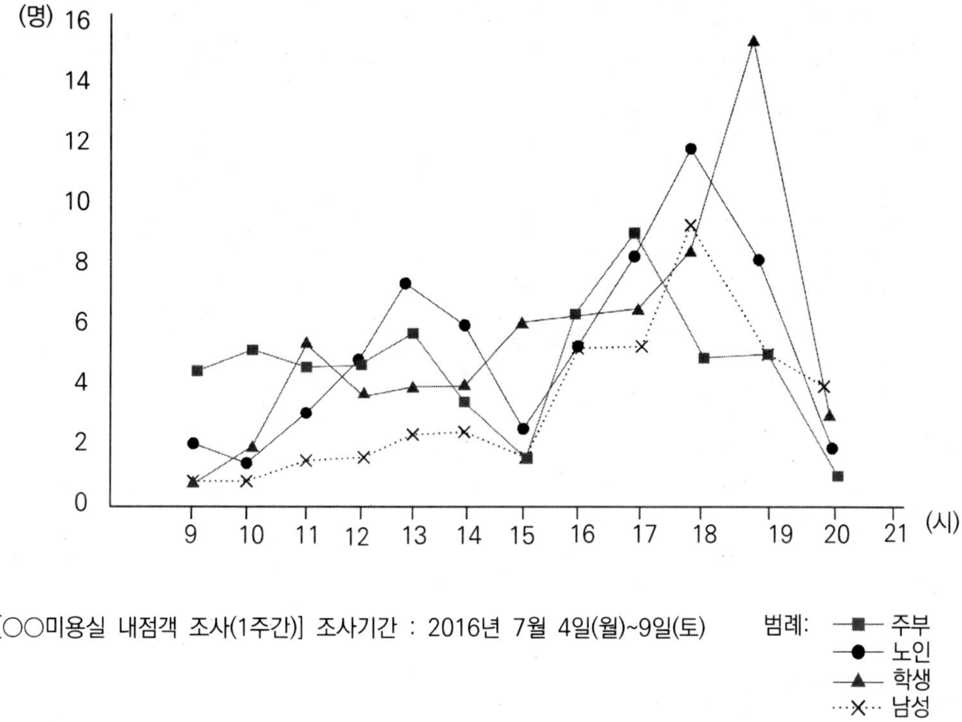

[○○미용실 내점객 조사(1주간)] 조사기간 : 2016년 7월 4일(월)~9일(토)

"정성조사"란 정량조사와 달리 숫자와 같은 객관적인 표시수단이 아니라 주관적인 판단에 의한 조사이다. 주관적인 판단이 개입할 두려움이 있는 조사를 아르바이트에게 맡길 수는 없다. 정성조사를 객관적으로 수행하는 프로그램이 없는 것은 아니지만 많은 비용을 각오해야만 한다. 아르바이트 비용과는 다르다.

자기 스스로 하는 것이 바람직하며 조사하는데 노력이 필요하다. 스스로 경쟁점을 방문할 수 없는 경우라면 차선책으로 가족 같은 종업원이나 아니면 다른 누군가에게 의뢰해야 한다. 그 경우 중요한 것은 그들에게 한가지 주제만을 조사하도록 한다. 즉 어디를 보고 올 것인가? 의 숙제를 명확히 자각시켜 내 보내는 것이다.

예컨대 "상담의 내용에 대해서 익히고 온다."라든가 "미용기업 안의 POP를 확실히 기억하고 온다."라든가 해서 많은 것을 바라지 말고 초점을 맞춘 조사를 시키는 것이다. 이것이 조사에 숙달되어 있지 못한 사람이 정성조사에 임하는 경우에 극히 실패가 적은 방법이다.

본대로 기억한대로 그대로 보고 하도록 하면 된다. 무엇을 느꼈고 어떤 생각이

들었는가? 등은 자신이 가설을 세워서 확인하면 된다. 보고자의 감성(주관)이 자신의 가설대로라면 그 조사의 신빙성(객관성)은 높다고 판단해도 좋다. 나아가서 부차적으로 효과가 얻어지는 것은 가령 이 보고자가 종업원이었다면 조사의 성과에 덧붙여서 고객의 관점에서 미용기업을 보는 기회를 주게 되기도 하는 것이다.

(다) 미용기업 경쟁력 비교평가

〈표 3-5〉 경쟁 미용기업 조사

경쟁 미용기업의 체크 목록

아래의 채점표에 기록할 것 (200점 만점, 35항목)

체크항목	5대 포인트 각 5점 만점 * 표는 10점 만점	자세한 내용 설명
① 입지환경 25점	1. 교통의 편리도 2. 통행량 3. 통행객의 내용 4. 반경 20km내의 주택집중도 5. 인근 상점가의 특성	1. 걷는 거리인가? 흐르는 인파인가? 주차장은? 2. 한시간 평균 100명 이상이 통행하느냐? 3. 여성이 많은가? 4. 아파트 · 주택 · 상가냐? 몇 세대냐? 수준은? 5. 소비형이냐? 생산형이냐? 신흥도시인가? 등등
② 건축환경 25점	1. 점포의 층수 2. 점포출입의 유입성 3. 점포내의 시각도 4. 디자인성 5. 요금 내용의 명확성	1. 몇 층이냐? 전용계단은? 2. 눈에 잘 띄며 들어오고 나가기 쉬운지? 3. 밖에서 잘 보이는가? 활기가 있는가? 4. 살롱구성이 매력적인가? 5. 알기 쉽고 명확하여 보기 쉬운가?
③ 점포설비 25점	1. 인테리어 이미지 2. 안락감 3. 미용 정보력 4. 샴푸실, 설비력 5. 환경 설비력	1. 즐겁고, 분위기 있으며, 최신유행스타일인가? 2. 안락감, 여유, 차 접대 등 3. 미용스타일, 패션관련정보에 신속한지? 4. 샴푸 기술의 수준, 청결 상태 등 5. 밝기, 쾌적감, 안락감
④ 영업능력 25점	1. 영업시간대, 휴일 2. 상품의 지명도 3. 요금의 대중성 4. 적극성의 유무 5. 경영자(원장)의 리더십	1. 영업시간이 길고, 고객 중심인지? 2. 유명 메이커인 재료를 사용하는지? 3. 누구에게나 적당한 요금이냐? 4. 일하고 있는 분위기는 박력이 있는가? 5. 모든 고객에게 만족을 주는가?
⑤ 미용기술 35점	1. 샴푸의 수준 2. 유능한 미용사의 비율 3. 파마의 신속도 파마손님 비율*10점 4. 부가 가치력 5. 고정 / 신규고객의 비율*10점	1. 요금을 받을 수 있는 샴푸인가? 2. 자격자는 몇명이고 커트 할 수 있는 미용사는? 3. 파마기법이 최신이며, 파마 비율이 높은가? 4. 특수영업손님이 있는가? (메이크업, 네일 등) 5. 고정손님이 많은가? 신규고객의 비율은?
⑥ 판매 확대력 30점	1. 고객관리의 수준 *10점 2. 광고나 DM의 빈도 3. 살롱입구/내 진열장 설비 4. 실용적인 판촉물의 유무 5. 잠재고객들의 평판	1. 고객관리는 완벽한지? 컴퓨터의 유무 2. 효과 있는 높은 수준의 광고이냐? 3. 항상 정돈이 잘 되어 있는가? 4. 고객 중심이냐? 5. 주변의 평판은?
⑦ 인간력 35점	1. 종업원의 접객태도 *10점 2. 대화의 수준 3. 근무연수 4. 지역사회와의 관계 5. 경영자(원장)의 열의, 성의 *10점	1. 명랑하고, 단정하며, 예절바른지? 2. 대화가 훌륭하고 화제도 풍부한지? 3. 장기근속자, 일류 종업원의 수는? 4. 인덕이 있고, 지역사회에 봉사하는지? 5. 항상 연구하고 새로운 것에 도전하는가?

〈표 3-6〉 경쟁 미용기업 채점표

채점표								
경쟁 점명 / 체크 항목								자기 살롱
① 입지환경 25점								
② 건축환경 25점								
③ 살롱설비 25점								
④ 영업능력 25점								
⑤ 미용기술 35점								
⑥ 판매 확대력 30점								
⑦ 인간력 35점								

(라) 매출구조의 요인도표

말로는 쉽게 "매출증대"라고 하지만 그 요인은 여러 가지이다. 도표에서 말하는 A형으로 분류된 "매출상승 미용기업"에도 18가지 타입이 있다. 또한 "매출저하"형에도 18가지 타입이 생각될 수 있는 것이다.

자기 미용기업이 어느 타입이며 어느 도표에 해당하는지 자세히 생각해 보기 바란다.

↘표를 어떻게 하면 개선할 것이냐? 다음에 설명하는 각 항목별로 떨어지는 원인에 해당하는 것은 없는지 확인하고 개선책을 수립하여 실천하므로 매출증대를 이루도록 해야 한다.

<표 3-7> 매출저하 요인

항목별 매출저하 요인		
고객단가↘	외적원인 1. 동일 상권내의 미용기업 요금이 전체적으로 싸다. 2. 수준 높은 미용기업이 가격으로 공격한다. 3. 주민의 소득수준이 낮다. 4. 상권이 일반적으로 싸구려 풍토이다.	내적원인 1. 개성적 영업기술이 부족하다. 2. 기술수준이 낮다. 3. 일류 종업원의 수가 적다. 4. 파마 · 염색손님의 비율이 낮다. 5. 커트 · 브로우 손님의 비율이 높다. 6. 미용기업 이미지가 나쁘다. 7. 좋은 손님층이 적다. 8. 개업 때부터 신뢰도가 낮다.
고객수↘	외적원인 1. 동일 상권에 미용기업이 너무 많다. 2. 주변인구의 감소가 있다. 3. 중년층의 감소화 4. 교통사정의 변화 5. 대형 미용기업의 출현으로 손님이 이동했다. 6. 건축사정이 나쁘다.	내적원인 1. 손님의 정착도가 나쁘다. 2. 초급 종업원의 수준이 낮다. 3. 소개받는 손님이 적다. 4. 손님에 맞지 않는 경영시스템 5. 경영자(원장)의 노령화 6. 미용기업 이미지의 저하
빈도↘	외적원인 1. 사회적 불황 2. 미용스타일(헤어, 피부관리)의 변화 3. 손님의 경제력 악화	내적원인 1. 미용기업에 활기가 없다. 2. 접객기술이 나쁘다. 3. 살롱입구판매 등 신메뉴가 없다. 4. 다시 방문하도록 하는 활동이 없다. 5. 미용기업의 안락감이 없다.

〈표 3-8〉 매출과 운영여건의 추이

도표		
A형 매출 = 객단가×객수×빈도	B형 매출 = 객단가×객수×빈도	C형 매출 = 객단가×객수×빈도
1. ↗ = ↗ × ↗ × ↗	1. → = ↗ × ↗ × ↘	1. ↘ = ↗ × ↗ × ↘
2. ↗ = ↗ × ↗ × →	2. → = ↗ × → × ↘	2. ↘ = ↗ × → × ↘
3. ↗ = ↗ × ↗ × ↘	3. → = ↗ × ↘ × ↗	3. ↘ = ↗ × ↘ × ↗
4. ↗ = ↗ × → × ↗	4. → = ↗ × ↘ × →	4. ↘ = ↗ × ↘ × →
5. ↗ = ↗ × → × →	5. → = ↗ × ↘ × ↘	5. ↘ = ↗ × ↘ × ↘
6. ↗ = ↗ × → × ↘	6. → = → × ↗ × ↘	6. ↘ = → × ↗ × ↘
7. ↗ = ↗ × ↘ × ↗	7. → = → × → × →	7. ↘ = → × ↘ × ↗
8. ↗ = ↗ × ↘ × →	8. → = → × → × ↗	8. ↘ = → × ↘ × →
9. ↗ = ↗ × ↘ × ↘	9. → = ↘ × ↗ × ↗	9. ↘ = → × ↘ × ↘
10. ↗ = → × ↗ × ↗	10. → = ↘ × ↗ × →	10. ↘ = ↘ × ↗ × ↗
11. ↗ = → × ↗ × →	11. → = ↘ × ↗ × ↘	11. ↘ = ↘ × ↗ × →
12. ↗ = → × ↗ × ↘	12. → = ↘ × → × ↗	12. ↘ = ↘ × ↗ × ↘
13. ↗ = → × ↘ × ↗	13. → = ↘ × ↘ × ↗	13. ↘ = ↘ × → × ↗
14. ↗ = ↘ × ↗ × ↗		14. ↘ = ↘ × → × →
15. ↗ = ↘ × ↗ × →		15. ↘ = ↘ × → × ↘
16. ↗ = ↘ × ↗ × ↘		16. ↘ = ↘ × ↘ × ↗
17. ↗ = ↘ × → × ↗		17. ↘ = ↘ × ↘ × →
18. ↗ = ↘ × ↘ × ↗		18. ↘ = ↘ × ↘ × ↘

(마) 자기 미용기업 경쟁력 평가

<그림 3-3> 미용기업 경쟁력 평가

※ 예측을 정확하게 표시하라.
○ : 자신이 있다.
△ : 중간이다.
□ : 자신이 없다.

1	2	3	4	5	6	7	8	9	10	11	12
○ △ □	○ △ □	○ △ □	○ △ □	○ △ □	○ △ □	○ △ □	○ △ □	○ △ □	○ △ □	○ △ □	○ △ □

○ 표 9~12 : 힘이 있는 미용기업이다. 더욱 노력하여 명실공히 지역 1등 미용기업이 되라.
○ 표 6~ 8 : 의욕을 가진다면 더욱 강해질 수 있다. 자, 분발하자. 3년 안에 모두 ○표를 목표로
○ 표 4~ 5 : 스테미너 부족. 영양을 섭취해서 다시 한 번 출발한다. 체념하면 낙오되고 만다.
○ 표 1~ 3 : 심기 일전을 요한다. 이 이상 낙오되면 영영 일어설 수 없다.
△ 표 6~12 : 어떻든 특색이 전혀 없는 미용기업이다. 단 한 개라도 ○표를 늘려라.
□ 표 8이상 : 지금 상태로는 승리는 불가능하다. 신장개업 할 때의 기분으로 되돌아가라.

4) 미용경영환경의 내부 분석

미용기업의 기회와 위협을 자기 미용기업의 활성화 전략으로 어떻게 활용할 것인가? 하는 문제가 생긴다. 이 경우, 우선 자기 미용기업의 강점과 약점을 냉정하게 파악하고 있어야 한다.

그래서 자신의 미용기업을 세밀하게 바라보는 분석이 필요해지는 것이다. 자기 미용기업의 잠재능력을 측정한 기반 위에서 경영자원(경영전략, 미용 문화, 미용기술, 고객확보율, 마케팅 전략의 장단점, 인적자원, 자금력 등)을 면밀하게 분석하고 자기 미용기업의 강점 / 약점을 명확하게 알아야 한다.

〈그림 3-4〉 미용경영환경 분석

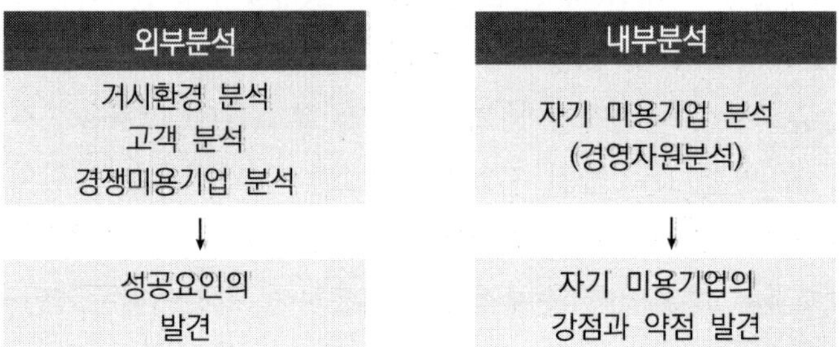

2. 미용경영의 자원

1) 미용경영자원의 정의

“경영”이란 기업의 목표를 달성하기 위해 필요한 인적자원과 물적자원을 계획, 조직, 지휘, 통제하는 효율적인 관리과정을 말한다. 기업은 인간(사람), 물건(물자), 돈(자금) 등의 자원에 의해서 고객이 원하는 것을 만들어 판매해서 기업활동을 유지한다.

여기서 고객이 원하는 것은 구체적인 상품이 될 수도 있지만 기술이나 무형의 서비스일수도 있다. 즉 경영이라고 하는 것은 이러한 경영자원을 이용하여 고객이 원하는 어떤 가치를 창조해서 제공하는 것이다.

기업은 환경변화에 대응하기 위해서는 기업이 지니고 있는 능력을 발휘할 수 있도록 컨트롤해야 하는데, 그 능력을 규정하는 것이 경영자원이다.

예전에는 “경영의 3요소”라고 하여 “인간, 돈, 물건”으로 규정하였지만, 최근에는 여기에 “정보, 환경, 시간”을 추가하여 여섯가지 요소를 투입해서 고객이 원하는 가치를 생산하여 제공하고 있다.

미용기업의 경영에 있어서 특히 미용실의 경우 “커트, 파마, 염색” 이라는 기술적 상품을 제공해서 고객에게 아름다움이라는 만족을 전하고 그 대가로 요금을 받는 활동을 행하고 있다.

2) 미용경영자원의 체계

(1) 경영의 3요소

미용기업이 개업을 하려면 우선 그 영업의 판매물이 되는 미용기술은 어떤가? 또 살롱의 설비도 준비하여 두지 않으면 안 된다.

즉, “인간, 돈, 물건”의 3가지가 기업경영의 요소인데 그것을 “경영의 3요소”라고 부르고 있다. 이 인간, 돈, 물건 3가지의 요소를 유기적으로 통합하면서 경영활동을 전개하고 지속하여 고객에게도 공헌하면서 수익을 올리지 않으면 안 된다.

경영의 3요소를 미용기업에 구체적으로 적용하면 인간이라는 “인적자원”으로는 미용기업의 가장 중요한 부분으로 차지하는 경영자와 종업원을 들 수 있으며, 물건인 “물적 자원”은 미용재료, 미용기구, 미용기업 점포 등을 들 수 있다. 돈인 “금전적 자원”으로는 미용기업을 운영하는 운영자금 뿐만 아니라 미용기업 점포를 구입하는 데 사용되는 자금이 있다.

또한 그 외에 최근에는 몇 개의 요소가 추가되고 있는데 그 중 “정보적 자원”으로는 미용기업이 갖는 신기술·신제품정보, 경쟁 미용기업정보, 미용경영 노하우 등을 들 수 있다. “환경적 자원”으로는 미용경영환경, 점포 입지환경, 점포 공간, 소득수준, 소비자 계층 등을 들 수 있다. “시간적 자원”으로는 미용시술 시간이 제한되어 있으므로 빠른 시간에 고객이 원하는 미용 서비스를 제공하는 것이다.

제1의 요소 “인간(사람)”은 이 3가지의 요소를 통합하는 경영자 및 종업원(가족 종사자도 포함해서)의 활동을 말하고 중심적인 요소가 된다.

제2의 요소 “돈”은 자본, 밑천, 자금 등으로 경영자 자신이 출자한 것을 자기자본이라고 이름 붙이고 있다. 법인기업은 자본금이라고 부르고 개인기업은 일반적으로 원금이라고 말한다.

이 자기자본이 부족한 경우는 은행 등에서 차입하게 되는데 이것을 타인자본이라고 부르고 있다.

제3의 "물건"은 영업의 목적이 되는 것으로써 상점에서는 상품이지만 미용기업에서는 기술이라는 것이 된다.

어쨌든 이 인간, 돈, 물건을 중심으로서 그 융통을 잘하여 가는 것이 중요하다. 즉, 3가지의 톱니바퀴를 맞게 하는 것이 중요한 것으로써 융통성을 보통 경영관리라 말하고 종업원의 대책을 인적자원관리, 돈의 융통을 자급관리라고 부르고 있다.

일반적으로 경영자원은 다음과 같다.

〈표 3-9〉 경영의 3요소

3 요 소	구 분	경영관리면에서
사 람	경 영 자 종 업 원	자 기 개 발 인 사 관 리 (종업원 대책)
돈	자 금 이 익 금	자 금 관 리 계수, 재무관리
물 건	기술(상품) 점포설비(서비스) 고객	기술개선 · 상품재료관리 점포관리(서비스개선을 포함) 고 객 관 리

〈표 3-10〉 일반기업과 미용기업의 경영자원

분 류	일 반 기 업	미 용 기 업
인 간	생산자, 유통업자, 기술자, 종업원 등	원장(경영자), 뷰티 매니저, 디자이너, 인턴, 스텝 등
물 건	원재료, 공장 설비, 생산 · 기계설비, 사무실 등	미용기술, 신 메뉴 개발력, 미용기업 점포, 미용도구, 미용기구, 미용기계, 미용재료 등
돈	토지 구입비, 건물 설비자금, 기계 구입비, 원재료 구입비, 재무자금 등	점포 임대비, 인테리어비, 운영비, 미용재료 구입비, 종업원 임금 등
정 보	상품이나 기업이 갖는 신용력 · 경영 및 기술적인 노하우 등	미용 신제품 · 신기술 정보, 경쟁 미용 기업 정보, 미용경영 노하우 등
환 경	국제환경, 사회환경, 경제환경, 경영환경, 소비환경 등	미용경영환경, 점포입지 환경, 점포공간, 소득 수준, 소비자 계층 등
시 간	기술시간, 생산시간, 개발시간 등	미용시술 시간 등

(2) 경영정보

기업경영에 있어서 "정보"가 중요한 것으로 그 정보를 포함해서 경영의 4요소라고도 부른다. 참고로 다음 〈표 3-11〉 경영정보의 입수방법을 참고하기 바란다.

〈표 3-11〉 경영정보의 입수방법

항 목	건 수	계
강습회, 강연회, 세미나에서	10	19.2%
전문지, 미용업계지에서	10	19.2%
미용협회 및 단체에서	7	13.5%
손님으로부터	7	13.5%
재료, 기구 구입처로부터	5	9.6%
인터넷, TV, 라디오에서	4	7.6%
신문, 잡지에서	3	5.8%
동종업자로부터	3	5.8%
정부기관으로부터	3	5.8%
컨설턴트로부터	0	0%
합 계	52	100.0%

또 경영요소의 말 외에 "경영자원"이라고도 부르고 있지만 〈그림3-5〉의 경영의 활동을 참고하기 바란다.

〈그림 3-5〉 경영의 활동

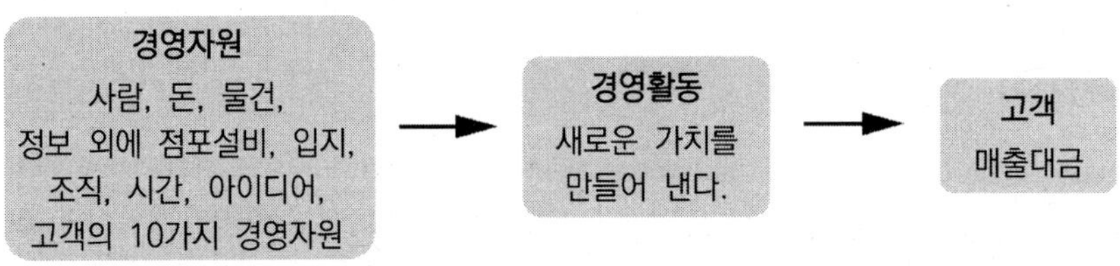

여기서 경영자원으로서 3요소를 포함하여 10가지의 경영자원을 체크하여 보자.
이상의 경영자원의 항목 중에 특히 구체적인 경영의 포인트를 예를 들어본다.

① 입지조건은 그 업태에 적합한 장소인가, 입지에 좋은 고객층이 일정하게 있는가 등이다.
② 살롱설계의 특성은 무엇인가, 레이아웃에 중점이 있는가, 또는 인적서비스가 있는가 등의 검토이다.
③ 종업원의 확보, 정착상황은 어떤가? 인사관리는 빈틈없이 되고 있는가? 등이다.
④ 적정한 요금체계로 되어 있는가? 외상매출 등의 불량채권이 많아서 자금 회전을 압박하고 있는가? 등이다.
⑤ 재료, 상품의 구입방법은 적절한가? 관리는 어떤가? 위생관리 상태는 적절한가? 등이다.
⑥ 수익성, 인건비, 기타 경비의 내용, 자산구성 등에 무리는 없는가? 경영내용이 충분히 파악되고 있는가? 등이다.

이상의 중요 포인트를 우선 검토하고 평가하여 두는 것이다.

Ⅱ 미용창업

제4장 미용창업론

Chapter 4

미용기업 창업론

1. 미용기업 창업의 정의와 과정

1) 창업의 개념

창업은 개인적으로 많은 부를 모을 수 있는 지름길일 뿐만 아니라 사회 · 경제적으로는 발전에 필요한 씨앗이며, 직장을 창출하여 실업문제를 해결하는 근본적인 수단이다.

특히 미용기업(미용실, 피부관리실, 메이크업실, 네일샵, 두피관리센터, 화장품 샵, 화장품/두발회사)는 창업의 형태 중 소점포 및 중소기업 창업에 해당하는 사업체로서 소규모 점포 및 중소기업을 근거로 하여 영위하는 사업체를 말한다.

특히, 소점포의 개념은 물리적 공간의 크기로는 10평 에서부터 수백 평까지로 그 범위가 상당히 넓지만 하나의 연결된 공간에서 하나의 경영권에 의해서 운영되는 사업장을 소점포라는 의미로 사용하고 있다.

미용기업도 최근에 급성장의 과정을 겪으면서 10평 정도의 작은 평수에서부터 수백 평 되는 평수까지 다양한 크기와 많은 직원들을 갖춘 사업체가 등장하고 있다.

여기서는 미용기업에 필요한 창업의 요소는 무엇이며, 창업은 어떠한 과정을 통하여 이루어지는지 알아보고자 한다. 또한 여러 가지 창업의 유형 중 미용기업의 창업을 이해하고 분석할 수 있는 능력을 함양하는데 목표를 두고자 한다.

2) 미용기업 창업의 정의

"창업"이란 새로운 기업을 설립하는 것을 의미하는데, "미용기업의 창업"이란 창업자가 이윤을 얻기 위해 자본을 이용하여 미용이라는 사업아이디어를 바탕으로 하여 미용기술과 서비스를 생산하는 조직 또는 시스템을 설립하는 행위를 말한다.

미용기업 창업에 필요한 3요소를 살펴보면 창업을 위해 가장 먼저 필요한 요소는 창업자(인적 요소)라고 할 수 있다. 두 번째 필요한 요소는 미용이라는 사업아이디어(목표 요소)이다. 세 번째로 필요한 것은 자본(물적 요소)이라고 할 수 있다.

(1) 창업자

"미용기업 창업자"란 미용기업 창업 아이디어의 확보, 사업성 분석, 사업계획 수립, 계획의 실행 등을 주도하고 책임지는 창업의 주도자이다.

미용기업 창업자는 이러한 세부적인 기능을 수행하기 위하여 미용기업 설립에 필요한 유형·무형의 자원을 동원하고 이들을 적절히 결합하여 시스템을 만들고, 설립된 미용기업이 의도한 대로 기능을 발휘하도록 관리하는 역할을 해야 한다. 그리므로 미용창업자의 능력, 가치관 등은 창업기업의 성패와 효율에 지대한 영향을 미치게 되므로 창업자는 매우 중요한 요소이다.

(2) 사업아이디어

미용이란 공중위생법 제2조에 "손님의 얼굴, 머리, 피부, 손발톱 등에 손질을 하여 손님의 외모를 아름답게 꾸미는 것"이라고 정의 내리고 있는데 미용이라는 사업 아이디어를 가지고 어떻게 고객에게 접근하므로 사업의 주메뉴로 자리 잡게 할 것인가 결정해야 하는 것을 의미하는 것이다.

미용기업에서 제공하는 "사업아이디어"는 미용기술과 서비스 및 고급 이미지라고 할 수 있다.

(3) 자본

"자본"이란 미용기업을 설립하는데 필요한 금전적인 자원뿐만 아니라 자본을 이용하여 동원할 수 있는 점포, 미용 전문가, 미용제품, 미용기기 등을 포괄적으로 의미한다.

자본은 창업자 자신의 출자일 수도 있고, 타인으로부터 조달될 수도 있다.

미용기업을 설립하려고 하면 자본조달이 어려운 것을 경험하게 되는데 창업의 가장 큰 장애요인은 창업자금의 어려움인데 요즘에는 창업자금을 공급해 주는 소상공인 지원센터 및 신용보증기금, 신용보증재단이 있다.

3) 미용기업의 창업과정

창업의 3대 요소인 창업자, 사업아이디어 및 자본이 결합되어 창업이 이루어진다. 창업이 이루어지는 과정은 여러 가지로 다르게 나타날 수 있는데 기본적으로 사업아이디어부터 시작하는 방식이다.

특히 미용기업은 미용이라는 사업아이디어를 선정한 후 무엇을 사업의 주메뉴로 선택할 것인가를 결정한 후 이에 대한 타당성을 분석하고 결과가 긍정적일 때, 자본을 동원하여 미용기업을 창업하고 만약 부정적이면 사업아이디어 탐색으로 돌아가는 순서이다. 이와 같은 창업과정은 주변의 환경으로부터 끊임없는 영향을 받는다.

〈그림 4-1〉 미용기업의 창업과정

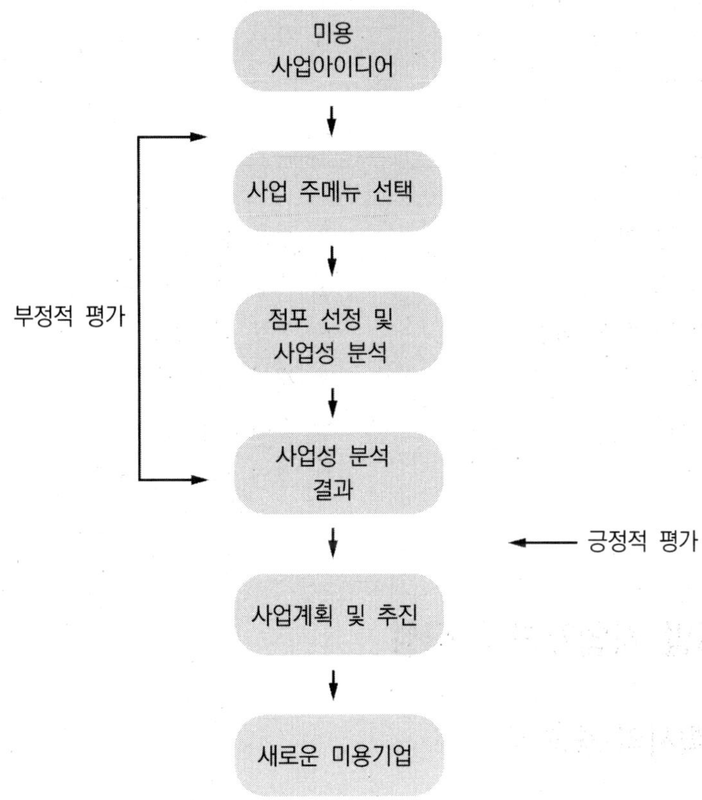

(1) 계획단계

① 아이템의 선정
② 사업형태의 결정
③ 운영형태의 결정
④ 규모의 결정(인원, 면적, 자금 등)
⑤ 입지의 선정
⑥ 사업계획서 작성

(2) 준비단계

① 자금의 확보
② 점포의 계약
③ 상권분석
④ 사업계획서 작성
⑤ 인테리어의 계약과 공사
⑥ CI(상호 및 상표의 로고 선정)
⑦ 가운, 유니폼 주문
⑧ 인사조직(채용, 배치, 급여, 근무조건 등)
⑨ 광고 · 판촉 기획과 발주
⑩ 기구, 비품의 구입
⑪ 재료, 상품, 소품의 구입
⑫ 각종 서식의 결정과 인쇄
⑬ 운영관리 매뉴얼 마련

(3) 개점단계

① 개업 안내장 발송
② 점포 등록 신고(구청)
③ 사업자 신고
④ 개업 전 교육훈련
⑤ 인테리어 및 시설 점검
⑥ 재료 및 상품의 점검
⑦ 모의 운영
⑧ 개업 이벤트
⑨ 기념품 준비
⑩ 접대준비
⑪ 개업식
⑫ 개업 후 경영 점검

2. 미용기업 사업계획서 작성

1) 사업계획서의 중요성

미용기업 창업과정에 있어 사업계획서 작성은 사업에 연계된 제반사항 즉, 두피시장의 구조적 특성, 고객의 성격, 시장확보의 가능성과 전략, 적정투자규모, 자금의 조달계획, 영업계획, 인적자원 수급계획 등 일련의 사항을 객관적 관점에서 체계적으로 묘사하는 매우 중요한 자료이다.

이런 계획서는 창업자의 사업 성공 가능성을 높이는 것뿐만 아니라, 계획사업의 성취에도 많은 필요요인으로 작용될 수 있다.

특히 부족자금조달을 위한 투자의 관심유도와 설득의 자료가 될 수 있다. 현재 정부 혹은 금융기관 및 투자기관들은 창업기업을 위한 금융지원을 확대하고 있으며 또한 기술개발자금지원도 매년 그 책정액을 상향조정하고 있다.

미용기업 창업자는 또한 중소기업청에서 지원하는 소상공인 지원 및 신용보증기금, 신용보증재단을 활용하는 것도 좋은 방법인데 이런 여러 형태의 자금 활용을 위하여 정확하고 세밀한 사업계획서가 필요하며 투자가의 신뢰감을 얻을 수 있는 근거자료의 제시, 전문성과 독창성을 갖춘 보편타당한 사업계획서의 작성이 필요하다.

2) 사업계획서의 작성지침

사업계획서를 보면 경영자의 자질을 볼 수 있고 기업의 앞날에 대해서도 어느 정도 예측할 수 있으므로 사업계획서는 상당히 중요하지만 사업을 시작하려는 사람은 어떤 내용으로 사업계획서를 작성해야 하는지 모른다. 제일 먼저 알아야 할 내용은 사업계획서에 무슨 내용을 포함시킬 것인가 하는 점이다.

사업의 형태에 따라 조금씩 성격이 다르긴 하지만 사업계획서에는 다음과 같은 내용이 포함되도록 한다.

① 표지 : 창업과제의 제목, 미용기업 명칭, 작성자 성명, 작성일시, 기타 특기사항
② 요약문 : 사업의 개요, 업종과 그 특성, 사업장 위치, 소요자본, 손익분기점, 수익성 등

(1) 사업 개요

사업개요는 유통이나, 정보, 서비스, 제조까지 사업해야 할 분야를 정확하게 구별하는 것이다. 또 1차적인 사업을 바탕으로 앞으로 사업영역을 확대하고자 할 계획이 있을 때는 이 부문도 포함시켜야 한다.

(2) 창업자 소개

경력과 특성을 다른 사람들이 한눈에 보고 신뢰를 가질 수 있도록 명확하게 기재

한다. 이를 작성하면서 자신의 사업적 적성과 분야를 명확히 해야 한다.

(가) 창업자 : 주소, 생년월일, 간단한 경력소개

(나) 사업의 내용 : 미용기업의 형태 중 주 업종 기재, 제공하는 미용기술 및 서비스의 종류 및 제공방법 등을 기술한다.

(3) 준비사항

인력, 시설, 자금, 사업자 신고 등 처음 사업을 시작할 때 필요한 부문을 꼼꼼히 정리해 여기에 맞춰 준비해야 한다.

(4) 점포입지와 점포계획

(가) 점포입지 : 주소, 지도, 주변 환경을 설명한다.

(나) 상권의 규모와 추이 : 상권 내의 인구, 인구의 소득수준, 성별, 소비 특성 등과 앞으로의 전망 등을 기술한다.

(다) 예상되는 경쟁분석 : 예상되는 경쟁미용기업을 파악한다.

(라) 면 적 : 적정 규모의 면적을 결정한다.

(마) 실내 · 외 장식 : 인테리어 비용의 효율적인 가격을 계획한다.

(바) 미용기기 및 제품 : 효과적인 미용기기와 제품을 구입할 수 있는 재료유통업체 및 미용기기업체를 사전에 선정하여 유통망을 형성해 놓는다. 요즘에는 인터넷을 통한 제품 및 쇼핑몰을 통한 구매를 할 수 있다.

(5) 상품 · 서비스 소개

사업내용을 구체적으로 정리, 소개해야 한다. 미용기업의 경우 판매하고자 하는 것이 바로 미용기술과 접객서비스이다. 그러나 막연히 미용기술과 접객서비스가 아니라 자기가 특성화, 차별화하려는 미용기술과 서비스를 상세히 제시하여야 한다. 바로 이 부문에서 고객을 설득할 수 있을 때 비로소 사업 성공가능성을 볼 수 있다.

(6) 마케팅 전략

상품 · 서비스 아이템이 좋다 해도 이를 성공시킬 수 있는 것은 마케팅 전략에 달려 있다. 마케팅은 영업과는 차원을 달리 하는 것으로 누가 고객이고, 현재 시장규모는 얼마이며 가능성은 어떤지, 어떤 방식으로 운영할 것인지 알아보는 것이다.

가장 중요한 것은 미용기업에서 고객에게 제공하려는 미용기술과 서비스를 어떻게 고객에게 효과적으로 전달할 것인지, 고객을 어떻게 개척할 것인지 등을 설명해야 한다.

(7) 재무분석

미용기업 운영을 위해 투자금액이 얼마나 필요하며 무엇을 해야 하는지 제대로 된 재무계획을 알아보아야 한다. 재무계획은 크게 두 가지 목적에서 사용되는데 첫째 최저 투자금액이 얼마인지 파악하는 것이고, 다른 하나는 현금유동성이 얼마나 필요한지 알아보는 일이다. 사업경험이 있다면 재무계획을 어떻게 할 것인지 알 수 있을 것이다.

(가) 소요자금 추정

① 고정자금 : 임차보증금, 권리금, 전화가입비, 인테리어비, 설비비품 등
② 운영자금 : 임차료, 통신비, 사무용품비, 제품비, 전기료, 수도료, 현금 예비비 등
③ 초기자금 : 개업식, 초기 광고비 등

(나) 매출액 추정

월 매출액 = 1일 내점 고객수 × 1인 객단가 × 개점 일수

(다) 추정손익 계산서 작성

예상 내점 고객 수, 원가구성, 월별 매출액 및 일반 관리비 추정치를 기초로 하여 월별 추정 손익 계산서를 작성한다.

(라) 수익성 평가

이익과 손실의 평가를 구체적으로 한다.

(8) 관리체계

기업은 생명력을 가진 것으로 어떻게 구성되며 어떻게 관리 감독할 것인지 무척 중요하다. 만약 사업계획서를 외부인에게 보여주어 투자를 유치할 계획이라면 이 부문에도 상당히 신경을 써야 한다.

(9) 발전계획

사업을 일회성으로 끝낼 것이 아니라면 발전계획을 세워야 한다. 어떻게 꾸준히 미

용기술을 개발하고 고객을 확보해 미용기업을 발전시킬 것인가에 대해 최대한 구체적으로 발전계획을 작성해 보는 것이 바람직하다. 또한 경영상태 평가해 보며 앞으로의 전망과 성장 가능성에 대해서도 조명해 본다.

〈그림 4-2〉 사업계획서 작성 개념도

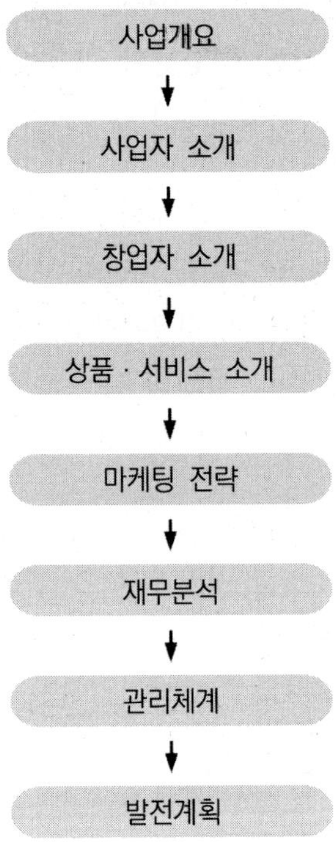

3. 미용기업의 창업 전략

미용기업의 창업은 여러 가지 제반문제가 따르는데 특히 자본, 미용기술자, 정보 및 경영자의 경영마인드 등은 상당히 중요하다.

미용기업을 창업하려는 창업가는 무엇보다도 자신이 가지고 있는 미용기술과 자본 등의 경영자원을 잘 이용하여 수익을 많이 올리는데 목표를 두고 있다.

대부분 미용기업을 창업하려는 사람들은 초보에서부터 적게는 몇 년의 경험을 가진 미용 전문가들로서 미용분야에 대하여 사전지식을 가지고 있는 사람들이다.

그러나, 불행하게도 창업 후 문을 닫는 미용기업이 많은데 그 이유는 여러 가지가 있겠지만 특히 창업자의 경영관리 미숙, 고객확보의 실패, 또는 급변하는 미용경영환경에 대처하지 못하는 경우와 창업자금의 부족을 들 수 있다.

1) 미용기업의 입지 선정

"미용기업의 입지"란 미용기업의 경영활동이 이루어지는 장소를 뜻한다. 미용기업을 창업하는 경우는 물론, 기존의 입지를 다른 장소로 이전하게 될 경우 가장 경제적이며 이상적인 기업 입지를 검토할 필요가 있다.

미용기업에서 입지 선정이 중요한 이유는 60~70%가 장소의 선택에 의해 성공 여부가 결정되므로 입지산업이기 때문이다.

(1) 입지의 조건

소비형태, 소비심리, 주 고객층, 고객의 취향 등이 창업자의 사업 형태와 규모, 경험, 능력에 알맞은 장소를 말한다.

(2) 좋은 입지

① 이미 상권이 형성되어 있는 번영하는 지역
② 역세권 등 유동인구가 많으며 주택가가 형성되어 있는 곳
③ 고객의 접근이 용이한 곳
④ 경영자가 살고 있는 곳에 가까운 곳
⑤ 주택가와 상가가 연결되어 있는 곳
⑥ 대중적인 점포(고정객 50% 내외) : 번화가, 밀집지역, 상가
⑦ 고급 점포 : 주택가, 대단위 아파트 단지
⑧ 출근보다 퇴근하는 쪽에 있는 점포
⑨ 차량의 진입이 용이하며 주차장이 확보된 곳
⑩ 문화 공간, 학교, 은행, 관공서, 지하철, 버스정류장, 상가 등을 목적지로 해서 움직이는 길에 위치한 곳

(3) 점포 선택시 고려 및 주의사항

① 전면의 폭이 넓은 점포
② 내리막에 위치한 점포
③ 고객의 주동선 오른쪽에 위치한 점포
④ 건물의 노후 상태
⑤ 출입문의 방향
⑥ 점포 앞의 통행인구
⑦ 주차장의 유무
⑧ 점포의 층수와 업종과의 상관관계
⑨ 주민들의 소득수준, 성별, 연령 등에 비해 사업성이 있는지?
⑩ 임대료의 적정수준 여부
⑪ 건물의 용도, 법적, 도시계획상 하자 여부
⑫ 업종이나 주인이 자주 바뀌는 점포
⑬ 임대료나 권리금이 유난히 비싸거나 싼 점포
⑭ 언덕 위에 위치하거나 길 맞은편에 점포가 없는 지역
⑮ 주변에 자기 점포보다 큰 규모의 점포가 있는 곳

(4) 점포 계약시 유의사항

① 건물주의 임대 의도, 건물주 당사자의 여부
② 영업에 있어서 적합성 여부 : 노후도, 방수, 급수시설, 배수시설, 환기, 전기시설, 소방시설, 수도시설, 위생시설 등
③ 법률상의 문제 : 근저당권 설정, 압류
④ 법률적 관계의 확인 : 등기부등본, 도시계획 확인원 열람
⑤ 계약서 상의 기재 내용 재확인
⑥ 현 점포주의 명도일자 및 조건 확인
⑦ 계약금 지급 후에도 재차 등기부 확인
⑧ 점포에 대한 법적인 권리 확보(확정일자, 공증)

(5) 법률상의 문제 확인

미용기업의 점포를 선정할 때 창업자는 상권분석은 물론이고 법률적인 권리관계의

확인을 반드시 하여야 한다. 권리관계의 확인은 등기부 등본과 도시계획 확인원을 열람해 보아야 하는데 등기부 등본은 관할구역의 법원등기소에서 소정의 수수료만 내면 누구나 열람할 수 있는 데 한 번에 열람해 볼 것이 아니라 계약금 지불 후, 중도금 지불 후, 잔금 지불 후에 각각 열람해서 만약의 실수를 사전에 방지해야 한다.

그리고 점포를 계약하기 전에 반드시 등기부 등본을 확인하고 보증금에 대한 전세권설정을 하는 조건하에서 진행시켜야 한다.

도시계획 확인원은 관할 시청, 군청에서 열람할 수 있는데 도시계획 확인원에는 도시계획이나 업종제한 구역이 표시되어 있어 계약 후 점포가 도로와 같은 공공용지에 포함되거나 재개발 지역에 포함되어 헐릴 지역이 아닌지 확인할 필요가 있다. 도시계획 확인원을 열람하는 것은 꼭 법적인 문제를 대비하려는 부정적인 목적만 있는 것은 아니다. 도시계획, 재개발 여부 등을 확인함으로써 앞으로의 상권변화 등을 예측해 대응할 수 있는 긍정적인 측면도 있으므로 반드시 열람해 볼 필요가 있다.

미용기업 창업시 영업을 하는데 적합한 점포인가를 알아보기 위해서는 먼저, 계약기간 내에 영업을 할 수 없을 정도로 건물이 노후 되지는 않았나를 알아보아야 하며 습기가 많이 차지는 않는지, 눌이 새는 곳이 없는지를 알아보아야 한다.

특히 미용기업의 경우 급수와 배수시설은 잘 살펴 볼 필요가 있다. 또 미용기업의 경우 전기제품을 많이 사용하므로 전기시설과 전압문제를 꼼꼼히 체크해 보아야 하며 환기시설과 수압관계도 살펴보아야 한다.

점포 임차시 점포의 구조, 출입이 불편한 출입구 등 기타 장애요인이 있는지 알아보아야 하며 특히 위치적으로 매출을 잘 올릴 수 있는 곳을 얻도록 해야 한다.

2) 미용기업의 상권분석

점포를 마련해서 고객의 내점을 기대하는 형태의 영업을 할 경우 내점객의 점포에 대한 내점 횟수는 점포와 가까울수록 많고 멀수록 적다. 한편, 소비자에 대한 점포의 매력이 크면 클수록 그 점포는 보다 먼 곳으로부터 고객을 끌어들일 수 있고 상대적인 매력이 없는 점포는 내점객의 범위를 좁혀 버린다는 것을 말할 필요도 없는 법칙이다.

거리가 멀면 소비자에게는 시간적, 경제적, 정신적 부담이 커져서 어느 일정의 선을 넘으면 그 점포에 가려는 의욕을 잃게 된다.

이와 같이 점포는 소비자의 시간적, 경제적, 정신적 부담을 초월하는 매력을 제공할 수 있는 범위에 있어야만 고객을 끌어들일 수 있는 것이다. 즉 소비자가 여러 가지 부담을 각오하고서도 그 이상의 매력이 그 점포에 존재한다면 소비자는 그 점포로 발을 옮기는 것이다.

(1) 상권의 개념

"상권"이란 점포가 소비자를 내점시켜 얻는 한계점을 연결한 선의 안쪽을 가리킨다고 하겠다.

일반적으로 상권이 넓다거나 좁다거나 말하지만 상권의 광협은 소비자의 내점의 용이함(거리, 교통편 등)과 소비자에게 주어지는 효용(매력정도)의 크기 등 두 가지의 요소의 상대적 관계로 결정되어 진다고 이해하면 될 것이다. 즉 미용기업의 매력을 높일수록 상권이 넓게 설정된다는 사실은 알 수 있을 것이다.

즉 상권의 개념을 한마디로 표현하면 "사업대상의 고객이 존재하는 공간적, 시간적 범위로서 자기의 영업력이 미치는 범위를 말하는 것"이라고 표현할 수 있다.

(2) 상권 분류

미용기업의 매출구성비 중 의존도 정도에 따라 1차, 2차, 3차 상권으로 구분할 수 있다.

〈표 4-1〉 미용기업의 상권 분류

구 분	상 권 범 위
1 차 상 권	미용기업의 매출 · 고객수의 60%이상 점유하는 고객의 거주범위
2 차 상 권	1차 상권 외곽지역 중 매출 또는 고객수의 30%이상 점유하는 고객의 거주 범위
3 차 상 권	2차 상권 외곽지역 중 매출 또는 고객수의 5%이상 점유하는 고객의 거주 범위

3) 미용기업의 인테리어

미용기업의 인테리어는 인테리어 분야에서 모든 기술이 집약된 가장 까다로운 인테리어로서 독특한 분야로 자리를 잡아가고 있다. 특히 미용기업의 인테리어는 고도의 전문성을 띄고 있어야 하며 고객을 끌어들이는 가장 중요한 요소로서 인테리어에 의해 미용기업의 점포 내 분위기가 좌우된다.

(1) 인테리어 작업시 고려사항

(가) 고객의 심리와 분위기에 맞게 하라.

미용기업의 인테리어는 그 기업의 전체적인 이미지와 직결되며, 고객을 직접 끌어들여 고도의 미용기술을 고객에게 제공하는 곳이므로 고객의 심리와 분위기를 충분히 고려하여야 한다. 적은 돈이 들더라도 감각이 좋고 개성이 뛰어나면 고객에게 호감과 신뢰를 주는 인테리어 분위기를 연출해야 한다.

(나) 고객중심의 인테리어를 하자.

인테리어 개념은 꾸민다는 개념과 편리성, 채산성, 분위기 등을 고려해야 한다. 특히 고객의 편리함이 인테리어에서 가장 중요한 요소일 것이다. 미용기업의 인테리어는 미용기업의 경영자나 종업원의 편리함보다 고객의 편리함을 우선순위에 놓고 시작해야 한다.

(다) 고급스러움이 무조건 좋은 것은 아니다.

미용기업은 다른 업종보다 인테리어 분위기가 고급스러움을 연출하고 있다. 그러나 무조건 고급스러운 것이 좋은 것은 아니다.

고객이 미용기업을 지나갈 때 미용기업이라는 고유성격을 느낄 수 있고 다시 한번 볼 수 있는 친근감과 신뢰감을 느끼게 하는 것이 중요하다.

미용기업이라는 특성을 살리면서도 고객의 머무르게 할 수 있는 대중적인 느낌을 주는 인테리어가 바람직하다.

(라) 미용기업의 간판

미용기업의 얼굴인 간판은 미용기업을 방문하려는 고객에게 자기 기업의 존재여부 및 기억요소로서 상당히 중요하다. 간판은 미용기업의 이미지와 분위기에 맞는 CI 디자인과 색깔 및 글씨체를 신중하게 결정해서 하도록 하여야 하며 쉽게 기억할 수 있도록 간단, 명료하게 하는 것이 좋으며 고객이 정확하게 알아볼 수 있도록 표기해야 한다.

(마) 미용기업의 입구 및 인포메이션

사람에게 첫인상이 가장 중요한 것 같이 미용기업에 있어서도 마찬가지이다. 미용기업의 입구와 인포메이션은 현관문이라고 하는 단순한 기능 외에 미용기업의 얼굴이자 첫인상을 심어주는 역할을 하기 때문에 편안함과 신뢰성을 주며 청결한 느낌을 주는 분위기로 연출하는 것이 바람직하다. 가급적 평면적인 현관문보다는 약간 실내로 들어선 문을 열고 들어가는 기분이 훨씬 현관분위기를 자아내는 데 이상적이다. 특히 현관문은 고객편의를 최우선으로 고려해 만들어야 하며 현관문에 따라 미용기업의 전체적인 서비스 이미지가 좌우 될 수 있다는 사실을 있어서는 안 된다.

(바) 미용기업의 조명

조명은 은은한 분위기가 되도록 가깝게 연출하는 것이 최고로 잘하는 것이다. 고객대기공간이나 상담실의 경우에는 조명을 밝게 하며 시술공간에서는 은은하고 고급스럽게 반조명을 사용하도록 하는 것이 바람직하다.

Ⅲ 미용경영의 실제

Chapter 5 미용기업 마케팅

1. 마케팅 개념 이해

1) 일반적 마케팅의 정의

"마케팅(Marketing)"이란 변화하는 고객의 욕구(Wants)나 요구(Needs)를 만족시키기 위해 고객이 원하는 "제품 또는 서비스"를 생산하여 합리적인 가격과 직접적인 유통경로를 결정하고 고객에게 즉시 전달할 수 있는 다양한 홍보/ 촉진 전략을 사용하여 고객 스스로 만족감을 가지고 구매 또는 이용하도록 하는 전사적인 기업 활동을 말한다.

즉, 고객의 욕구를 충족시키기 위해 필요로 하는 것을 정확하게 파악하여, 고객의 욕구와 요구사항을 만족시킬 제품이나 서비스를 계획, 계발하고 그 제품이나 서비스에 대한 적합한 가격결정과 광고/ 홍보 및 유통으로 판매를 촉진 고객의 욕구를 충족시키는 것을 말한다.

(1) 일반 마케팅의 중요성

(가) 과거 : 수요 〉 공급 → 생산에 비중
(나) 현재 : 수요 〈 공급 → 판매에 비중

(2) 영업과 마케팅 개념의 차이점

(가) 영업 : 제품 → 판매 행위와 촉진 → 매출 극대화를 통한 이윤 추구가 목적
(나) 마케팅 : 고객 욕구(Wants)나 요구(Needs) 파악 → 통합적(전사적) 마케팅 노력 → 고객만족 및 감동을 통한 이윤 추구

2) 미용기업 마케팅의 정의

"미용기업의 마케팅"이란 미용기업에서 고객의 요구(Needs)나 욕구(Wants)에 의해 미용기술, 고급 서비스, 고급 이미지를 만들어 이를 고객에게 신속하게 제공하게 된다.

이에 대한 대가로 합리적인 요금을 받으므로 고객은 미용기술 및 서비스에 대한 만족감을 얻고, 미용기업은 합리적인 요금을 얻으므로 서로 만족감을 얻게 되는 사회적이고 경영적인 프로세서이자 행동전략을 말한다.

〈표 5-1〉 미용기업 마케팅의 4P

일반기업의 4P	미용 마케팅의 4P
제품(Product)	미용기술, 고급 서비스, 고급 이미지
가격(Price)	합리적인 요금
유통(Place)	입지/ 장소/ 유통경로
촉진(Promotion)	광고 및 홍보

(1) 고객 획득 미용 마케팅

다양한 고객의 욕구와 요구사항으로 미용기업을 방문하거나 아직 한 번도 방문하지 않은 불특정고객에게 미용기업을 방문할 수 있는 자료와 정보를 고객에게 제공하므로, 다양한 방문 호기심을 자극하고 고객이 필요로 하는 정보를 제공함과 아울러 데이터베이스를 구축함에 있어 고객형태의 다양성, 즉시성으로 고정 고객화를 유도하는 공격적인 마케팅 전법을 말한다.

최근의 미용기업의 미용 마케팅 속성을 보면 다양한 마케팅 기법을 활용하여 고객을 획득하고 집중적인 관리시스템을 통해 고객을 확보하는데 중점을 두고 있다.

(2) 고객 공략 미용 마케팅

전문적인 미용기술과 지식 및 다양한 상담능력을 갖춘 미용전문가 육성, 경영점검(상권, 지향 고객층, 미용기술, 합리적인 요금), 브랜드 전략 등의 정비를 "부르는 마케팅"이라 한다.

한편 "공략하는 마케팅"이란 것은 "부르는 단계"에서 한 걸음 나아간 상태를 가리킨다. 가치 있는 기술자를 핵으로 한 지향 상품을 전면에 내세워 지향 고객층을 획득하기 위한 적극적 수단을 총칭한다.

구체적으로는 내점(재내점)하도록 하기 위해서는

① 미용기업의 존재와 지향 상품(가치 있는 기술자)의 특이성을 인지시킨다.

② 다른 미용기업과의 우위성을 내세운다.

③ 미용기업이 지향하는 기술의 감성이나 방향성을 시사한다.

④ 내점해서 시술한 경우의 쾌적함을 강조한다.

⑤ 손님에게 의식시킨다.

⑥ 내점(재내점) 의욕을 환기시킨다.

⑦ 손님이 내점(재내점)한다.

⑧ 손님이 납득, 만족한다.

라는 미용기업과 손님과의 쌍방의 의사전달이 주가 된다.

미용기업이 판매대상으로 정한 지향고객층에 대한 지향 상품이 고객에게 인정받지 못하면 "공략 마케팅"은 될 수 없다는 의미이다. 손님에게 인정받는 마케팅이려면 고객의 수요나 욕구를 정확히 파악하는 것이 전제가 된다.

일반적으로는

① 광고전략(지역에 각종 간판설치나 전단지 배포)

② 인해전술에 의한 모의판매나 동기부여(포스터, 호별 방문)

③ 외부의 매스컴을 이용한 선전(인터넷, SNS, 신문, 잡지, TV, 라디오 활용)

④ 각종의 판매촉진 전략과 미용기업의 인테리어의 편안함과 쾌적함을 강조한다.

⑤ 소문 퍼뜨리기와 활용

등이 마케팅의 포인트가 된다.

(3) 마케팅 발전 흐름도

〈표 1-2〉 마케팅 발전 흐름도

생산 지향	판매 지향	고객 지향	시장 지향
* 생산자 중심 * 제조 중시 * 생산 효율 * 수렵형 판매 * 현재 수요 만족	* 판매자 중심 * 판매 중시 * 판매량 증대 * 수렵형 판매 * 수요 증대	* 고객 중심 * 마케팅 중시 * 고객 만족 * 경작형 판매 * 수요 창조	* 고객 중심 * 데이터 베이스 마케팅 중시 * 고객 감동 * 1 : 1 판매 * 경쟁분석과 빠른 대응 * 전사적, 총체적 마케팅 * 수요 창조

3) 마케팅 관리의 과정

마케팅관리는 우선 기업전체의 목표와 전략에서부터 출발해야 한다. 즉 기업전체의 목표와 그것을 달성하기 위한 전략이 결정되면 그러한 전략을 구체적으로 실행하기 위한 여러 부문계획의 하나로 마케팅계획이 수립되는데, 마케팅 관리는 바로 이를 토대로 하여 수행되는 것이다.

마케팅계획은 마케팅목표를 설정하고 그것을 달성하기 위하여 전략을 수립하는 과정으로서 여기에는 마케팅조사에 의해 수집되는 다양하면서도 정확한 정보가 필요하게 된다.

마케팅계획이 수립된 다음에는 〈그림 5-1〉에서 보는 바와 같이 시장기회분석과 시장세분화가 이루어지고, 이를 토대로 하여 선정된 목표시장에 대해 마케팅믹스(Marketing Mix)의 관리를 통한 제품 · 가격 · 유통 · 촉진 등 요소를 적절히 관리하는 활동이 필요하게 된다.

이 같은 마케팅관리의 과정에 대해 좀 더 상세히 살펴보면 다음과 같다.

〈그림 5-1〉 마케팅 관리의 과정

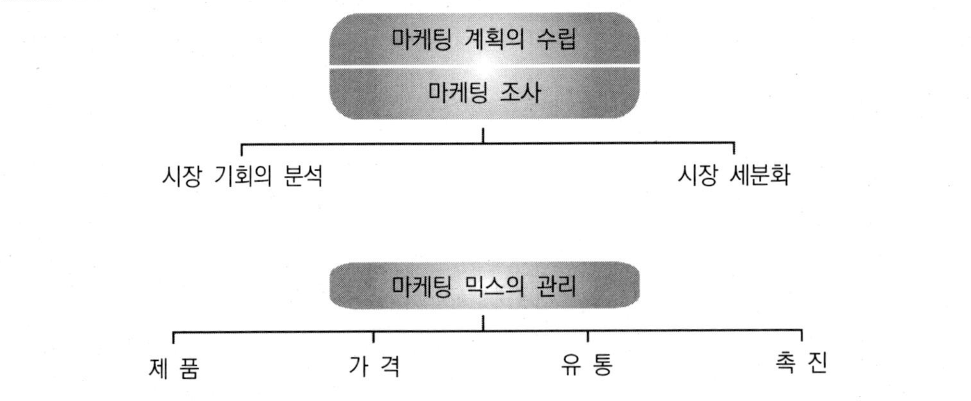

(1) 시장 기회의 분석

새로운 시장기회를 발견하고 그것을 평가하는 것을 말한다. 즉 새로운 시장이라고 해서 어느 것이나 선택되는 것은 아니고 그것은 반드시 기업의 목적 · 자원 · 전략 등과 부합되는 것이어야 한다. 예컨대 새로운 시장은 기업의 원자재 조달능력 · 생산능력 · 유통능력 등과 부합되어야 하고, 기업의 이미지를 높여주거나 개선할 수 있는 요건을 갖추고 있어야 하며, 또한 경쟁기업에 대해 어떤 차별적 우위(Differential Advantage)를 지니고 있어야 할 것이다.

(2) 시장세분화

시장기회분석을 통해 새로운 시장에의 진입이 결정된 다음에는 전체시장을 특정기준에 의해 몇 개의 집단으로 나누게 되는데 이와 같은 활동을 "시장세분화"라고 한다. 즉, 이는 전체 시장 내의 모든 소비자들을 유사한 특징을 기준으로 몇 개의 집단으로 구분하는 활동을 말한다.

이렇게 나누어진 동질적 집단을 세분시장(Market Segment)이라고 한다.

(가) 표적시장(Target Market)

기업이 구체적인 마케팅 믹스를 개발하여 접근하려는 세부시장을 의미한다.

(나) 위치정립(Positioning)

시장세분화에 의해 표적시장이 선정되면 그 시장 내에서 제품과 기업의 위치를 결정하는 활동을 말한다.

(3) 마케팅 믹스(Marketing Mix)의 관리

기업이 표적시장에서 원하는 반응을 얻는데 필요한 통제 가능한 수단의 조합을 의미한다. 이러한 마케팅 믹스는 제품(Product), 가격(Price), 유통(Place), 촉진(Promotion)의 머리글자를 따서 "4P"라고 부르기도 한다.

(가) 마케팅 믹스(Marketing Mix) 전략 - 4P 전략

① Product(제품) 관리 : 기업이 표적시장에서 제공하는 "상품과 서비스의 결합"을 의미한다. 따라서 제품관리는 잠재고객들의 기본적인 욕구를 충족시킬 수 있는 제품과 그것의 사용과 관계되는 모든 문제를 해결해 줄 수 있는 수단을

적절히 결합하는 활동이라고 할 수 있다.

② Price(가격) 관리 : 소비자가 제품을 얻기 위해 지불하는 대가를 의미한다.

③ Place(유통) 관리 : 생산자로부터 소비자에게로 제품과 그 소유권을 이전시키기 위한 활동을 담당하는 중간상들의 상호연결과정을 의미한다.

④ Promotion(촉진) 관리 : 소비자들에게 제품의 장점을 효과적인 방법으로 전달하여 그들의 구매욕구를 촉발시키는 것을 말한다. 촉진관리에는 광고, 홍보, 인적판매, 판매촉진 등과 같은 수단을 사용하여 잠재적 고객들에게 제품의 장점을 제공하고 그들이 제품을 구매하도록 설득하는 활동을 의미한다.

2. 미용기업 마케팅에 대한 이해

1) 미용기업의 마케팅에 대한 고찰

미용기업의 경영환경과 개념이 변하고 있다. 미용기업은 급변하는 시대적 흐름, 경제적 부의 축적과 소비자의 다양해진 욕구에 의해 이미 변해진 상황에 처해 있다.

일반적으로 마케팅 개념을 보면 "개인이나 조직체의 목적을 만족시켜 주는 상호 교환을 설립시키기 위하여 아이디어, 재화 및 서비스의 개념화, 가격 결정, 판매촉진, 유통 계획을 수립하고 수행하는 일련의 과정"이라고 정의된다.

즉 마케팅이란 만들어진 제품을 단순히 판매하는 것이 아니라 고객의 욕구를 충족시켜 줄 수 있는 제품을 만들어 판매한다는 의미다. 이러한 관점에서 볼 때 오늘날의 마케팅은 시장 지향적이며, 전사적으로 수행되어야 한다는 세 가지의 중요한 특성을 지니고 있다.

미용기업의 마케팅이 아직 체계적으로 정립되지 않은 상황에서 미용기업 환경에서의 마케팅의 어제와 오늘, 그리고 미래를 생각해 본다는 것이 너무 성급한 것이 아닌가 하는 우려도 들지만 분명한 것은 미용기업만의 마케팅적 요소가 존재하고 있으며, 현재와 그리고 미래에도 능동적이고 진취적인 마케팅의 개념이 생기리라는 것이다.

2) 미용기업 마케팅의 이해

미용기업의 마케팅의 개념은 시대의 흐름에 따라 두피관리 중심의 마케팅에서 고객 중심의 마케팅으로 다시 고객만족 중심의 마케팅으로 변화하면서 발전되어 갈 것이다.

미용기업에서의 마케팅적 개념이란 미용기업이라는 공간이 생기면서 미용기술과 서비스를 고객이 욕구가 소비로 이어지는 단계에서부터 형성되었다고 볼 수 있다.

이러한 미용기업의 마케팅 개념은 고객 욕구의 급격한 변화와 소비자의 소득 수준, 외모에 대한 의식 변화에 따라 변모될 것이다.

즉 미용기업 경영의 관점이 과거의 미용기술 중심에서 고객유치 중심, 고객만족 중심으로 변화하고 있는 것이다. 뿐만 아니라 갈수록 포괄적인 일반인들을 중심으로 하는 마케팅에서 뚜렷한 목표 고객과 개인별 대응 차원의 마케팅으로 더 나아가 정보시스템을 근간으로 하는 개별 고객과의 신속한 상호 커뮤니케이션을 실현시키는 데이터 베이스 마케팅, 인터넷 활용한 마케팅으로 변화하고 있다.

3. 미용기업 마케팅 조사

1) 미용기업 마케팅 조사의 정의

“마케팅 조사(Marketing Research)"란 마케팅관리자의 의사결정에 도움이 되는 정보를 제공하기 위하여 실시한다. 따라서 마케팅조사란 “마케팅 의사결정을 위한 실행 가능한 정보의 제공을 목적으로 자료를 체계적으로 획득·분석·해석하는 객관적이고 공식적인 과정"이라고 간략하게 정의할 수 있다.

일반적으로 미용기업 마케팅조사는 미용기업 경영환경, 경쟁 미용기업, 고객(소비자) 등 미용기업이 처한 경영환경에 대해 조사·분석함으로써 기존 미용시장의 평가, 새로운 미용시장의 발견, 표적시장에 적합한 미용기술이나 새로운 메뉴, 아이템 및 두피제품이 갖추어야 할 특성의 규명, 표적시장의 현재 수요와 앞으로의 변화에 대한 예측, 적정수준의 이익을 획득하기 위한 마케팅 전략의 구축 등과 같은 정보의 수집을 위하여 이루어진다.

수집된 정보는 마케팅 기회와 위협을 확인하고 마케팅활동을 수립·수정하고 평가하며, 마케팅 성과를 측정하기 위하여 사용된다.

2) 미용기업 마케팅 조사의 의의

"마케팅 조사"는 시장(Market) 그 자체의 상태, 장래 변화의 방향성, 시장을 구성하는 고객에 대한 여러 가지 국면으로부터의 연구 등을 총칭하여 부르는 말이다.

시장조사는 시장(Market)을 조사한다는 개념이지만, Market Research 즉 시장 그 자체를 좁은 의미로 본 것이 아니라, Marketing Research로서 시장개념을 넓은 의미로 보는 것이다.

마케팅조사를 "미용기업을 개점하기 위한 입지조사"가 아니라, "지금, 내가 미용기업을 성공으로 이끌기 위해 무엇을 해야 하느냐?"를 알기 위한 조사라고 이해하면 마케팅조사의 중요성을 이해하기 쉬울 것이다.

시장조사를 마케팅조사라고 광의로 해석하면 그 대상이 외부시장 뿐만 아니라 내부(경영자원)에도 눈을 돌릴 필요가 있다는 것을 알 수 있다.

옛날부터, "고객에게서 배운다"라는 말이 있다. 장사의 원점은, 고객이 기뻐하는 것을 제공하는 것이다. "무엇을 기뻐하고, 무엇을 기뻐하지 않느냐?"를 알지 못하면 고객의 감동을 이끌어 낼 수가 없다.

단지 "무엇이 필요한가?"여서는 안 된다. "그것이 언제 필요한가?", "어느 정도 필요한가?", "얼마 정도면 살 수 있는가?" 그리고, 그것들을 제공하는 자로서 "우리 점포가 고객의 요구에 부응하기에 가능한가?"등을 꼼꼼히 따져보고 고객의 원하는 욕구를 최대한 충족시키는 방법을 모색하는 것이 미용 마케팅 조사의 목적이다.

이상에서 알 수 있듯이 시장조사는 시장이 찾는 것과 제공할 수 있는 것과의 "일치점"을 찾기 위한 수단이라고 말할 수 있다.

3) 마케팅조사의 정보관리

미국의 마케팅 협회는 마케팅조사에 관해서 다음과 같이 정의하고 있다.

"마케팅조사"란 정보를 통해서 기업과 그 시장을 연결시키는 역할을 하는 것이다. 이 정보는 마케팅 기회나 마케팅 문제를 규정하거나 밝히기 위해서 사용된다. 구체적으로는 마케팅조사의 정보는 마케팅 활동을 야기하고, 개선시키며, 평가하는데 이용되며 나아가서 마케팅의 결과를 조사하여 진행과정으로서의 마케팅을 잘 이해하기 위해서 사용된다.

마케팅 조사는 이와 같은 문제의 방향설정에 필요한 정보관리를 다음과 같은 순서로 행한다.

① 정보수집을 위한 방법의 기획
② 데이터 수집 순서의 관리와 실행
③ 조사결과의 해석과 전달

이상의 정의에서도 알 수 있듯이 마케팅조사는 기업의 의사결정의 보조수단이라고 해석해도 틀림은 없다. 마케팅조사는 계획(Plan), 실천(Do), 검증(Check), 즉 PDC사이클을 순조롭게 회전시킬 것인가의 문제이다. 이 PDC사이클을 정확히 회전시키기 위해서 필요한 정보를 제공하는 역할을 담당하는 것이라 말할 수 있다.

〈그림 5-2〉 RPDC사이클

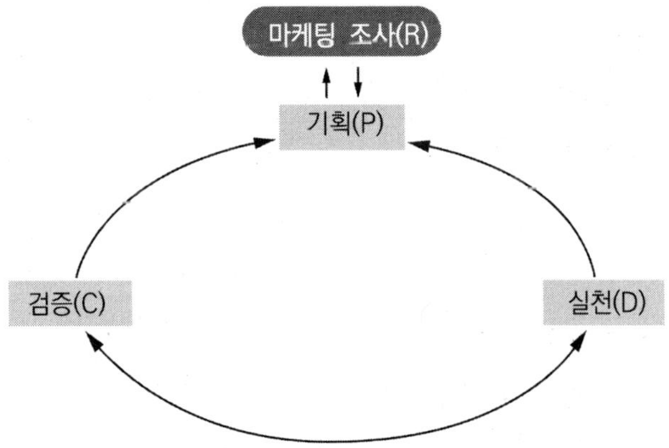

즉, 마케팅조사(R)에 의해서 현장분석을 여러 각도에서 실시해서 문제점을 발견하고 그 문제점에서 파생한 가설(P)을 설정하고, 가설에 따른 경영활동으로써 실천(D)을 하고, 그 실천결과의 어느 것이 좋고, 어느 것이 나빴는지, 또 원인은 무엇인가? 등의 검증(C)까지가 1회전이다. 나아가서는 다음의 가설로 수정 제안하기 위한 새로운 마케팅조사도 필요하다.

4) 마케팅조사의 대상영역

마케팅조사의 대상으로 하는 영역은 마케팅의 대부분인 모든 영역에 걸쳐 있다고 해도 좋다.

"미용기업의 마케팅조사"라고 한정해서 그 영역을 정리하면 다음과 같다.

(1) 미용기업의 마케팅조사의 대상영역

(가) 업적의 분석

① 매출분석
② 메뉴별 매출 구성비 분석
③ 미용기업 직원의 업적 분석
④ 비용과 이익의 분석

(나) 시장분석과 수요의 예측

① 시장의 규정
② 메뉴별 매출 예상액의 예측
③ 시장구분(세분화)의 측정
④ 시장동향
⑤ 매출예측

(다) 제품(기술, 메뉴)조사

① 제품 사용자의 특징과 요구
② 잠재구매자의 태도와 기호
③ 신제품(신 메뉴)의 기회
④ 신제품의 개발과 시험
⑤ 상품명의 시험
⑥ 기존제품에 대한 소비자의 태도

(라) 유통조사

① 점포의 입지선정
② 구입선의 선정
③ 구입선의 변경

(마) 가격조사

① 가격설정

② 경쟁점 가격과의 대비

(바) 판매조사

① 종업원의 판매목표

② 판매전략의 결정

③ 판매활동의 할당

④ 종업원에 대한 자극책(인센티브)의 선정

(사) 광고조사

① 광고매체의 선정

② 문안선정

③ 광고테마의 선정

④ 광고효과의 측정

⑤ 광고전략의 변경

(2) 소비자 마케팅조사의 대상영역

(가) 시장 성질의 이해

① 고객의 입지

② 고객의 성질

③ 고객의 변화

④ 시장비교

⑤ 잠재시장의 예측

(나) 동기의 이해

① 내점동기의 분석

② 동기에 영향을 주는 요인의 분석

③ 제품(기술 등) 및 점포선호의 배후에 있는 동기의 발견

④ 내점 및 메뉴 비교 동기의 분석

(다) 태도의 이해

① 점포에 대한 태도의 발견
② 제공기술에 대한 태도의 발견
③ 고객이 가지고 있는 불만의 명확화
④ 점포 이미지의 결정
⑤ 제품 이미지의 결정
⑥ 점포까지의 거리에 대한 태도의 분석

(라) 선호의 인식

① 점포 선호조건의 결정
② 제품 선호조건의 결정
③ 점포에 대한 충성도(로열티)의 측정
④ 제품(기술)에 대한 충성도의 측정
⑤ 메뉴변화 선호조건의 평가
⑥ 내점빈도의 결정

(마) 의도의 이해

① 내점의도의 평가
② 희망과 메뉴선정과의 관계분석
③ 내점의도 실현과 정도의 결정

이상과 같이 마케팅조사에서 커버해야할 영역이 극히 광범위하다는 것을 이해했으리라 생각된다.

5) 마케팅조사의 진행과정

앞에서 보아온 것처럼 마케팅조사가 커버하는 범위는 극히 광범위하다. 당연할 일이지만, 실제로 미용기업이 어떤 마케팅조사를 하는 경우, 이들 항목 모두를 조사한다는 것은 불가능한 일이며, 또 그럴 필요도 없다.

마케팅조사는 "시장의 형편과 미용기업의 접점을 찾는 일"인 것이다. 업적이 나빠졌을 때, 그 나타나는 모양은 가지가지이다. 고객수가 줄어들거나, 신규고객 비율이 낮아지거나, 고객 단가가 저하되거나, 그 현상은 각기 다르지만 그 종착점은 "접점의 어긋남"에 있다.

소비자가 찾고 있는 것을 정확하게 계속 제공하고 있다면 업적은 결코 나빠질 수 없다. 그 업적이 나빠진다고 하는 것은 "소비자가 찾고 있는 것이 변했다"든가 "소비자가 찾고 있는 것을 제공하지 못하고 있다"든가 어느 한쪽에 있다.

이들의 실제의 모습을 확인하려는 것이 "마케팅 조사"인 것이다. 다음의 마케팅조사의 진행방법을 간단히 살펴보자.

(1) 조사할 필요성의 발생

"접점의 어긋남"이 생겼을 때이다. 어긋났음을 인식하는 수단으로서는 매출저하, 고객 수 감소, 고객단가 저하 등의 정량적인(수치로 측정되는) 요인과 고객의 요구나 클레임 내용, 평판 등의 정성적 요인(수치로 측정 안 되는)이 있다. 여하튼 "어긋났음"을 인식했다면 마케팅조사의 필요성이 발생한 것이다.

(2) 조사목적과 과제 명확화

"무엇 때문에 조사를 하는 것이냐?" "무엇을 조사하는 것이냐?"를 명확히 해야 한다.

예컨대 "매출부진"이란 경영과제가 생겼다고 하자. 매출부진은 "왜 매출이 떨어졌느냐?"라는 조사의 필요성을 발생시킨다. 여기에서 매출이 떨어진 요인에 대해서 조사하려고 하게 되는데 여기에서 중요한 것은 이 단계에서 가설을 세워야 한다는 점이다.

즉 "매출이 떨어진 것은 기술력의 저하가 원인은 아닐까?"라든가 "접객이 문제가 있었던 것은 아닐까?"라든가 "가까운 곳에 경쟁점포가 생겼기 때문은 아닐까?" 등의 가설이다. 이 가설이 없으면 마케팅조사의 표적이 없으므로 결국은 아무 것도 나오지 않는다.

가설의 설정은 매일매일 영업현장에 붙어 있으면 나름대로 터득할 수 있다. 단번에 모든 것을 조사하려고 하지 말고 "가장 신경 쓰이는 부분"에 집착해서 조사를 시작하는 것이 마케팅조사의 성공 비결이다.

(3) 1차 데이터인가? 2차 데이터인가?

마케팅조사는 정보로 시작해서 정보로 끝난다. 정보는 대개 수치로 전환된 데이터로서 취급할 수 있다. 조사에 임해서는 그 바탕이 되는 필요 데이터를 수집할 필요가 있다.

데이터는 1차 데이터와 2차 데이터로 분류된다. "1차 데이터"란 특정문제 때문에 수집되거나 조사되어지는 것으로 독자적 조사에 의해서 수집되는 것이다. 1차 데이터는 각기 특정의 문제에 대해서 개별 대응적으로 조사해서 조사한 것이므로 초점을 맞춘 문제중심의 데이터가 얻어지는 이점이 있다. 반면에 "일손과 돈이 든다"는 결점이 있다.

"2차 데이터"란 미용기업의 안팎에 있는 기존 데이터이다. 조사를 할 때 필요로 하는 데이터가 기존의 것으로 합당하다면 일부러 돈을 들여서 조사할 필요가 없다. 2차 데이터는 1차 데이터와 비교해서 들어가는 비용 면에서 극히 소액으로 할 수 있다. 반면에 그 데이터의 나온 장소에 따라 신빙성, 정확성, 즉시성 등의 점에 대해서 고려해 두어야 한다.

(4) 조사방법의 검토

필요한 2차 데이터를 입수해서 정리를 끝내고 나아가서 필요한 2차 데이터를 수집하기 위해 마케팅조사가 개시된다. 여기에서는 조사대상자에 대한 접촉방법과 데이터 수집방법과의 양면에서 검토해야 한다.

접촉방법에는 ① 관찰법 ② 실험법 ③ 질문법의 세 가지가 있다. 데이터 수집 수단으로서는 ① 전수(全數)조사와 ② 샘플조사가 있다. "전수조사"는 조사대상자 전원에 대해서 조사를 하는 것이고 "샘플조사"는 대상자 중에서 표본(샘플)을 추출해서 그 표본만을 대상으로 조사를 하는 것이다. 미용기업 같이 대상 고객수가 상대적으로 한정되어 있는 업종에 대해서는 가능하면 전수조사가 바람직하다.

(5) 데이터의 분석 및 보고서 작성

수집된 데이터를 분석하여 경영계획의 자료로 삼는다. RPDC사이클의 회전이다. 데이터의 분석은 수집된 자료의 편집, 코딩, 통계적 기법의 적용 등으로 이루어진다.

"편집"이란 조사설계에 따른 분석을 원활하게 수행할 수 있도록 완전하고 일관성 있는 자료를 확보하기 위한 작업으로서, 주로 자료의 정정, 보완, 삭제 등으로 이루어진다.

"코딩"이란 자료분석을 용이하게 하기 위하여 관찰된 내용에 일정한 숫자를 부여하는 과정과 컴퓨터에 입력과정이다. 코딩 후에는 자료의 분석목적, 자료의 형태, 표본추출방법, 자료수집방법 및 측정방법 등을 고려하여 가장 적합한 통계적인 분석을 실시하여야 한다.

수집된 자료를 적절한 통계적 기법에 의하여 분석한 다음에 마케팅 조사자는 그 분석결과로부터 마케팅전략의 구사에 활용할 수 있는 시사점을 도출할 수 있어야 한다.

일반적으로 조사보고서에 포함되는 내용은 조사 설계 및 진행과정에 대한 개요, 조사결과의 기술, 조사결과의 요약, 결론 및 제언, 조사의 한계점 등이다.

4. 미용기업 시장의 세분화

1) 고객(소비자) 욕구 및 분석

(1) 고객의 욕구

"고객의 욕구"란 어떠한 문제를 해결코자 하는 데서 발생한다. 즉 어떤 특정상황에서 가치를 추구하는 것이라 할 수 있다.

미용기업에서는 고객이 미용기술이나 친절한 서비스 및 미용제품을 통해 아름다워지려는 "美 "를 추구하는 것이 궁극적인 고객의 욕구라고 할 수 있다.

결국 고객이 자신의 외모를 아름답게 보이려는 욕구를 고객 개개인의 개성에 따라 분석하여 자신에게 가장 잘 이울리는 미를 추구하므로 아름다워지려고 하는 고객의 욕구를 충족시켰다고 이야기 할 수 있다.

(2) 미용기업의 역할

고객이 아름다워지려는 "美"의 욕구를 충족시키기 위해 소비자가 가장 원하는 욕구와 요구를 찾아 미용기술과 친절한 서비스 및 미용제품으로 고객의 욕구충족을 해결하도록 도와주는 것이다.

즉 미용기업은 고객의 욕구 충족을 위해 새로운 미용기술이나 서비스 방법 및 미용 신제품을 발견하게 되고, 기존의 미용기술과 서비스가 숙련될 수 있도록 교육하며, 새로운 시장과 새로운 사업기회를 갖도록 노력한다.

(3) 고객의 욕구분석

① 고객의 자신의 외모에 대한 자신감을 얻고 싶어하는 욕구가 미용기업 사업의 원천(Source of Business)이다.

② 고객의 "美"에 대한 욕구를 찾는 것이 미용기업 마케팅에서 가장 중요한 핵심요소이다.

③ 고객의 욕구분석
누가, 언제, 어디서, 어떻게 그리고 왜 새로운 미용기술과 서비스를 원하는지 고객의 욕구를 분석한다.

2) 시장세분화(Market Segmentation)

(1) 욕구와 시장

시장은 고객의 욕구가 존재하는 곳이다. 즉 어떤 사용상황에서 어떤 혜택을 원하는 어떤 고객이 존재하는 곳이다. 욕구를 가진 고객이 있고, 그 욕구를 충족시키고자 하는 기업의 상품이 교환되는 곳이다.

이런 시장에서 소비자는 가치(Value)가 높은 상품을 선택하려 하고, 기업은 소비자 문제를 경쟁제품보다 더 가치 있는 상품으로 해결해 주려고 노력한다. 즉 상품의 가치를 비교, 평가하고 가치의 교환이 일어나는 곳이 시장이다.

여기서 "가치"란 비용(Cost)을 고려한 혜택(Benefit)이다. 혜택은 고객이 원하는 제품의 속성이나 기능이 제품 안에 반영되어 있는 혜택과 구매과정 즉 구매 전, 구매 중, 구매 후와 같은 일련의 과정상에서 나타나는 혜택으로 나눌 수 있다.

반면 비용은 단순한 금전적 지출(Financial Cost)에 한하지 않고, 고객이 구매나 사용상 겪을 수 있는 시간적, 공간적 불편함과 같은 비 금전적 비용(Non-Financial Cost)까지를 포함하는 개념으로 이해해야 한다.

(2) 욕구와 시장세분화

(가) 욕구의 변화

고객의 욕구는 언제나 변화한다. 또 욕구의 변화는 시장의 변화를 의미한다. 고객의 변화하는 욕구와 그에 따른 시장에서 기업에게 무엇보다 중요한 것은 이러한 변화를 경쟁자보다 빨리 파악하는 것이다.

또 변화하는 욕구는 시장을 새롭게 세분화할 수 있는 바탕이 된다. 그러나 어떠한 기준으로 기존의 시장과 변화하는 시장을 구분하고, 어떠한 변수에 의하여 시장을 세분화할 것인가는 그다지 용이하지 않다.

대개의 경우 어떤 신상품이 최초로 탄생되어 시장이 형성되면 초기에는 고객의 욕구가 단순하지만 점차 시장이 성숙화 됨에 따라 고객의 욕구가 다양해지고, 신규 참여업체도 많아지게 된다.

(나) 시장세분화

"시장세분화"란, 시장 내에 어떤 소비자들이 구성되어 있으며 이들은 각각 어떠한 욕구를 가지고 있는가, 또 이들 소비자를 동일한 욕구를 가진 하나의 집단으로 보고 마케팅을 전개할 것인가, 아니면 서로 다른 욕구를 가진 여러 개의 세분시장으로 구분할 것인가를 결정하는 것이다.

즉 시장을 상이한 욕구 · 행동 및 특성을 가지고 있는 소비자들의 집단으로 분류하는 과정을 말하는 것으로 기업이 제품이나 서비스를 판매하고자 하는 목표시장, 즉 특정고객집단을 선정하기 위하여 구매자들 사이에 있는 중요한 차이를 기준으로 하여 전체시장(Total Market)을 시장부문으로 세분화함으로써 효율적인 마케팅 활동을 수행하고자 하는 과정을 말한다.

결국 기업이 전체시장을 대상으로 무작정 마케팅활동을 하는 것보다 전체시장 속의 세분된 특정시장을 표적으로 삼아, 표적시장의 소비자 욕구에 대응하는 마케팅활동을 해야 한다. 이 경우에도 표적시장을 선정하기에 앞서 전체시장의 소비자 욕구가 얼마나 다른가를 확인하고 이를 바탕으로 시장을 세분화해야 한다.

(다) 미용시장의 세분화

소비자가 미용기업에서 원하는 "美"에 대한 요구사항을 그들이 공유하고 있는 특성에 따라 분류하는 것을 말한다. 즉 치열한 경쟁상황을 극복하고 미용기업이 생존 및 성장을 이룩하기 위해서 소비자들의 욕구를 정확히 인식하고 그 욕구를 충족시킬 수 있는 미용기술과 서비스를 목표로 삼은 고객에게 제시할 필요가 있다.

이를 위해서는 미용기업들은 전체시장을 서로 비슷한 욕구를 지닌 소비자들로 이루어진 몇 개의 세분시장으로 구분하고 대중마케팅으로는 만족될 수 없는 각 세부집단들의 다양한 욕구를 충족시킴으로써 다른 기업들에 비하여 목표한 세분시장에서 경쟁우위를 확보할 수 있다.

(라) 목표시장전략

시장은 소비자의 욕구가 무엇인지를 찾아가는 과정에서 확인할 수 있다. 그러나 기업능력과 효율성 면에서 볼 때 확인된 모든 세분시장을 대상으로 마케팅활동을 할 수는 없고, 같은 비용을 투입하여 가장 큰 성과를 거둘 수 있는 시장을 선택하여 마케팅활동을 집중하게 된다. 이것이 바로 "목표시장전략"이다.

즉 어느 하나의 상품이 욕구가 서로 다른 모든 소비자를 만족시킬 수 없고, 또 각각의 세분화된 시장에 맞춰 각각의 서로 다른 상품으로 대응하기도 기업의 부담이 너무 크기 때문에 기업마다 자사 상품을 실질적으로 구매할 수 있는 최적의 목표시장을 선정하여 대응함으로써 최소의 마케팅 비용으로 최대의 효과를 거두려 한다.

그러기 위해서는 고객의 욕구 변화를 파악하고 다양한 욕구의 차이에 따라 시장을 나누는 작업이 먼저 선행되어야 한다.

(3) 시장세분화의 전제조건

(가) 동질성

세분시장내의 소비자 욕구가 동질적이어야 하고, 비슷한 성향을 가지고 있어야 한다.

(나) 접근가능성

세분시장이 어떤 특성을 가진 소비자들로 구성되어 있고, 이들에게 접근할 방법이 무엇인지 알 수 있어야 한다. 즉, 매체를 통하여 목표 소비자들에 신상품을 알릴 수 있어야 한다.

(다) 측정가능성

각 세분시장의 규모와 구매력의 측정이 가능해야 한다. 즉 전체시장을 세분화한 다음에 각 세분시장의 크기와 구매력(판매잠재력, 비용, 이익 등)이 정확히 측정되고 비교될 수 있어야 한다는 것을 말한다.

(라) 실천성

세분화된 시장이 독자적인 별개의 마케팅활동을 실행할 수 있을 정도의 수익성과 가치가 보장되어야 한다.

(마) 차별적 반응

"차별적 반응"이란 각 세분시장들에 적용된 차별화된 마케팅전략에 대하여 각각의 세분시장이 다르게 반응하는 것을 말한다. 결국 이것의 의미는 하나의 마케팅믹스 전략에 각각의 세분시장이 서로 다르게 반응이 나타나야 한다는 것이다.

만약에 기업의 어떤 마케팅활동에 대하여 모든 세분시장이 동일하게 반응한다면 마케팅관리자가 각 세분시장에 적합한 차별화된 마케팅전략을 수립한다는 것은 불가능할 것이다.

3) 미용기업 시장세분화의 효과

(1) 미용기업 시장세분화의 이익 및 효과

(가) 미용기업은 경쟁업체의 미용기술과 서비스를 비교하여 고객의 욕구를 검토하고, 자사 기업의 미용기술과 서비스에 대한 만족도를 확인함으로써 더 많은 고객유치를 위한 시장기회를 파악할 수 있게 된다.

(나) 미용기업은 모든 잠재고객을 유치하기 위한 단일전략을 실행하지 않고, 욕구가 다른 구매자들에 대하여 다양한 전략을 수립하고 이를 실행함으로써 미용기술과 서비스 및 고객의 욕구를 보다 적절하게 조절할 수 있게 된다.

(다) 미용기업은 특정 고객의 특성에 바탕을 둔 마케팅전략과 이에 소요되는 예산을 수립하여 계획에 바탕을 둔 경영전략을 펼칠 수 있다.

(2) 미용기업 시장세분화의 기준

"시장세분화의 기준"의 대표적인 항목은 지리적 요인, 인구학적 요인, 생활 형태적 요인의 세 가지가 있다. 입지에 크게 좌우되는 미용기업에 있어서는 지리적 요인이 중요하다. 지리적 요인에 따라 영업형태가 거의 확정되어진다고 해도 과언이 아니다.

해변가에 있는 어느 도시에 수억 원의 재즈 양주 집이 있다. 개업한지 3개월 밖에 안 되었는데 적자는 벌써 수천만원을 넘는다. 어업도시에 재즈 팬이 없다고 할 수는 없다. 재즈를 취미로 삼는 사람을 상대로 장사를 할 만큼의 도시 견적을 무시하고 과대한 투자를 한 것이 문제인 것이다.

이 점포로서는 해당 지역의 지리적 요인을 충분히 고려해서 투자 금액 등도 과도하지 않도록 억제해서 출발했어야 했다.

"인구학적 요인"이란 타겟에 있어서 통계적 요인인데 연령이나 성별, 직업 등을 통계적으로 판단한다. 종래의 시장 세분화라고 하면 이 통계적 분류를 말하는 것이다. 처리도 간단하고 보기에도 알기 쉽다. 그러나 간단하다는 것은 쉽다는 것이다. 예컨대 가장 단순한 예로 남성과 여성의 분류인데 남녀별 타겟을 기초로 장사를 하고 있는 업종은 많다. 목욕탕, 양복점, 부띠끄, 이발소, 미용실 등은 그 전제로서 남성이냐

혹은 여성이냐를 암묵적 타겟으로서 존재해 왔다. 시대는 어떠한가? 목욕탕과 양복점은 21C 사회에서는 풍전등화인 업종이다. 패션에 관해서는 특히 젊은 세대에게는 남녀의 성별이 없어졌다. 남자가 스커트를 입고 여자가 트랜지 코트를 입는다. 여성친구에게 선물하는 것도 아닌데 귀걸이 매장에서 남자가 열심히 물건을 고르고 있다. 자기의 귀나 코에 달려는 것이다.

인구학적 기준이란 것은 통계에 표현되는 수치에 충실한 소비가 이루어지고 있을 때는 극히 효과적인 분류방법이었다. 그러나 다양한 소비시대에는 이 분류는 효과성이 엷어지고 말았다. 이러한 다양한 소비를 조금 자세히 보면 다양화에 세 가지 측면이 있다는 것을 알 수 있다.

첫째는 "소비자의 개성화"라는 것이다.

즉 "당신이 A라면 나는 B"라는 것으로 옆으로 나란히는 싫어하는 경향이다. 이 소비자 의식이 집단패션을 이 세상에서 없앤 범인이라고 해도 될 것이다. 이젠 대히트라는 것은 나올 수 없는 것이다.

둘째는 "소비자의 짧은 주기화"이다.

한사람의 소비자가 같은 물건이나 브랜드를 사용하는 기간이 점점 짧아지고 있다. 폐기하는 속도도 빨라지고 있고 똑같은 것을 다음 또 구입하는 경우도 적어지고 있다. 큰 히트는 아니지만 싱글히트 정도는 나오고 있다. 그러나 결국은 짧은 주기화로 말미암아 그 수명도 짧다.

셋째는 "소비의 다각화"이다.

그것은 때에 따라 한 사람의 소비자가 여러 가지 소비패턴을 취한다는 점이다. 항상 소비의 패턴은 요동치고 있다는 것이다. 시간, 장소, 경우에 따라 변하는 것이다.

"언제, 어디서, 무엇을"이라고 하는 제품이나 서비스의 사용상황이나 사용목적에 따라 소비의 방법이 확 바뀌어 버린다. 점점 타겟은 보이지 않고 붙잡기 어려워지고 있다.

분명 현대의 타겟(표적)은 움직이는 "동적 표적"이라 부르면 알맞은 존재인 것이다.

"생활 형태적 요인"은 앞서 말한 통계적인 "차가운"분류가 아니라 생활하는 인간이란 주제에 초점을 맞추어 분류하는 것이다. 극히 의욕적인 방법이다. 분류기준은 〈표 2-1〉에 표시된 대로이며 이들 요인이 소비의 패턴과 어떻게 관련되는가는 무척 확연하지 않는 점이 있지만 적어도 남녀, 빈부라는 분류방법 보다는 큰 기대가 된다.

앞으로 우리가 표적을 생각할 때에 표준으로서 잊어서는 안 되는 것은 소비자의 인구학적 요인이 아니라 어디까지나 생활 형태적 요인으로 접근해야 한다는 것이다.

당신의 미용기업의 표적대상은 어떠한 고객인지 물었을 때 "20대 전반의 직장여성이나 학생으로 집에서 출/퇴근하는 독신여성"이라고 답하지 말고 "호기심이 왕성하고 자연회귀형이며 정력적으로 일을 하려는 다취미형, 몸치장에는 적극적으로 변신, 이용률은 신중한 부류에 들어가는"으로 대답해야 할 것이다.

(가) 미용기업 세분화의 기준

① 지리적 요인 : 지리적 요인으로는 미용기업을 방문 가능한 거주지역, 인구밀도, 도시의 규모 등에 따라 구분하는 것을 의미한다.

② 인구학적 요인 : 소비자의 고유특성 중에서도 객관적으로 관찰하거나 측정할 수 있는 변수인 나이, 성별, 소득, 직업, 교육수준, 가족규모 등의 인구 통계적 변수를 기준으로 하여 전체시장을 세분하는 것을 말한다.

③ 심리 분석적 요인 : 미용기업을 방문하는 고객의 개성, 방문동기, 사회계층, 라이프 스타일 등과 같이 개인의 고유특성 중에서 눈에 보이지 않는 심리적 특성에 근거하여 소비자들을 미용기업의 기준에 의한 상이한 집단으로 구분하는 것을 말한다.

④ 행동 분석적 요인 : 미용기술과 서비스에 대한 소비자들의 미용기업 방문의 행동 특성에 기초하여 미용기업을 방문하는 고객을 세분화하는 것으로서 미용기술과 서비스를 통해 추구하는 美 의 욕구, 방문횟수, 방문주기, 미용요금에 대한 민감도 등의 변수를 사용한다.

4) 표적시장의 선정

(1) 미용기업의 중심 타겟

다수의 세분시장으로 구분한 후에 각각의 세분시장들을 면밀히 평가하여 몇 개의 세분시장에 진출할 것인가에 관한 의사결정과 어떤 세분시장을 집중적으로 공략할 것인가를 결정하여야 한다.

즉 표적시장을 결정하는 것이다. "표적시장"이란 마케팅 관리자가 자신의 마케팅 노력을 특별히 기울이는 고객집단을 말한다.

미용기업은 입지산업이다. 어느 일정한 장소에 미용기업을 개점해서 거기에 찾아오는 손님을 기다리는 것이 일반적인 형태이다.

미용기업이 입지산업이라고 한다면 미용기업이 있는 지역이 "어떠한 지역"이고 거기에 사는 사람들이 "어떤 사람들"인지를 안다는 것은 극히 중요한 일이다.

미용기업을 찾아오는 손님은 일부의 예외를 제외하고 그 미용기업이 입지하고 있는 장소와 그다지 멀지 않은 곳을 기점(살고 있는 곳, 직장)으로 하고 있는 것이다.

지역을 안다는 것을 시장조사라고 하며 시장조사는 그 지역이 주택가인지, 상업지역인지 지역특성을 명확히 하여 거기에 모이는 사람들에 관한 전체상을 떠올리게 한다.

그 시장에서 장사를 하려는 기업은 먼저 전체상을 확인하고 나서 거기에 존재하는 "우리 회사"에 대한 잠재욕구를 찾게 되는 것이다.

이같이 더욱 깊게 하는 작업을 "시장 세분화"라고 부른다. 시장의 세분화란 〈표 5-1〉에서 보는바와 같이 지역의 전체상을 더욱 몇 가지의 기준에 따라 세밀하게 보는 것이다. 이들 기준을 자기 회사의 제품, 서비스 등과 연관시켜 조합해 나가면 자기 회사를 타 회사보다 높게 평가해 줄 수 있는 그룹의 존재를 알게 된다. 이 그룹이야말로 찾고자하는 자기회사의 표적시장이며 중심타겟인 것이다.

〈표 5-1〉 타겟을 구분하는 기준

구 분	기 준	기 준 항 목
지역적 요인	지 역 별	특별시도, 시 · 군 · 구 등
	사이즈 별	1만명 미만, 2만명 미만, 3만명 미만 등
	인구밀도별	도시, 교외, 지방 등
	기 후 별	온난지역, 한냉지, 다습지역 등
인구학적 요인	연 령 별	15세 이하, 16~19세, 20~25세 등
	성 별	남성, 여성
	가 족 별	단신, 2명, 3~4명
	소 득 별	세대소득 ○○만원 이하, ○○○만원 이상 등
	교육수준별	농업, 관리직, 사무직, 전문직, 학생 등
생활 형태적 요인	생활형태별	생활을 즐기는 형, 자연회귀형, 외국식 등
	고객수입별	경제성, 편의성, 고급형
	개 인 별	사교형, 권위형, 야심형, 호기심형 등
	이용률 별	가벼운 형, 신중한 형 등

5. 마케팅 믹스 전략

"마케팅 믹스(Marketing Mix)"란 기업이 목표 고객들로부터 원하는 반응을 얻을 수 있도록 하기 위해서 사용하는 통제 가능한 마케팅 변수의 집합을 뜻한다. 마케팅 믹스는 회사가 제품의 수요에 영향을 주기 위하여 활용할 수 있는 모든 수단으로 구성되어 있다.

"미용기업의 목적"은 고객을 창조하는데 있는데 고객을 창조하는 근본적인 기능은 마케팅과 혁신(Innovation)이라 하며 미용기업에서도 마케팅활동의 중요성을 강조하고 있다.

1) 제품(상품, 서비스)

"제품"이란 기업이 표적시장에 제공하는 "상품과 서비스의 종합"을 의미한다. 오늘날 기업들은 토탈제품(Total Product)을 제공해야만 소비자들을 만족시킬 수 있고 오늘날의 소비자들은 그러한 제품을 기대하여 구매하고 있다.

"미용기업의 제품"이란 미용기술과 무형의 서비스 및 이미지를 말한다. 미용기업이 고객을 대상으로 하여 판매하고 있는 제품을 다음과 같이 구분할 수 있다.

1) 미용기술 : 고객이 직접 제공받는 미용기술을 말하며, 고객의 만족정도에 따라 제품 품질의 차이가 있다고 볼 수 있다.
2) 서비스 : 무형제품으로서 바른 예절, 친절한 태도, 깨끗한 인테리어, 미용정보 제공, 안락한 휴식공간 등의 서비스를 말한다.
3) 이미지 : "이미지"란 제품에 대해 개인에게 습득된 일련의 연상들을 말하는데 제품으로서 추상적이긴 하지만 때로는 가장 중요한 제품역할을 하기도 한다. 제품이미지는 그와 관련하여 개인이 연상하는 일련의 느낌과 신념의 집합체인데 그것은 직접경험이나 상상적 경험을 기초로 하여 시간의 경과에 따라 형성되는데 옳을 수도 있고 그렇지 않을 수도 있다.

2) 가격

미용기업에서의 "가격"이란 미용기술과 서비스를 받기 위해 지불하는 "합리적인 요금"을 말하는 것이다. 일반적으로 서비스에 있어서 가격은 제품의 수요시장에 영향을 줄뿐만 아니라 기업이 팔고자 하는 제품에 대한 고객의 지표가 된다. 서비스는 무형적이며, 고객은 서비스에 대한 그의 상상에 따라 가격을 상상하게 된다.

그리고 고객의 주관적인 판단과 서비스에 대한 고객의 가치 수준의 다양성은 서비스의 원가 설정상 어려움을 갖게 된다는 점은 부인할 수 없다.

가격전략은 반드시 다음 사항에 근거를 두어야 한다.

① 과거의 재정실적
② 서비스에 대한 수요
③ 미용시장에서의 산출가격
④ 경쟁자의 가격
⑤ 이중가격표시정책
⑥ 가치에 의한 고객지각의 변화
⑦ 개선된 품질과 서비스에 대한 요금의 정당화

3) 유통

"유통"은 생산자와 소비자 사이의 장소적 분리(간격)를 메워주는 마케팅 활동으로 수요환기, 정보전달 및 배분 3대 기능을 지닌다. 유통의 형태는 유통업자의 개입여부에 따라서 직접유통과 간접유통으로 분류한다.

미용기업의 제품은 유통형태별로 보면 원칙적으로 직접유통의 형태를 취하며, 고객과의 접촉형태면에서 보면 미용기업의 단위 영업장이 있는 곳으로 고객을 흡입하는 이른바 유인형 영업으로서 상권이 제한되는 유한 상권 산업인 동시에 철저한 입지의존적 산업으로 위치 자체가 제품의 일부를 구성할 뿐만 아니라 위치 자체가 시장창조력을 지닌다.

미용기업의 입지정책, 위치 마케팅의 범위는 입지선택, 입지개선, 입지이동, 입지분산을 포함하는데 미용제품의 경우는 장기적으로는 입지이동과 입지분산이 고려될 수 있지만, 단기적으로는 입지개선의 문제만이 고려대상이 된다.

따라서 미용제품의 입지믹스의 경우 주된 관심은 입지개선에 있으며 이 속에 교통편의성(접근성), 주차편의성 및 주변상권의 활용 문제 등이 포함된 것으로 수용하는 것이 바람직하다.

4) 촉진

치열한 미용경영환경 속에서 "촉진"은 "미용기업을 이용하는 고객과의 양호한 관계를 유지, 양성하면서 기업의 판매력을 계속적으로 증대시키기 위한 판매, 광고, 홍보, 기타 일체의 수요창출을 위한 판매활동"이라고 정의할 수 있다.

판매촉진은 잠재고객에게 상품과 서비스에 관한 정보를 전달하고. 이들 상품과 서비스의 편익을 알리며, 구매 활동에 대하여 설득하는 수단과 여러 가지 아이디어를 제공하는 마케팅 관리자의 기구라 할 수 있다.

미용기업의 효과적인 커뮤니케이션은 인터넷, SNS, 구전효과, DM, 광고와 전단지 등이 있으며 특히 홍보의 가치가 주목된다. 일반적으로 서비스 마케팅에서 유효한 것으로 알려진 촉진매체로는 인간(종업원), 퍼스널 미디어(Personal Media), 구전판촉 등이 있다.

(1) 판매촉진

"촉진"이란 소비자의 구매를 촉진시키기 위한 활동으로서 광고, 홍보에 속하지 않는 활동을 말한다. 즉, 광고나 인적판매를 지원해 주는 기능이 있으며, 소비자에 대해 강한 설득력을 지니고 있으나 효과의 지속성이 짧고 단기적인 자극으로 끝나기가 쉽다.

판매촉진의 내용은 일반적으로 다음과 같다.

① 일반 소비자를 대상으로 한 쿠폰, 경품, 가격할인 등
② 제휴업체를 대상으로 한 할인, 공동광고에 의한 할인, 무료상품 제공 등
③ 업무용 수요자 대상의 선물이나 가격할인 등
④ 직장 내 직원 대상(직접 판매원 등에의 자극)의 판매 콘테스트, 특별 상여 등

위의 내용에서 알다시피 판매촉진은 절약지향이 강한 소비자에게 강렬한 자극이 되어 구매의욕을 유발시킨다. 반면 안일하게 실시하면 오히려 현재의 브랜드 지향에

역행하여 제품이나 서비스의 이미지 저하만이 아니라 기업자체에 싸구려 이미지를 심어 주는 결과를 초래하기도 한다.

(2) 판매촉진 측정을 위한 정보

(가) 판매촉진 실시의 순서

① 연도경영계획의 책정
② 판매촉진계획의 책정
③ 캠페인 스케줄의 책정
④ 캠페인 목적의 명확화
⑤ 캠페인 내용의 결정
⑥ 각 캠페인 예산과 목표 매출량의 책정
⑦ 캠페인 실사를 위한 스케줄과 업무분담 결정
⑧ 실시
⑨ 결과의 반성과 금후의 과제를 기록, 보관

(나) 판매촉진 정보

① 미용기업 기록 : 고객카드, 약속일정 문서, 청구서, 주 · 월 판매분석 기록
② 출판정보 : 도서관, 정부조직, 지역협의회 그리고 소비에 관한 잡지책 등으로부터 이용할 수 있는 정보
③ 고객 : 앙케이트 조사, 전화, 직접면접(고객의 가치에 대한 지각과 장단점 파악을 위해)

Chapter 6

미용 고객관리

1. 고객유치전략

1) 고객유치전략의 필요성

컴퓨터 시대, 지식 경영시대, 인터넷 시대, 벤처 기업시대, 네트워크 시대, SNS 시대 등 급변하는 시내를 표현하는 신조어가 생기고 있고 또, 이런 시대의 흐름에 변화하지 않으면 영원히 시대의 낙오자로 전락하고 만다는 것을 사람들은 인식하고 있다.

우리 미용업계도 예전의 미용경영환경을 혁신적으로 변화시키고, 새로운 변화의 물결을 인식하지 못한다면 우리 미용인과 미용산업의 발전은 상상할 수조차 없을 것이다.

미용경영환경의 과다경쟁상황으로 인해 미용기업을 경영하는 경영자, 원장님, 미용인의 고민은 바로 고객이 어디에 있으며 자신의 미용기업에 올 수 있도록 하는 방법이 무엇이냐 하는 문제이다.

고객이 어디로 사라진 것도 아닌데 고객의 수는 급격히 감소하고 있으며, 평균 30-50%이상 매출이 줄고 있는 것이 지금의 상황이다.

소비가 여러 가지 원인으로 인해 어렵다는 말만 하고 경기가 풀릴 때만 기다리고 있는 미용인이 있다면 이것은 감나무에서 감이 떨어질 때만을 기다리는 수동적인 사람과 다를 바가 없다. 우리는 감나무에 올라가서 감을 따와야 하는 시점에 서 있는 것이다.

지금의 상황은 무한경쟁의 시대이며 아이디어의 시대이다. 앉아서 고객이 올 때까지 무작정 기다리는 것이 아니라 고객이 있는 곳을 찾아 나서든지 아니면 그들이 오도록 하는 아이디어를 짜내어 스스로 움직이도록 해야 하는 것이다.

지금 미용경영환경에서 가장 필요한 경영방식은 "CS(고객만족)경영"과 "마케팅 전략"이다.

CS경영이란 고객의 욕구를 최대한으로 만족시킴으로 해서 이익을 창출하는 것이며, 고객의 욕구를 파악하고 충족시키기 위한 방법으로 마케팅 전략이 필요한 것이다.

또한 미용기업의 발전과정을 통해 고객 욕구의 흐름을 알아보고, 미용기업의 최대의 이슈인 홍보 및 광고를 통해 고객을 유치할 수 있는 "고객유치전략"이 반드시 필요하다.

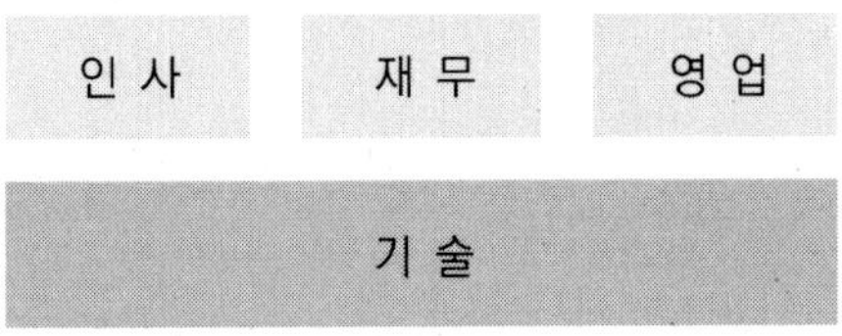

(기술주도형 미용실 : 1960년~1990년 중반)

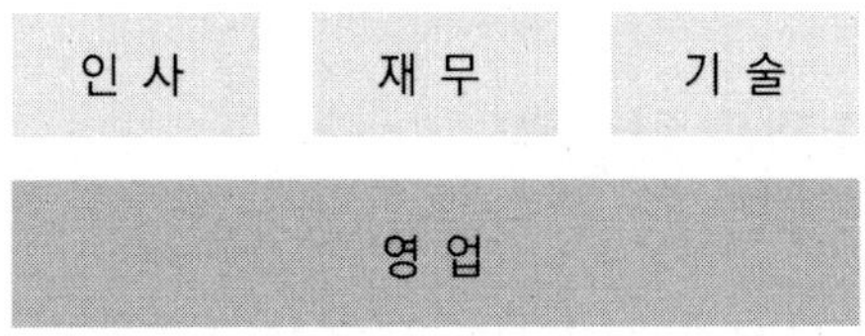

(영업주도형 미용실 : 1990년 후~2000년 초)

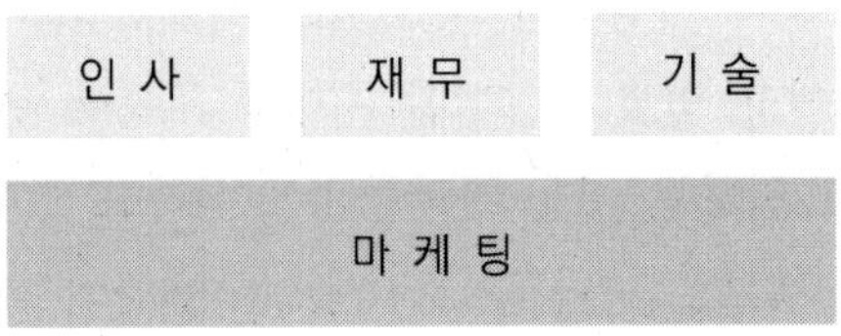

(마케팅주도형 미용실 : 2000년 중~2010년 초)

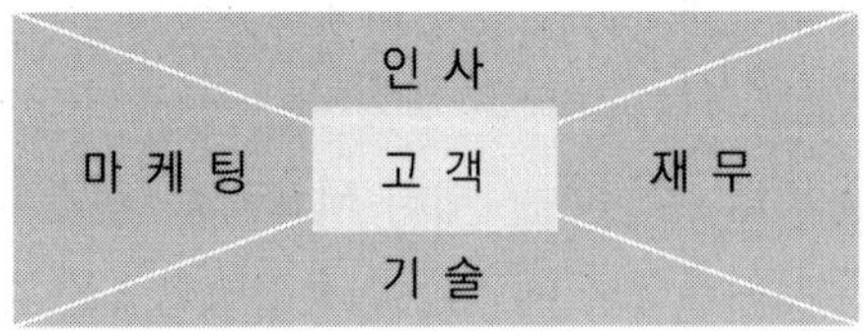

(고객만족중심형 미용실 : 2010년 중반 이후)

2) 미용기업의 발전에 따른 고객 흐름도 : 미용실을 중심으로

(1) 기술주도형 미용기업

미용의 초기단계였던 이때에는 뛰어난 미용기술만 가지고 있으면 고객이 오던 시절이었다.

미용기업의 규모자체가 워낙 영세하였고, 미용기업의 숫자도 적었으므로 고객의 수요보다 미용기업의 공급이 적을 때였으므로 차별화 된 자기만의 미용기술만 있으면 미용기업이 잘 되고 성공하였다.

(2) 영업주도형 미용기업

급격한 경제성장으로 인해 미용기업이 급속도로 발전하던 시기로서, 자기의 이름을 상호로 쓴다던가, 카리스마적인 이미지로 매스컴을 통해 성장한다던가, 아니면 경영이나 교육을 도입하는 초기단계이며 모든 것을 많은 고객을 유치하는 영업중심의 미용기업이었다.

(3) 마케팅주도형 미용기업

마케팅이란 소비자의 욕구를 규명해 내고 이익을 내면서 소비자의 욕구를 만족시키기 위하여 제품이나 서비스를 개발하고 가격을 결정하며 배분하고 판매를 촉진시키는 일련의 활동을 계획·집행·통제하는 과정이라고 정의할 수 있다.

단순히 고객에게 이익을 내기 위해 판매를 하는 것이 아니라 고객의 욕구를 파악하여 미용기업의 미용기술이나 서비스를 고객에게 제공함으로 해서 이익을 얻는 마케팅중심의 미용기업이다.

(4) 고객만족중심형 미용기업

우리나라의 미용실의 수는 87,126개(2013년 보건복지부 통계)로서 서울에만 15,674개의 미용실이 있다. 가히 다른 업종에서는 상상할 수조차 없이 많은 숫자이다.

예를 들어 미용실을 이용할 수 있는 가용인구(여자+남자=약 3500만, 이발소를 이용하는 남자고객 제외)에서 미용실 수를 나누면 약 402명의 정도의 고객이 해당숫자가 된다.

이제 치열한 무한경쟁시대의 미용실은 단순히 머리를 해주는 곳이 아니라, 고객을 만족시키는 단계에서 더 나아가 고객을 감동시키는 미용실만이 성공할 수 있다는 것을 얘기해 준다.

3) 미용기업의 고객유치전략

(1) 고객은 나의 애인이다.

고객은 봉이다. → 고객은 왕이다. → 고객은 신이다. → 고객은 애인이다.

(2) 미용기업을 알려야 한다.

(가) 최고의 홍보전략

알 린 다 . → 오게 한다. → 또 오게 한다. → 같이 오게 한다.

(나) 어떻게 알리느냐가 중요하다.

* 온라인 광고 : 인터넷을 통한 광고, 파워링크, 블로그, 카페, 지식검색, 지도검색 등
* 오프라인 광고 : 반짝이는 아이디어로 플랭카드, 전단지, 버스광고, 지하철 광고 등

예) 당신도 대통령이 될 수 있다. 머리 대통령
어제 홍석천이 저희 미용실에서 파마를 하고 갔습니다.
칼라링 페스티벌 : 머리에 무지개 색깔을 입히세요.
벗겨지는 머리! 부서지는 머리! - 닥터스칼프에서 탈모케어와 모발케어를
머리 잘하는 미용실! 커트 잘하는 미용실! 파마 잘하는 미용실!

(다) 독특한 미용기업 이미지(CI)

예) 미용실 사례를 중심으로
칼라 전문점 : 칼라링 / 브릿지 / 매니큐어 등을 차별화 메뉴로 개발하여 고객에게 시술한다.
커트 전문점 : 저렴한 가격 / 빠른 시술시간 / 고객층 분류 등을 내세워 고객에게 시술한다. (남성커트 전문점)
공주 미용실 : 의상이나 직원들 머리에 변화를 주어 자기 미용실만의 분위기를 연출한다.
학생 전용 미용실 : 신세대 음악, 신세대 음료 · 서비스 등을 제공하며 학생들만의 공간을 마련하여 젊은 학생고객을 유치한다.
실버 미용실 : 노령화가 가속화되고 있는 상황에서 노령층이 편안하고 안락하게 "미(美)"를 가꿀 수 있는 공간을 마련한다.
카페 미용실 : 미용실 내부에 카페를 설치하여 고객이 좋아하는 음료와 커피를 제공하고 친구들과 편하게 대화할 수 있는 공간을 제공한다.

(라) 내부고객인 직원들의 의식이 변해야 한다.

고객은 대우받기를 원한다. 지속적인 교육(인성 / 서비스 교육)을 시키며, 한사람도 빠짐없이 경영(자율경영)에 참가하도록 한다. 특히 고객이 고객대우를 받았을 때, 즉 고객을 인정해 주는 미용기업을 선호한다.

고객을 대우하는 미용기업으로 만들기 위해서는 내부고객인 직원들의 의식이 먼저 변해야 한다.

> 예) 고객이 1명 왔을 때 2명이 시술하면 나머지 직원들은 무엇을 하고 있는가?
> 1. 고객을 끌기 위한 조건 : 일류 미용전문가 2명이 미용시술을 하고 있으면 나머지 직원들은 기술을 보고 익히려는 자세로 옆에 서 있어야 한다.
> 2. 30분만 서 있으면 고객은 부담을 가질 것이며, 밖에 나가서 그 미용기업에 대해 이야기할 것이다.
> (여기서의 부담감은 고객 홍보효과이다. → 구전에 의한 홍보효과가 최고이다.)

4) 고객유치를 위한 방법론

〈표 6-1〉 광고판촉 · 홍보 · 이벤트 방법

항 목	방 법	장 점	단 점
광 고 · 판 촉	1. TV를 통한 광고 - 모델선정 및 광고제작 2. 라디오를 통한 광고 - CM송 제작 3. 잡지 / 신문을 통한 광고 - 모델선정 광고카피 제작 4. 교통매체를 통한 광고 - 광고업체 섭외 및 제작 5. 인터넷 광고 - 파워링그, 블로그, 카페, 지식검색 6. 전단 - 전단지 제작을 통한 직접 전달 7. 옥외매체 - 눈에 띄는 곳에 옥외물 설치	1. 빠른 파급효과가 있다. 2. 대중에 널리 수신함 3. 오래 보존할 수 있다. 4. 지역 융통성이 있다. 5. 대중적으로 전달할 수 있다. 6. 배력석 설득을 할 수 있다. 7. 눈에 띄기 쉽다.	1. 돈이 많이 든다. 2. 청각에만 의존한다. 3. 비교적 돈이 비싸다. 4. 충분한 설명이 안 된다. 5. 매월 많은 비용이 든다. 6. 버려지는 경우가 많다. 7. 설명을 할 수 없다.
홍 보	1. 미용관련 책자 / 소식지 발행 2. 헤어 캐릭터 / 네일 서비스 / 훼이스 페인팅 3. 고객카드 발행, 마일리지 적립 카드 발행 4. 디자이너 및 스텝별 명함의 세분화 5. 클레임 대처 및 클리닉 방법 제시	1. 새로운 미용실 소식 전달 2. 고객 호기심 및 흥미 유발 3. 고객 혜택 부여 4. 미용실 홍보 효과 5. 고정고객 및 구전효과	1. 고비용 / 제작 부담 2. 새로운 기술 습득 3. 컴퓨터 구입비 부담 4. 명함 제작비 부담 5. 방법 / 연구자료 곤란
이벤트	1. 개업이벤트 - 다양한 거리행사를 통한 고객 유치 2. 기념이벤트 - 기념 팜플렛 및 사은품 증정 3. 매장이벤트 - 어깨띠 착용 및 포스터 설치 4. 직원활용을 통한 이벤트 - 장미 / 초콜릿 축제	1. 개업 / 신규고객 창출 2. 고객 고정화 및 고객 확산 3. 구전효과 및 고객의 기쁨 4. 적은 비용으로 고객 홍보	1. 미용이벤트 선정 곤란 2. 비용문제 3. 단순한 이미지 4. 전문성의 결여

5) 고객유치의 구체적 실천

(1) 현수막 및 광고물 외부용 · 내부용(판넬)

(가) 현수막 : 봄, 여름, 가을, 겨울, 연말, 새해에 맞게 정기적으로 활용한다.
예 : 개업기념, 봄맞이 파마 페스티벌, 판촉물(사은품 증정)
(나) 내부용 패널 : 헤어스타일, 외부용(간판, 네온사인 등)

(2) 전단지

예전처럼 전단지를 작성하여 신문에 넣어서 배포하는 방법은 효과가 크지 않으므로 신중히 생각하고 행하도록 해야 한다.

(가) 이미지 제작(쿠폰 삽입)
(나) 배포는 직접, 신문, 우편의 방법이 있다.
(다) 할인 쿠폰 및 티슈 배부

10%할인이 표시된 할인 쿠폰과 티슈를 10,000매를 제작하여 개업 이벤트 때 배부하고, 그 이후에는 매일 2회 이상 거리(지하철역, 버스 정류장, 학교 앞, 시장 입구 등)에서 배포한다.

(3) 판촉물

(가) 정기적으로 또는 연중 계속 꾸준한 것이 더욱 좋다.
(나) 여성전용으로 기억에 남을 수 있는 판촉물을 준다.

(4) 고객카드

(가) 컴퓨터로 관리하면 더욱 좋으므로 고객카드 관리는 필수적이다.
내점시 10%를 할인하고 10회 이상 사용할 때 기념품 증정 또는 1회 무료 서비스를 실시한다.
(나) 컴퓨터 활용으로 시뮬레이션 작업 및 인터넷 홍보도 가능하다.

(5) 은행 / 카드사 / 통신사별 DC(할인)카드

고객확보용, 고객관리용으로 다용도로 사용한다. (판매용으로도 가능 : 보험사원을 통해)

(6) 명함 및 VIP카드

명함과 뒷면에 할인 VIP카드로 계속적인 방문을 유도한다.

(7) 이메일 및 핸드폰 / 카톡 문자

대상고객을 선정하여 이메일이나 핸드폰 문자 / 카톡 문자를 보내는 것은 특정한 고객의 반응(주문, 자료요청, 문의 등)을 요청하는 것이다. 고객의 반응을 계량적으로 측정할 수 있도록 장치(회송용 쿠폰 등)를 정해놓아야 측정이 가능하다. 문의전화를 특정번호로만 유도하는 것도 이런 이유 때문이다.

이메일이나 핸드폰 문자 / 카톡 문자의 비용 구성요소은 핸드폰 문자의 경우에만 비용이 들지만, 요즘에는 개인정보 보호 및 문자발송에 대한 규제가 있으므로 신중하게 처리해야 한다.

(가) 인사 이메일 및 문자

고객에게 감사의 인사를 목적으로 하는 이메일 및 문자로 신규고객 및 고정고객에게 적용된다.

① 감사 이메일 및 문자 : 처음 오시는 고객에게 시술 후 일주일 내에 받아 볼 수 있도록 보낸다.

② 생일 · 기념일 이메일 및 문자 : 고객의 생일 및 결혼기념일에 축하의 이메일 및 문자를 보낸다.

예: 당신의 생일날 방문해 주시면 생일을 축하하는 선물을 준비하고 있습니다. 멋있는 미용시술로 당신의 생일을 맞이하시기 바랍니다.

③ 안내 이메일 및 문자 : 미용기업에서 예정된 이벤트, 캠페인, 서비스 안내, 미용기업의 변화 등이 있을 때 고객에게 안내 차원에서 이메일 및 문자를 보낸다.

(나) 고객관리의 이메일 및 문자

고객이 감소하지 않도록 하기 위한 이메일 및 문자로 오시던 손님이 요즈음에 오지 않을 경우에 고객관리의 차원에서 보내는 이메일 및 문자를 말한다.

① 차기 내점 안내 : "다음에 언제 오시면 됩니다."라고 날짜를 표기한 안내 이메일 및 문자를 보낸다.

② 미용시술 제안 : 2~3개월 방문하지 않은 손님에게 제안하고 싶은 미용시술을

제안하므로 고객에게 호기심을 유발하는 이메일 및 문자이다.

③ 신상품 제안 : 새롭게 출시된 신상품인 미용상품을 제안한다.

④ 신기술 제안 : 새롭게 도입된 신기술이나 새로운 트랜드에 대한 미용기술을 제안한다.

⑤ 휴면고객 : 휴면고객이란 6개월 이상 오지 않는 고객에게 다시 오게 하기 위해서 흥미를 유발할 수 있는 내용을 담아 이메일 및 문자를 보내서 미용기업을 방문하도록 유도한다.

(다) 업무처리 방식

① 대상고객의 선정 : 관리자는 대상고객을 조건 추출 방식으로 생성한다. 이때 고객관리 프로그램을 이용하여 이메일 및 문자를 보낼 대상을 선정할 수 있다.

② 발송작업 : 고객관리 프로그램을 이용하여 이메일이나 문자를 발송하게 된다.

③ 이메일 및 문자 발송이력 : 고객이 받은 이메일이나 문자 발송의 이력을 항상 직원이 조회할 수 있어야 한다.

(라) 주의할 점

① 고객정보의 유출방지 : 고객정보는 미용기업의 중요한 자산이므로 유출되지 않도록 작업시 시스템의 사용자 암호 등을 확인하는 등 보안에 많은 노력을 기울여야 한다.

② 이메일 및 문자 거절 고객에 대한 데이터 관리 : 이메일 및 문자를 강력하게 거절하는 고객인 경우, 그 데이터를 별도로 관리하면서 매번 이메일 및 문자 발송시 대상고객에서 제외하는 것이 고객 서비스 측면에서도 바람직하고, 비용측면에서도 유리하다. 시스템 내에 특성파일을 만들어 넣고 자동으로 제외되도록 할 수 있다.

(8) 전표

미용시술 메뉴별에 따른 매출실적을 산정한다.

(9) 미용기업 이벤트의 실례

미용기업의 이벤트는 평균적으로 일 년에 2~3회, 기간은 2주에서 2개월까지 하는 것이 보통이다.

너무 의욕에 넘친 계획은 실행하기 어렵고 효과도 얻기 어렵기 때문에 무리가 없는 적절한 계획을 세우고 준비기간도 염두에 두어야 한다.

(가) 이벤트 시행방법

미용기업의 이벤트 방법에는 다른 관련기업과 공동으로 이벤트 행사를 하는 방법과 미용기업 단독으로 하는 방법이 있다.

(나) 시행방침

① 단계별로 그 방법과 비용을 달리하여 점진적으로 강도를 높여 실시한다. 단발적 행사로 그쳐서는 효과를 얻기 어렵다.
② 내방 촉진 이벤트, 구매 촉진 이벤트로 구분하여 실시한다.
③ 타당성 조사 및 철저한 사전 준비가 요망된다.
④ 성수기 및 비수기를 구별하여 기획, 실시한다.

(다) 시행방안(단계별 실시)

① 1단계(Opening Event)

미용기업의 존재를 알리는데 중점을 두며 고객에게 호기심을 주는 데 역점을 둔다. 쿠폰, 사은품, 경품 제공이나 연예인 팬 사인회도 좋은 방법이며 반드시 방문자 리스트를 작성해야 한다.

② 2단계

1차 홍보된 고객에게 다시 올 수 있도록 기회의 장을 마련하며 타겟 고객을 선정하여 명부를 작성하고 이를 활용하여 반복 구매가 되도록 유도해야 한다.

일정액 이상의 고객에게는 프리미엄 혜택을 제공하고 "가족 이벤트" 실시로 친밀감을 느낄 수 있도록 한다.

③ 3단계

장기적이며 정기적으로 실시하므로 고객 친밀감을 꾸준히 느끼도록 해야 하며 고정 고객의 단골화로 이어지도록 해야 한다. "가족 이벤트" 및 서비스 강화로 사후관리를 철저히 하고 고정고객에 의한 고객의 확산 효과도 이뤄야 한다. 또한 "회원제 도입(Relationship Marketing)"도 실시해야 한다.

<표 6-2> 미용기업 이벤트 계획

테마	벤트 제목	1월	2월	3월	4월	5월	6월	7월	8월	9월	10월	11월	12월
1 테마	계절행사	신년 행사	설날 졸업	입학	봄 축제	어버이날	페스티벌	여름휴가		추석 결혼시즌		연인의달	크리스마스
	지역행사												
	미용기업 행사												
2 테마	헤어패션 생활제안 * 파마 * 커트 * 칼라링 * 피부 * 메이크업 * 기타												
	헤어케어 생활제안 * 샴푸 * 트리트먼트 * 네일 등												
3 테마	1. 지역계획 (신규) * 전단지 * 포스터 2. 소개계획 3. 고정고객 확보계획 * 문자, Tel 4. 잠재고객 흡수계획 * 문자												
4 테마	1. 신규고객 고정고객 확보 * 생일축하 * 연하장												
5 테마													

6) 고객유치 대안

아무리 독특한 아이디어를 내고 새로운 광고나 판촉 · 이벤트로서 고객을 우리 미용기업으로 오게 하여도 내부고객인 직원들이 변하지 않고 고객을 만족시킬 수 없다면 이 모든 일은 모래 위에 집을 짓는 것과 다를 바가 없다.

실천하지 않고 실행에 옮기지 않는 경영자 / 종업원들의 경영마인드는 아무런 소용이 없다.

올바른 고객유치전략은 우리가 처한 문제를 발견하고 예리하게 분석하여 실천방향을 확실히 마련하여 종업원들과 합심하여 혼신을 다해 실천할 때 고객의 진실한 요구에 부응하는 튼튼한 미래의 미용기업으로 다시 태어나는 전화위복(轉禍爲福)이 될 것이다.

2. 미용기업의 고객관리전략

어려운 경제사정에서 무한경쟁의 상황에 처해져 있는 우리 미용인은 앉아서 기다리는 안일한 자세에서 능동적으로 미래를 개척하는 사고와 함께, 지금의 미용경영환경에 안주하는 것이 아니라 반짝이는 아이디어 참신한 새로운 미용기술 개발로 고객에게 변화를 주므로 신규고객창출을 통해 어려움에 처한 미용경영환경에서 경쟁력을 갖춘 미용인과 미용기업으로 태어나도록 해야 한다.

급변하는 시대에 살고 있는 우리는 예전에 가지고 있던 사고와 방식으로는 하루가 다르게 바뀌고 있는 변화의 물결에 잘 적응하지 못할 것이라는 것을 누구보다도 잘 알 것이다.

특히 광고나 판촉 및 이벤트를 통해 고객을 유치하는 전략도 중요하지만 온갖 정성과 노력을 통해 유치한 고객을 유지 · 관리하는 것도 무엇보다도 중요할 것이다.

미용기업에서의 "고객관리전략"은 우선 고객을 내 품에 있게 하는 것에서부터 시작될 것이다. 그러나 우리가 쉽게 이야기하는 것처럼 고객관리는 결코 쉬운 것이 아니다.

우리가 초등학교에 다닐 때 국어 책에서 배웠던 "6하 원칙"이라는 것이 있다. 그 내용을 보면 "언제, 어디서, 누가, 무엇을, 어떻게(왜) 했나?" 라는 것이다. 여기서 무엇보다도 중요한 것은 어떻게(왜)에 해당하는 부분일 것이다.

그 이유는 무슨 일을 할 때 결과도 중요하겠지만 그 방법이나 과정이 중요하다는 것을 나타내는 것이라 생각한다.

미용기업에서의 고객관리에서도 "6하 원칙"이 적용될 때가 많으리라 생각한다. 예를 들어 미용실의 고객관리를 생각하더라도 단순히 미용실을 방문하는 고객을 잘 관리해 주는 단계에서 더 나아가 어떻게 잘 대해줘야 하며 어떻게 관리해 주므로 고객이 그 미용실을 기억하며 오랜 기간 동안 단골고객으로 자리 잡을 수 있을까? 하는 것이 지금 미용실에서의 최대 과제일 것이다.

우리는 미용기업의 고객관리라고 하면 고객카드를 작성하거나, VIP카드를 발급하여 할인 혜택이나 사은품을 주는 것이 고객관리의 전부라고 생각하여 왔는데, 이제는 고객이 가려워하는 곳을 찾아내어 해소해 주므로 고객을 만족시키고 더 나아가 고객을 감동시키는 구체적인 방법을 간구해 내는 것이 성공할 수 있는 "고객관리전략"일 것이다.

1) 고객의 개념

(1) 고객의 정의

"고객"이란 우리 미용기업을 한 번이라도 이용한 사람을 말하는 것으로 미용기업의 귀중한 재산이며 앞으로 오랫동안 관계를 유지할 사람이다. 또한 미용기업을 이용하는 고객 중 고정고객, 엘리트 고객으로 이어질 수 있는 소중한 사람을 말한다.

즉 우리 미용기업을 한 번이라도 이용한 사람을 "기존 고객"이라 하고, 앞으로 우리 미용기업을 이용할 가능성이 있는 사람을 "잠재고객"이라고 한다.

그러나 이제까지 미용기업에서의 고객이라고 하면 미용기업에 아름다움을 추구하기 위해 오는 손님에게만 국한시켜 생각했었는데, 이젠 좀 더 폭넓은 관점에서 고객을 크게 내부고객(직원)과 외부고객(손님)으로 분류하여 이들의 마음을 최대한 만족시킴으로 보다 효율적으로 운영·관리할 수 있는 방법에 대해 알아보는 것이 필요할 것이다.

(2) 고객의 종류

(가) 현재고객

현재 미용기업을 방문하고 있는 고객을 의미한다.

(나) 과거고객

과거에 1번이라도 자신의 미용기업을 방문한 적이 있는 고객을 의미한다.

(다) 미래고객(잠재고객)

① 현실적으로 내점 가능한 상권에 살고 있는 고객을 의미한다.
② 항상 또는 가끔 미용기업 앞을 지나다니는 고객을 의미한다.
③ 기존고객과 밀접한 관계에 있는 고객을 의미한다.
④ 자신의 미용기업에 호의적인 고객을 의미한다.

(라) 내부고객(직원) - 외부고객(손님)

(마) 고정고객 - 일시고객

※ 고정 고객의 중요성과 특성
① 고정고객은 미용기업 경영의 안정기반이다.
② 고정고객은 미용기업 경영의 확실한 재산이다.
③ 미용기업에 의해 관리되지 않으면 이탈한다.
④ 어떤 이유에서든 감소하기 마련이므로 부단한 노력이 필요하다.
⑤ 상위 고정고객 20%가 미용기업 전체 매상의 80%를 좌우한다. (파레토 법칙)

(사) 엘리트 고객 - 보통고객

※ 엘리트 고객의 중요성 : 무보수의 판촉사원이며 의견 선도자이다.

(3) 고객의 의미

고객은 다음과 같은 3가지 의미를 지니고 있다.

(가) 고객은 나의 거울이면 선생님이다.

미용인은 고객을 통해서 내 자신의 모습을 발견할 수 있으며, 내 행동의 옳고 그름을 접객을 통한 고객의 표정에서 구별해 낼 수가 있다.

예를 들어 고객에게 양해를 구하지 않고 먼지가 나게 청소를 한다거나, 사적인 전화를 하면서 큰 소리로 떠든다거나 하면 고객은 비록 말로 불만을 터뜨리지 않을지라도 불쾌해하는 고객의 얼굴을 보고 반성을 해야 한다. 또는 고객에게 상냥하고 맑은 미소를 대했을 때, 기뻐하는 고객의 얼굴을 통해서 "아! 이런 행동을 하면 고객이 좋아하시는구나!"하고 고객에게서 무언의 가르침을 받는 것이다.

(나) 고객은 미용기업의 주인이다.

고객이 있기에 미용기업이 존재하는 것이며, 고객이 미용인에게 일할 장소를 제공해 주는 것이다. 그래서 고객을 만족시키지 못하는 서비스업소는 존재가치가 없는 것이다.

(다) 미용인의 임금은 고객이 주는 것이다.

직원들의 임금은 고객으로부터 나오는 것이며, 미용기업의 경영자는 단지 임금·임대료·재료비·세금·PR비 등을 합리적으로 나누어 줄 뿐이다. 그렇기 때문에 경영자가 미용기업 내에 있지 않더라도 미용기업의 실제 주인인 고객을 위하여 최상의 서비스를 제공하지 않으면 안 된다.

(4) 고객의 특성

(가) 이동성

고객에게는 이동성이 있다. 또한 그렇게 할 수 있는 권리가 있다. 물고기들이 맑은 물과 좋은 먹이가 있는 곳으로 떼를 지어 이동하듯이 고객들은 친절하고, 깨끗하고, 모발을 건강하게 관리하고, 피부나 얼굴을 아름답게 관리해 주고, 탈모와 두피 건강을 해결해 줄 수 있는 미용기업을 찾아 이동한다.

(나) 고객은 시간을 투자하여 미용기업을 내점한다.

직원은 한번 출근하면 미용기업 내에서 고객을 접대하지만, 고객은 머리·피부·얼굴·두피를 관리하기 위해 차를 타고 온다거나 걸어서 미용기업을 방문하게 된다. 적게는 5분을 들여서 많게는 1~2시간을 들여서 찾아오는 것이다. 그렇기 때문에 고객을 최고의 대우로 극진하게, 고맙게 생각하여야 한다.

(다) 고객은 아름다워지기 위해, 좋은 말을 듣기 위하여 온다.

사람은 타인에게 칭찬 받기를 원하는 마음이 의식·무의식중에 내재한다. "피부가 참 고우십니다.", "옷이 너무 잘 어울리십니다.", "헤어스타일이 아주 아름다우십니다.", "자제 분들이 사모님 해외여행을 시켜주셨지요. 자제 분들이 효성스러워서 행복하시겠어요." 등등 고객을 칭찬할 수 있는 신선한 말을 연구하여 사용하도록 하자.

(라) 고객은 무보수의 PR맨 이다.

고객은 고성능의 수신안테나를 항상 머리에 지니고 있다. 직원들의 사소한 행동 하나하나는 고객의 수신안테나에 항상 입력이 되며, 민감한 고객의 감정은 곧바로 주변으로 PR하게 된다. 고객 한 분 한 분이 자신의 미용기업의 PR맨 이라는 인식을 깊이 갖고 최선을 다해야 한다.

(5) 고객관리의 개념

"고객관리"란 고객에게 만족을 주기 위한 교제활동을 의미하는 것으로 기술이나 친절 정도로는 고객을 만족시키기에는 불충분한 시대에 살고 있으므로 고객관리의 중요성이 강조되고 있다. 또한 외국 미용기업의 침투에 대비하여 경쟁력을 갖기 위한 한 방편으로도 반드시 필요하다.

즉 신규고객을 창조해서 우리 미용기업의 미용기술과 서비스를 통해 고객의 만족을 얻게 하고, 이러한 고객만족을 통해 우리 미용기업과 친밀한 관계를 가지며 미용기업을 계속 이용하도록 하는 고객서비스 활동을 의미한다.

먼저 미용기업의 직원들은 고객관리의 중요성을 깊이 인식하여야 하며 고객만족체제를 구축하기 위해 최고의 미용기술, 최고의 서비스, 최고의 인간관계 강화 기술, 최고의 분위기를 연출해야 한다.

※ 고객관리의 과정

① 고객조사 - 상권조사, 고객관리 계획 수립

② 고객 유치(Before Service) - 광고 · 판촉 활동

③ 내점 시점 관리(In Service) - 고객만족과 고객감동

④ 사후 관리(After Service) - 관심 표명

⑤ 재내점 관리(Repeat Service) - 고정화 유지

(6) 고객관리에도 투자(시간, 돈, 노력)가 필요하다.

<표 6-3> 고객관리에 대한 투자

(가) 고객관리를 위한 컴퓨터의 도입
(나) 직원들의 고객관리 마인드 고취를 위한 교육
(다) 고객에 대한 물적, 지적 서비스의 제공
(라) 고객조직화를 위한 각종 이벤트 실시
(마) 고정 고객화를 위한 이벤트 실시
(사) CS를 위한 직원 콘테스트
(아) 직원들의 동기부여를 위한 각종 시책의 실시
(자) CS를 위한 분위기 연출
(차) 화제성 있는 미용기업을 만들기 위한 이벤트

(7) 고객관리의 필요성

(가) 고객관리를 통한 신규고객의 증가는 고정고객의 증가로 이어진다.
(나) 현재 미용기술 · 서비스의 이용 및 구매율 증가
→ 미래 고급 · 고가의 이용 및 구매율 증가로 이어진다.
(다) 원가의 절감효과가 있다. (광고, 판촉비의 절약을 유도)
(라) 좋은 이미지 확산의 효과를 얻는다. (구전에 의한 파급효과)
(마) 경쟁에서 유리하며, 성장과 발전의 가능성이 높다.
(바) 미용기업의 인적자원관리에도 유리하다.
(사) 매출이익의 증가를 일으킨다.
(아) 토탈 미용기업으로서의 성장도 가능하다.

2) 고객관리전략

(1) 내부고객(직원)의 효율적 관리 방법

(가) 꿈과 비전을 제시해 주기를 원한다.

요즘 미용을 시작하는 후배들은 예전에 생계수단의 일환으로 미용을 하던 선배들과는 생각이 판이하게 다르다. 그들은 미용을 통해 자신의 꿈과 미래에 대한 확실한 보장을 받기를 원한다. 그러기에 빠르게 미용기술과 이론적인 지식을 습득하여 자신의 꿈을 이루려고 한다.

4년제 대학과 전문대학에 미용학과가 많이 개설되어 우수한 인재들이 많이 배출되고 있으며 그들은 미용의 위상과 자신의 목표를 향해 달려가기를 원한다.

(나) 경영자의 사고가 바뀌기를 원한다.

미용을 갓 시작한 미용 초보자들에게 설문조사한 보고서에 의하면 제일 싫어하는 말 중에 하나가 미용기업의 원장님(경영자)이 "예전에 내가 처음 미용을 시작할 때는 이랬는데 너희는 지금 정말 편하게 미용을 하고 있는 것이다." 라고 하시며 지금의 상황과 예전의 상황을 비교하며 이야기하는 것이라고 조사된 적이 있다.

이것은 물론 예전의 미용환경에서 배울 점도 있겠지만 내가 어렵게 했으니깐 너도 어렵게 기술과 일을 배워야 한다는 미용기업 원장님의 구태의연한 자세에서 비롯된 것이라고 생각한다.

경영자의 사고가 바뀌지 않고는 절대로 신세대 사고를 가지고 일을 하고 있는

미용 후배들의 마음을 잡기는 상당히 힘들 것이다.

(다) 합당한 임금을 보장받기를 원한다.

내부고객을 잡을 수 있는 것은 돈과 명예를 보장하는 것이라고 해도 과언은 아닐 것이다. 신세대들은 자기에게 불리하거나 불합리하게 자신이 대우받는 것을 누구보다도 싫어한다.

그러므로 내부고객(직원)을 효율적으로 관리하기 위해서는, 가령 10개를 주어야 할 때 11개를 주어서 그들이 열심히 자신의 능력을 최대한 발휘할 수 있는 환경을 만들어 주어야 할 것이다.

(라) 체계화된 교육과 경영지도를 원한다.

미용기업에 취직하려는 사람들이 가장 먼저 내세우는 것이 빨리 기술을 배울 수 있는 교육시스템이 갖추어져 있냐는 것이다. 그들은 체계화된 교육프로그램과 커리큘럼에 의해 기술교육과 경영교육 및 서비스교육을 받기를 원한다.

이것을 단순히 내부고객(직원)을 위해 돈을 써 버리는 것이 아니라 능력 있는 기술자와 인재를 키우기 위해 투자하는 것이라는 생각을 정립해야 할 것이다.

21C는 "인테크"의 시대이다. 능력 있는 사람을 얼마나 많이 확보하고 있느냐가 기업의 성패를 좌우하기 때문이다.

(2) 외부고객(손님)의 의미

"외부고객"이라고 하면 우리는 단순히 미용서비스를 받으러 올 가능성이 있는 일반인 전체를 대상으로 한다. 그러나 이것은 미용기업의 입장에서 볼 때 한 번쯤 생각해 보아야 할 문제이다. 과연 미용시술을 하는 모든 사람이 고객일까? 여기에는 한가지 의문이 생기리라고 본다.

가령 고객의 형태를 분류해 보면 단지 미용기업을 지나치다가 미용시술을 해야 하니깐 미용기업을 들어오는 일명 "떠돌이 고객"과, 그 미용기업에 호기심을 자극하는 요소가 있어 미용기업을 방문하는 "신규고객"과, 그 미용기업을 3~6개월 이상 그 미용기업의 장점을 느끼며 방문하는 "고정고객"으로 나눌 수 있다.

또한 예전에는 방문하였다가 지금은 방문하지 않는 "휴면고객"과, 자신의 미용기업을 방문할 것으로 예상되는 "잠재고객"도 있을 것이다. 그러나 이 모든 고객을 외부고객이라 생각하고, 또한 자신의 고객이라고 생각한다면 너무 포괄적인 의미가 될 것이며 어느 대상을 자신의 고객으로 잡을 것인가가 없는 것이다.

외부고객 중에서도 자신의 미용기술과 예술적인 끼를 펼칠 수 있는 목표대상에 있는 고객이 진정한 자신의 고객일 것이다.

자신이 타겟으로 삼는 고객이 정해져 있지 않으면서 막연히 외부고객을 효율적으로 관리한다는 것은 목표점이 없으면서 총을 쏘는 사수와 같을 것이다.

무엇보다도 중요한 것은 외부고객의 의미를 바르게 파악하고, 자신이 효율적인 관리를 할 대상을 정해 그 대상이 좋아하는 방법을 가지고 다가서는 것이 미용기업의 효율적인 고객관리의 첫걸음일 것이다.

(3) 외부고객(손님)에 대한 마음가짐

(가) 진실한 마음으로 대해야 한다.

고객은 미용기업의 경영자나 디자이너, 인턴, 주니어들이 맞이하는 자세나 눈빛만 봐도 정말 마음에서 우러나와 자신을 반기는지 아니면 내 미용기업에 와서 돈을 주고 미용시술을 하는 고객이니깐 잘해 주는 것인지 바로 알아차린다.

"고객은 한마디로 도사다." 고객의 마음에 다가가는 진실한 마음이 없고서는 절대로 고객은 그 미용기업을 기억하지 않을 것이다.

(나) 미용기업을 알려야 한다.

서비스를 통해 고객을 관리해야 한다고 하면 단순히 차 한잔을 더 주고 조금 더 친절하게 대하는 것이 서비스라고 생각한다.

물론 틀린 말은 아니지만 이제 미용기업에서의 철저한 서비스란 현장중심의 행동으로 실천할 수 있어야 한다. 고객이 처음 미용기업으로 들어오는 순간부터 미용시술을 하고 나가는 순간까지 미용기업에서의 미용시술 흐름에 따라 8단계로 나누어 고객에게 행하는 시술행동부터 언어까지 체계적으로 교육을 시켜야 한다.

〈표 6-4〉 미용접객 8단계

1. 즐거운 하루 : 개점시 아침 마음가짐
→ 2. 환영합니다. : 고객맞이 마음가짐
→ 3. 고객과의 공감대 형성 : 고객상담시 마음가짐
→ 4. 아름다움을 드립니다. : 미용시술시 마음가짐
→ 5. 정성을 드립니다 : 미용시술 완료 후 마음가짐
→ 6. 고맙습니다. : 카운터 안내시 마음가짐
→ 7. 친절하겠습니다. : 고객 배웅시 마음가짐
→ 8. 사후관리 / 클레임 처리 : 홈케어시 마음가짐

(다) 고객에게 프로라는 이미지를 심어주어야 한다.

고객은 자신의 미용시술을 해 주는 사람이 미용전문가이기를 원한다. 미용전문가라는 자신감이 있고 열심히 일에 충실할 때 고객들은 미용전문가들에게 신뢰감을 가질 수 있다. 또한 미용전문가라는 이미지를 자신의 가슴에 심고 고객에게 전하기 위해서는 자신의 마음을 가다듬고 동기를 부여하는 일이 행해져야 한다.

예를 들면 성공적인 미용기업으로 성장하고 있는 서울의 J미용실의 경우 아침마다 거리에서 고객들에게 자신의 신념과 의지를 보여주는 구호를 외치므로 홍보효과와 함께, 자신을 프로 미용인으로 탄생시키기 위해 열심히 노력하는 것을 볼 수 있다.

즉, 자신의 신념과 의지를 거리에서 외침으로 고객과의 약속을 하고, 믿음과 신뢰를 고객에게 줌으로 자신을 영원히 기억하고 찾아오도록 하고 있다.

프로 미용인은 아름답다. 자신의 일에 최선을 다할 때 고객들은 프로라는 모습에 감동할 것이다.

(4) 외부고객(손님)의 고객관리 프로세스

〈표 6-5〉 외부고객 고객관리 프로세스

1. 고객관리 목적과 목표를 정한다.	→ 2. 현재의 고객관리 상황을 파악한다.
→ 3. 구체적인 고객관리 방법을 만든다.	→ 4. 고객관리 진단 방법을 정한다.
→ 5. 고객관리를 적극적으로 실행한다.	→ 6. 결과를 분석하고 평가한다.
→ 7. 평가 후 개선책을 정한다.	→ 8. 대응책을 만들어 다시 시행한다.

3) 고객관리를 위한 환경조성

미용기업에서는 고객관리가 가장 중요하다. 결국 얼마나 많은 신규고객을 고정고객 즉 단골 고객화 시켜 확보하고 있느냐에 따라 미용기업의 이익과 관계가 있기 때문이다.

고정고객을 확보하고 잘 관리하기 위해서는 사전에 내가 타겟으로 삼을 고정고객의 정보를 수집하고, 어떻게 고정고객을 확보하며, 고정고객으로 만들 마케팅력을 구축하는 것이다.

특히 미용기업이라는 바쁜 환경에서 일일이 고객들의 정보를 수집하고 관리하며 고정 고객화 시킨다는 것은 경영자와 직원들의 강한 의지와 인내가 요구된다.

즉 담당 미용전문가 중심으로 고객관리 전문 인력을 육성하여야 하며, 효율적으로 운영할 수 있는 시스템을 개발하여야 한다.

(1) 미용기업의 고객관리에 대한 마음가짐

한 명의 신규고객이 들어오고 한 명의 고정고객이 나가면 미용기업의 고객수는 현상유지라고 일반적으로 생각하는데 이런 사고를 완전히 버려야 한다. 한 명의 고정고객이 나가면 세 명의 신규고객이 새로 들어오는 것만 못하다는 마음가짐을 가져야 한다.

왜냐하면 미용기업은 고정고객이 기술과 서비스에 만족하고 감동하므로 구전에 의해 미용기업이 알려지는 것이 미용기업의 발전에 가장 큰 요소이기 때문이다.

미용기업이 어려움을 겪고 있는 현 상황에서는 가장 무서운 힘을 발휘하는 성패의 요인은 바로 "고정고객 확보 수준"에 달려있기 때문이다.

(2) 미용기업 고객관리를 위한 전제조건

단계	내용
고 정 고 객 화 ↓	• 고객관리 인력개발 : 담당디자이너 중심의 고객관리 • 경영자 및 직원의 강한 의지 • 컴퓨터를 활용한 고객관리시스템 개발
고객관리의 데이터 베이스화 ↓	• 고객카드를 통한 고객정보 수집 • 고객확보 전략의 유형 분류 및 방법
고객관리를 위한 환경조성 ↓	• 고정(단골)고객 만들기 및 형성 • 구전 소개를 통한 인맥 형성
고객관리대상 조성 ↓	• 고객의 지속적 관심도 증대 • 고객의 세분화 - 차별적 관리
고객 조직화 형성	• 고객관리 시스템 운영의 노하우 기법 개발 • 고객관리 실태 점검 및 향상 방안 • 고객만족도 조사분석 - 고객관리 촉진으로 연결

4) 고객관리대상 조성

예전부터 미용기업에서는 고객카드를 만들어 고객들의 필수정보(성명, 전화번호, 취미, 생일, 결혼기념일, 모발상태 등)를 카드에 기입하게 한 후 이것을 활용하여 고객을 관리하였다.

그러나 이것은 단순히 자신의 미용기업을 이용하는 고객이 몇 명 정도이며 혹시 오지 않는 고객에 대해 전화를 걸어 주는 수준이었다. 이제는 주먹구구식의 고객관리가 아니라 고객의 정보를 확보·가공하여 유형별로 분류하고 그것을 미용기업의 매상에 활용할 수 있어야 한다.

실례로 미용실에서 파마나 염색을 하고 간 고객에 대해 담당디자이너가 일정한 간격(약 7일 정도)을 두고 매일 일정한 시간을 정해 모발의 상태나 진단을 겸한 어드바이스를 해 주고 손상되지 않는 모발클리닉에 대한 간단한 지식을 전달해 주면 고객은 작은 배려에 따뜻한 감동을 느낄 것이다.

<표 6-6> 고객관리

내 용	비 고(Check)
1. 고객 데이터 베이스(Data Base) 구축	1. 1차 : “방명록” 활용 2차 : “고객관리 카드” 작성
* 고객 리스트 작성 * 고객의 차등관리 - 우수 / 엘리트 / 가망 / 잠재고객	2. 단계별 강도를 달리하여 전략적으로 관리
* 단계별 관리 - 접점 → 리스트 작성 → 관리(단계 · 전략적) - 섬세한 자극의 “가족 이벤트” 활용	* 참다운 친절 - 어려울 때, 스스로, 고르게, 즐기며, 마음과 함께 베푼다.
2. 고객누적카드 활용	* “고객누적카드” - Stamp 제작
* 고정고객(단골)화 - 중 · 장기 고객유도 (금액 / 방문 회수 기준) - 흥미 / 사은품의 이익 부여 (계속방문 유도)	* 구청행사 활용 극대화
3. 혜택(지역밀착형 커뮤니케이션 만들기)	* 고객관리 데이터 베이스
* 정보제공 - 사보발송 / 각종정보 안내 - 신상품 안내 / 카탈로그 송부 - 세미나, 강연회 안내	① 고객기초 데이터(본인 / 가족) : 번호, 성명, 성별, 주소, Tel, HP, 생일, 연령, 직업, 결혼유무, 고향, 기념일, 취미(관심사) 신장, 혈액형, 주거형태, 자동차, 수입, 기타
* 초청행사 - 노래교실, 수예교실, 공예교실, 부부화합, 세미나 등	② 관리 데이터 : 방문시점, 시술금액, 방문회수, 누적금액 방문주기 및 특성
* 특별초대 - 바겐세일, Joint 판매(지방특산물)	
* 지역행사 개최 / 협찬 - 불우대상 위안잔치, 경로/재롱잔치, 야유회 등	
* 우대 (조직 만들기) - 회원제 운영 / 모니터 제도(팬 만들기)	
* 방문활동 - 순회방문, 정기방문, 납품방문 - 관혼상제, 해피콜, 상품 배달 방문 등	

5) 고정고객 만들기

고객이 미용기업을 한 번이라도 방문하여 신규고객으로서의 정보를 확보하였을 경우, 자신의 미용기업만의 진정한 고정고객으로 연결하는 것이 "고정고객 만들기"이다.

고정고객으로 연결하기 위해서는 고객연결 3단계 프로세스가 있는데 그것을 다음과 같다.

〈표 6-7〉 고객 만들기 전략 15단계

항 목	내 용
고객 만들기	1. 미용기업에서의 경영자 및 직원의 "우리 고객"에 대해 정확하게 이해하기 2. 고객 만들기 전략 및 방법 연구 3. 예상되는 고정고객에 대한 미용기업 방문 유도 4. 미용기업의 새로운 기술과 서비스 및 이미지 전파 5. 고정고객의 활성화를 통한 매상 증대시키기 : 활성화 방법 연구
고객조직화 형성	6. 예상되는 고정고객 방문 빈도 높이기 : 다단계방식을 활용한 방문 유도 7. 고객에 대한 정보 제공 및 고객 정보 수집 8. 고객과의 밀착마케팅 전개 · 사후관리 전화방문, 해피콜, 구전소개, 외부 영업팀(고객 중에서) 운영 9. 이탈고객, 사후 클레임 고객 마음 되돌리기 10. 우리 미용기업만의 차별화된 고객서비스 제공 및 커뮤니케이션
고정 고객화	11. 지속적인 미용기업과 고객관계 유지 12. 개인과 개인의 질이 높은 수준의 커뮤니케이션으로 고객화 13. 고정고객에 대한 양질의 서비스 제공 · 효과 : 고객 호기심 유발을 통한 고정고객 유치 및 수입 증대 14. 고객과의 유대관계 강화 및 실천 15. 고객과의 정에 의한 애정 있는 고정 고객화

6) 이용고객 7단계

경제적인 성장과 소비자의 소비심리 극대화로 인해 미용기업도 규모화, 대형화, 기업화, 다점포화 하면서 체인점 형태의 유통구조를 이루어 기업적인 성격으로 변해 가는 경향이 짙다.

이에 따라 기업화되어 가는 미용기업의 경영환경에 맞게 이용 고객을 7단계로 분류하여 보도록 하겠다.

〈표 6-8〉 고객의 분류 기준과 주요 혜택 · 서비스

고객 분류	범위 설정 예	주요 혜택 및 서비스
1. 최우수 고객	1. 매장 특별관리 고객 2. 매출 기여 상위 50명	* 헤어 · 피부 · 얼굴 · 두피 · 기타서비스 할인 우대 1. 할인 우대폭 ( )% 2. 연말 및 기념일 선물(A) 3. 특별 유대 강화 4. 제휴가맹점 우대권(A)
2. 우수 고객	1. 매출상위 51위~500위 2. 이용횟수 10회 이상	* 헤어 · 피부 · 얼굴 · 두피 · 기타서비스 할인 우대 1. 할인 우대폭 ( )% 2. 연말 및 기념일 선물(B) 3. 행사초대 우선 4. 제휴가맹점 우대권(B)
3. 애용 고객	1. 매출상위 501위~1000위 2. 이용횟수 5회 이상	* 헤어 · 피부 · 얼굴 · 두피 · 기타서비스 할인 우대 1. 할인 우대폭 ( )% 2. 행사초대 3. 제휴가맹점 우대권(C)
4. 신규 고객	1. 첫 이용고객 2. 최근 5개월 이내 고객	* 헤어 · 피부 · 얼굴 · 두피 · 기타서비스 할인 우대 1. 할인 우대폭 ( )% 2. 행사초대 3. 제휴가맹점 우대권(D)
5. 잠재 고객	1. 최종 이용 후 1년 이내 한번도 사용한 적이 없는 고객	
6. 이탈 고객	1. 멤버십 가입 후 1년 이내에 한번도 사용한 적이 없는 고객	
7. 비 고객	1. 멤버십 가입 후 2년 이내에 한번도 사용한 적이 없는 고객	* 고객 데이터 베이스에서 정보 삭제 여부 결정

7) 전화를 이용한 고객관리기법

(1) 전화 사용의 목적

미용기업의 업무 중에서 가장 중요한 부분 중에 하나가 바로 전화 취급방법이다. 훌륭한 전화를 받고 거는 습관과 기술은 미용기업 경영자로서의 성장 가능성을 지니고 있다. 또한 사업을 확장시키고 뛰어난 능력을 발휘할 수도 있다. 전화로써 고도의 수완을 발휘하여 미용기업의 명성을 쌓을 기회를 갖게 된다.

(가) 전화는 미용기업 내에서 매우 유용한 목적으로 사용된다.

① 약속을 하거나 변경할 때

② 새로운 사업을 시작할 때, 단골손님이나 떠돌이 손님을 확보하려 할 때
③ 손님에게 미리 미용시술을 해야 할 시기가 됐음을 환기시켜 줄 때
④ 질문에 응답할 때
⑤ 손님의 불만을 조정해 주고 손님을 만족시켜 줄 때
⑥ 메시지를 받을 때
⑦ 재료구입 또는 여러 가지 필요한 일들을 질문할 때

(2) 훌륭한 전화 사용법

(가) 인사성

전화를 건 사람이 제일 우선적으로 알고자 하는 것은, 전화 받는 사람의 이름과 그 사람이 속해 있는 미용기업에 관해서이다.

전화를 처음 받았을 때의 적당한 응답방법은 "안녕하세요, ○○ 미용기업의 ○○입니다." 또는 "고객을 사랑하는 ○○ 미용기업의 ○○입니다." 또는 "미용인의 터전 ○○ 미용기업의 ○○입니다." 라고 간단하게 소개한다.

그리고 "무엇을 도와드릴까요?" 라고 말한다.

처음 몇 마디는 즉각적으로 여러분의 인격과 미용기업의 품격이 전화를 통해 전달된다. 진심으로 우러나오는 환영의 표시로 모든 전화방문자에게 인사하는 것이 왜 그렇게 중요한 것인가는 바로 위와 같은 이유 때문이다.

전화를 받은 여러분 목소리가 친절하고 명랑하다면 전화방문자는 그 미용기업의 서비스를 받고 싶어하고 그 미용기업을 믿을 수 있는 신뢰감을 가질 것이다.

(나) 기본 룰

미용기업에서 전화를 받는 사람은 올바른 전화 사용법에 대한 4가지 기본 룰에 따라야 한다.

① 목소리와 태도에 나타난 친절함에 흥미를 갖게 되고 도움을 청하고 싶어지도록 한다.
② 지체하지 말라.
모든 전화에 대한 응답은 가능한 한 빠르고 정확하게 해 준다. 응답을 기다리는 것보다 더 전화방문자를 짜증나게 하는 것은 없다.
③ 전화방문자에게 필요한 정보를 알려주도록 하라.
이것은 전화를 받을 때나 걸 때 미용기업과 자신을 분명히 전달하라는 의미

이다. 만약 원하는 정보가 미처 준비되지 않았을 때는 충분히 사과를 하고 "죄송하지만 그 정보에 관해 알아보는 동안 잠깐만 기다려 주시겠습니까?" 라고 일단 손님을 기다리게 한다.

④ 재치 있게 하라.

손님을 짜증나게 하거나 화나게 하는 말이나 행동은 피하도록 하라. 재치 있는 전화응답을 하여야 한다.

a) 전화 방문자에게 물어볼 때는 "사모님 (또는 손님) 누구라고 전해 드릴까요?" 또는 "성함을 알려 주시겠습니까?" 등의 예의를 갖춘 언어를 사용하도록 한다.

b) 손님의 성씨를 부르도록 한다. 다음과 같은 표현을 항상 사용한다. "감사합니다." "죄송합니다만" 또는 "미안합니다만"

(다) 목소리와 말

어느 누군가와 전화를 할 때마다 한정된 표현을 사용한다. 좋은, 나쁜 또는 중립적인 의미의 목소리, 말하고자 하는 것, 그리고 다른 사람에게 이 말을 함으로써 어떻게 비치는가를 항상 염두에 두도록 한다.

만약 훌륭한 전화 예의를 갖추어 전화를 이용하고자 한다면 다음과 같은 점들을 습관화 시켜라.

① 명백하고 또렷한 말

② 올바른 말

③ 밝고 명랑한 목소리

목소리를 다른 사람이 들었을 때 말하고자 하는 말을 미리 이해할 수 있도록 한다.

일반적으로 가장 효과적인 말은 정확하면서 동시에 자연스러운 언어이어야 한다. 경쾌하고 의욕적인 목소리는 대부분 정직한 인격을 지닌 사람으로부터 나온다.

전화를 통해 좋은 인상을 갖도록 하기 위해 전화를 받기 전에 긴장을 풀고 심호흡을 한다. 입을 열고 명확한 발음으로 조용한 음성을 사용하여 대화를 하도록 한다. 맑은 목소리는 전화를 통해서는 큰 목소리로 말하는 것보다 더 분명히 잘 들린다. 만약 여러분의 이런 잘못된 점을 알아내고 고치려고 노력하면 언제인가는 고쳐질 수 있게 된다. 이러한 원인을 알아볼 것 같으면 다음과 같다.

① 말소리가 너무 크거나, 너무 부드러워도, 잘 들리지 않고 희미하게 느껴진다.

② 보통 입술을 너무 작게 벌려서 말하거나 또는 너무 크게 벌려 말을 하게 된다. 입술 간격은 손가락을 두 개 겹쳐 댔을 때 입술로 맞물리는 정도로 벌려서 말한다.

③ 목소리가 최고점에 이르는 것이 너무 낮거나 너무 높을 때

④ 발음이 불명확 할 때

(3) 효과적인 전화 고객관리기법

다른 상황, 다른 손님들을 일일이 대하는 기술을 얻기 위해 연구해야 하고 실제로 연습이 있어야 한다.

① 전화로 약속 정하기. (예약 접수)

② 전화를 통해 불만 조정하기. (클레임 처리)

③ 전화를 통해 미용요금에 관한 답하기. (미용요금 문의)

(가) 전화로 약속하기

누구든지 중요한 책임감을 갖고 미용기업의 약속을 취급할 수 있어야 한다. 이러한 임무는 다음과 같은 특별한 재능과 경험을 요구한다.

① 미용기업 내에서 취급하는 모든 종류의 미용기술과 서비스 및 물품들에 관해 익혀두어야 한다. 또한 미용요금까지도 알고 있어야 한다.

② 각 미용사마다 기술적으로 뛰어나게 잘하는 면을 기억해 둔다.

③ 공과 사를 분명히 파악하라.

④ 이름, 서비스 그리고 약속을 정한 시간 등을 정확히 기입한다.

⑤ 미용기업의 기능을 효율적으로 이용하기 위해 불규칙적으로 약속의 간격을 둔다.

(나) 미래의 손님을 어떻게 다루어야 하는가?

떠돌이 손님을 전화로써 응대할 때 어떻게 해야 하는가의 일례를 들었다.

R(전화 응대자) : “안녕하세요. ○○ 미용기업입니다. 무엇을 도와드릴까요?”

P(손님) : 나는 ○○입니다. 파마를 파려고 하는데요.

R : 언제쯤 할 예정인지요?

P : 이번 수요일 2시가 좋겠는데요.

R : 죄송합니다만, 사모님 2시에는 미리 예약이 되어 있는데요. 4시쯤이면 괜찮

겠는데요. 손님에게 편리한 시간에 만날 수 있을까요?

P : 네 좋습니다. 그러나 나는 젊은 금발머리 아가씨에게 하길 원하는데요.

R : A디자이너 말씀하시는 겁니까? 그 디자이너는 수요일에는 근무하지 않는데 어떡하죠. 그렇다면 B디자이너는 근무를 합니다. 매우 유능한 미용사지요. 4시에 손님께서 만날 수 있습니다.

P : 나는 A디자이너가 더 좋겠는데요.

R : 그 시간에 손님의 편리를 봐 드리지 못해 죄송합니다. 대신 다른 시간을 택할 수 없습니까? 다음 약속에는 이미 예약이 있더라도 A디자이너가 손님에게 서비스를 할 수 있도록 노력하겠습니다.

P : 좋습니다. 그러면 수요일 4시에 가겠습니다.

R : 감사합니다. ○○ 사모님(손님) 안녕히 계십시오. 그 시간에 뵙도록 하겠습니다.

(다) 단골손님은 어떻게 대응하는가?

손님에게 편리한 시간을 어떻게 조절하는지 다음의 일례를 보기로 하자.

P : 나는 W부인입니다. P디자이너에게 샴푸를 할 수 있을까요? 그리고 금요일 아무 때나 셋트를 했으면 하는데요. 오후에는 언제라도 갈 수 있습니다.

R : 잠깐만 기다려 주십시오. 사모님, 알아보겠습니다. P디자이너는 금요일과 토요일에는 예약이 되어 있습니다. 내일이면 어떨까요?

P : 내일은 곤란한데요.

R : 그러면 금요일 오후 K디자이너와 약속을 제의해 드리겠습니다. 그녀는 새로 왔지만 매우 훌륭히 일을 한답니다. 사모님이 만족하시리라 확신합니다. P디자이너는 내일 사모님과 약속을 할 수 있습니다. 아니면 K디자이너는 금요일에 가능합니다.

P : 나는 꼭 내 머리를 P디자이너에게 하고 싶습니다. 그러나 나는 그 시간에 갈 수가 없으니 어떡하면 좋을까요?

R : 만약 약속이 취소되는 경우가 생기면 사모님에게 연락을 해 드리겠습니다. 사모님.

사모님의 전화번호는 ○○○-○○○○이 맞죠? 그러나 취소되는 경우는 거의 드물기 때문에 나는 금요일에 K디자이너와 약속하시길 권해 드리겠습니다. 어떻습니까? P디자이너가 사모님의 머리를 어떻게 하는가를 볼 수는 있습니다.

P : 좋아요. 그럼 K디자이너에게 해 보겠습니다.

R : 금요일 세 번째입니다. 그러면 사모님께 다시 전화 드리지 않아도 되겠지요? 사모님 안녕히 계십시오.

(라) 불만을 어떻게 조정하는가?

어느 미용기업이건 손님이 불만을 터뜨리는 경우가 종종 있다. 손님들은 면전에서 그런 행동을 하는 때도 있다.

그러한 일이 자주 있을 때는 미용기업의 이미지를 손상시킬 뿐만 아니라 사업에도 손해를 가져다 준다. 그러나 손님의 불평을 주의 깊게 생각해야 한다.

그렇게 함으로써 서비스를 개선시킬 수 있는 기회가 주어지고 단골손님을 유지할 수 있게 된다. 불만을 조정한다는 것은 특히 전화를 통해서 매우 힘든 일임에 틀림없다. 그러나 그 불만을 해소시킬 수는 있다.

불만은 성급한 판단에서 오기 때문에 자기억제와 재치 그리고 예의로써 공손히 대하면 상황을 호전시키는 데 별 어려움이 없을 것이다.

이러한 방법만이 손님이 공정한 대우를 받았다는 느낌이 들도록 해 주는 것이다. 항상 목소리는 침착함과 다정한 목소리로 말하는 것을 잊지 말아야 한다.

말하는 태도와 사용하는 말들로 실제로 그 불평에 관계가 됨을 전화한 손님에게 믿도록 해야 한다. 도중에 말을 막지 않도록 말할 손님에게 모든 이야기를 충분히 할 수 있도록 들어준다. 불만을 충분히 듣고 난 후 나음 행동은 빠르고 효과적으로 조정하는 것이다.

다음과 같은 방법을 따르면 좋은 결과를 얻게 될 것이다.

① 우선 이러한 일이 생기게 된데 대해 손님을 불쾌하게 해 드려서 미안하다는 이야기를 하고 어려움에 대한 이유를 설명한다. 더 이상 손님에게는 불쾌감이 없을 것이다.

② 손님에게 불편함을 주게 된데 대해 용서를 구하고 손님이 그렇게 느끼고 있다는 것에 대해 충분히 이해할 수 있다는 말을 손님에게 함으로써 손님의 동정을 산다.

그리고 이렇게 전화를 해 주셔서 고맙다는 인사를 한다.

③ 손님에게 이러한 불만이 다시 생기지 않게 하기 위해 미용기업에서 어떻게 했으면 좋겠느냐는 의견을 묻는다.

만약 손님이 손해배상과 정당성을 요구해 온다면 거기에 따르도록 한다.

④ 만약 손님이 미용기업의 서비스에 만족스럽지 못했다면 손님이 만족할 수 있는 서비스로 개선하도록 한다.

일례를 보면

R : 안녕하세요, ○○ 미용기업입니다.

P : C디자이너와 통화하고 싶은데요.

R : 죄송합니다. 그분은 지금 시술 중이므로 전화를 받을 수가 없는데요. 무엇을 도와 드릴까요?

P : 저… 나는 B부인인데 파마를 했는데 만족스럽지 못해서 C디자이너와 통화하려고 합니다.

R : 잘 알겠습니다. 사모님 C디자이너가 당신과 통화하고 싶어할 수 없음을 죄송하게 생각합니다. 조금 있다가 다시 한번 전화를 주시든지, 아니면 미용기업에 오실 수 있겠습니까?
C디자이너가 사모님의 머리를 볼 수 있도록 말입니다. 만약 당신이 몇 일 내에 시간을 낼 수 없으시다면 약속을 정하시는 것이 좋겠습니다.

P : 내일 아침 그 근처에 갈 일이 있습니다. 11시 어떻습니까?

R : 네, 11시전에 그를 만날 수 있으면 더 좋겠습니다.
C디자이너에게 사모님을 기다리라고 말씀 드리죠.

P : 감사합니다.

R : 감사합니다. 사모님 이렇게 전화 주셔서 기쁩니다.

(마) 가격에 관한 응답

손님이 파마가격에 대해 전화로 문의하는 경우가 종종 있다. 파마가격을 이야기한 후 손님이 "변두리에서 해 주는 파마가격으로 해 줄 수 있겠습니까?" 라고 물어올 때 어떻게 답하겠는가?

이러한 문제에 부딪혔을 때 최선의 방법은 손님의 마음속에 그 만큼의 값어치가 있다는 생각을 심어주어야 한다. 그 손님이 이 미용기업을 찾아 왔을 때 제공받을 서비스와 이점들을 보여 줄 수 있도록 하여야 한다.

전화 대화 중에 먼저 손님의 동감을 얻어야 한다. 조용하고도 확신에 찬 목소리로 좋습니다.

"손님, 당신은 값싼 신발 한 켤레를 얻을 수 있습니다. 그러나 조금 더 돈을 지불하면 당신의 발에 딱 맞는 신발을 얻게 됩니다.

왜? 비록 다 똑같은 신발처럼 보이는 데 가격의 차이가 있는 것일까요? 그것은 신발의 질입니다.

가죽신발을 만드는 기술 그리고 신발을 신었을 때에 편안함을 주는 차이에 따라 커다란 가격차이가 있게 되는 것입니다.

비싼 가격을 지불하고 산 신발은 편안하게 오래 신을 수 있고 모양이 좋다면 결론적으로 더 싸게 샀다고 할 수 있지 않겠습니까?

똑같은 이치로 비싼 가격을 지불하고 고급질의 재료를 사용하여 당신의 머리에 발라 파마를 했을 때 자연스럽게 보이는 파마웨이브는 당신을 더욱 돋보이게 해 줄 것이며, 웨이브가 시간이 갈수록 자연스럽게 유지될 수 있습니다.

"당신이 좀 더 비싼 가격을 지불하고 파마를 했을 때, 더 훌륭한 서비스와 양질의 재료를 사용하여 효과를 얻는다면 당신은 틀림없이 결과에 만족하시리라 확신합니다."라고 설득한다면 고객은 수긍을 할 것이다.

(4) 전화상 불만을 처리하는 방법

서비스를 이용하는 고객들은 보다 질 높고 폭넓은 서비스를 제공받기를 원한다.

서비스에 대한 기대와 가치정도를 두어 거기에 미치지 못했을 경우에 각각 개별차이에 따른 이의를 제기하는데 이를 "문제제기(클레임 : Claim), 불평(Complain)"이라 한다.

소비자가 원하는 기대치가 각각 개인마다 차이가 있는 주관적 입장일 수 있지만 어쨌든 클레임은 서비스 질을 평가하는데 유용한 정보이며 지표로 활용될 수 있다는 점에서 중요하다.

서비스시대라 하는 현대사회에서 보다 질 높은 고객관리가 요구되는 미용기업에서 클레임은 고객의 견해를 알아볼 수 있고 보다 한 걸음 물러서서 객관성을 가지고 스스로를 점검해 볼 수 있는 기회를 가질 수 있는 것이다.

그렇다면 이러한 클레임은 언제 어떻게 발생되는가?

(가) 고객과의 불충분한 커뮤니케이션의 결과이다.

미용시술을 하는 데 있어 고객이 정확하게 무엇에 대해 신경 쓰고 고민하는가에 대해서 깊은 대화를 갖지 못하고 나름대로 주관적인 입장에서만 관리한다면 고객은 불편하고 미용사에게 신뢰를 갖기가 힘들 것이다.

상담시 충분한 대화를 하여 보다 합리적인 고객 입장에서 관리 방향을 잡는 것이 바람직하다.

(나) 각 고객에 맞는 서비스의 부족이다.

너무 미숙한 서비스로 고객이 불편해 한다거나 고객 분류에 따른 고객관리가 잘 이루어지지 않았을 때이다.

(다) 고객의 지나친 기대 때문이다.

사람마다의 개성화, 다양화로 고객은 제공 가능한 서비스 이상의 것들을 요구할 수 있는 것이다. 모든 것을 기대치만큼 제공할 수 없겠지만 고객이 원하는 기대치를 아주 간과해서도 안 될 것이다.

일반적으로, 이때의 고객들의 심리상태는 감성적이고 다소 비이성적일 수 있고 요구조건이 많을 수 있으며 불쾌감을 가진 상태임을 잊지 말자.

〈표 6-9〉 구체적인 클레임 처리기법

1. 먼저, 고객이 이의를 제기했을 때 적극적인 방법으로 청취한다. "잘 알겠습니다. 손님의 불편한 점을 이해합니다." 등의 적극적인 응대어로 고객의 입장을 받아들인다.
2. 고객의 문제를 재빠르게 파악한다. 적절한 질문을 통해서 상황을 정확히 파악하도록 한다.
3. 고객 상황에 대해 동의 표시를 한다. 돕겠다는 적극적인 의사표시를 하여 안심을 시킨다.
4. 해결방안을 제시한다. 회피하려 하지 말고 책임감 있는 성의를 보여주어야 한다. 고객이 살롱의 운영 원칙을 벗어난 억지요구를 할 경우 한 두 가지만 살롱의 배려차원으로 수용하면서 미용기업의 이미지를 좋게 한다.
5. 반론극복 방법을 활용하라. 고객상황을 충분히 이해한다는 표시 후 고객의 입장에서 고려해 볼 수 있는 답변을 제시한다.
6. 감사의 표시를 한다. 고객이 제의한 클레임은 미용기업의 유용한 정보자료와 발전에 이용할 수 있음을 말하며 진심 어린 감사의 표시를 하여 클레임의 가치를 높여준다.

〈표 6-10〉 클레임 처리의 실례

- 고객이 미용시술 후 전화로 불편했던 점에 클레임을 제의한 경우…

1. 그러셨군요. 많이 불편하셨군요.
먼저, 그런 문제가 있으셨다니 죄송합니다.
미용시술 어떤 부분에서 문제가 있었는지 구체적으로 말씀해 주시면 제가 조치 할 수 있는 부분은 해결방안을 강구해 보도록 하겠습니다.

2. 그러셨군요, 그런 구체적인 문제로 불편을 겪으셨다니 충분히 이해하겠습니다.
정말 죄송합니다.

3. 좀 더 좋은 서비스를 드리고자 했던 것이 고객에게 충분히 전달시키지 못한 점이 있었던 것 같습니다.

4. 많이 불편하셨지요. 잘 알겠으며, 충분히 이해하겠습니다.

5. 다소 노력이 부족했던 것이니 다시 한번 방문해 주시면 고맙겠습니다.

6. 이 일을 계기 삼아 더 노력하는 모습 보여드리겠습니다.

7. 이렇게 전화 주셔서 감사드리고 앞으로 언제든 저희 발전에 도움 주시기를 바라며 이렇게 많은 관심을 가져주시고 이해해 주시니 정말 감사드립니다.

8) 고객관리 진단 체크리스트

<table>
<tr><th rowspan="2">번호</th><th rowspan="2" colspan="3">검 토 항 목</th><th colspan="5">평 점</th></tr>
<tr><th>A</th><th>B</th><th>C</th><th>D</th><th>E</th></tr>
<tr><td>1</td><td colspan="3">고객에 대한 신용과 서비스 관리는 계획적으로 진행되고 있는가?</td><td>5</td><td>4</td><td>3</td><td>2</td><td>1</td></tr>
<tr><td>2</td><td colspan="3">자기살롱 상권내의 이용객의 동향을 정확히 파악하고 있는가?</td><td>5</td><td>4</td><td>3</td><td>2</td><td>1</td></tr>
<tr><td>3</td><td colspan="3">고객의 의견을 청취할 자세와 마음가짐이 되어 있는가?</td><td>10</td><td>8</td><td>6</td><td>4</td><td>2</td></tr>
<tr><td>4</td><td colspan="3">고객카드는 정확하게 분류 · 정리되어 있어 그것을 판촉활동에 활용하고 있는가?</td><td>10</td><td>8</td><td>6</td><td>4</td><td>2</td></tr>
<tr><td>5</td><td colspan="3">고객의 내용을 때때로 체크해서 기술이나 서비스에 반영시키고 있는가?</td><td>5</td><td>4</td><td>3</td><td>2</td><td>1</td></tr>
<tr><td>6</td><td colspan="3">신규고객의 획득에 항상 관심을 가지고 있으며, 그것을 고정고객으로 이행시키는 연구를 하고 있는가?</td><td>5</td><td>4</td><td>3</td><td>2</td><td>1</td></tr>
<tr><td>7</td><td colspan="3">정기적으로 고객유치에 연결되는 이벤트를 행하고 있는가?</td><td>5</td><td>4</td><td>3</td><td>2</td><td>1</td></tr>
<tr><td>8</td><td colspan="3">고객카드를 이용한 캠페인, 이메일 및 문자 등의 활용 및 회수율을 체크하고 있는가?</td><td>5</td><td>4</td><td>3</td><td>2</td><td>1</td></tr>
<tr><td>9</td><td colspan="3">각종의 정보를 수집해서 그것을 영업, 서비스, 요금정책 등에 반영하고 있는가?</td><td>10</td><td>8</td><td>6</td><td>4</td><td>2</td></tr>
<tr><td>10</td><td colspan="3">미용두발업체, 화장품업체, 미용재료 도매상 등과 미용정보의 교환을 행하고 있는가?</td><td>5</td><td>4</td><td>3</td><td>2</td><td>1</td></tr>
<tr><td>11</td><td colspan="3">경쟁미용기업의 선전광고물을 수집해서 체크하고, 연구하고 있는가?</td><td>5</td><td>4</td><td>3</td><td>2</td><td>1</td></tr>
<tr><td>12</td><td colspan="3">고객으로부터 클레임이 있을 때 그것을 완전히 처리하는 체제가 되어 있는가?</td><td>5</td><td>4</td><td>3</td><td>2</td><td>1</td></tr>
<tr><td>13</td><td colspan="3">클레임의 내용이 서비스 내용인가, 아니면 기술자체의 결함에 의한 것인가를 파악하고 있는가?</td><td>10</td><td>8</td><td>6</td><td>4</td><td>2</td></tr>
<tr><td>14</td><td colspan="3">살롱내 활동의 능률화나 합리화에 대해서 종업원의 의견을 듣고 있는가?</td><td>10</td><td>8</td><td>6</td><td>4</td><td>2</td></tr>
<tr><td>15</td><td colspan="3">미용기술 이외의 관련된 패션 지식을 연구하고 있는가?</td><td>5</td><td>4</td><td>3</td><td>2</td><td>1</td></tr>
<tr><td rowspan="2">평가 기준</td><td rowspan="2">A : 대단히 좋다.
B : 그런 대로 좋다.
C : 보통이다.
D : 보통 이하이다.
E : 대단히 나쁘다.
(해당사항이 없을 때는 C로 한다.)</td><td rowspan="2">합계 점의 평가</td><td rowspan="2">80~100점 : 대단히 우수하다.
60~79점 : 꽤 우수하다.
40~59점 : 대체적으로 합격이다.
39점 이하 : 검토 요망</td><td rowspan="2">합계점</td><td>득점</td><td colspan="3"></td></tr>
<tr><td>평가</td><td colspan="3"></td></tr>
</table>

3. CS경영(고객만족경영)

"고객만족경영(Customer Satisfaction Management : CSM)"이란 과연 무엇인가? 그리고 어떻게 하는 것이 미용기업의 경영환경 속에서 고객만족경영을 실현하고, 21C의 경영환경에 낙오되지 않고 적응할 수 있는 경영체계를 구축할 수 있는 것인가?

미용기업을 이용하고 있는 소비자는 이미 기존의 공급자 중심의 유통 질서를 부인하고 철저한 소비자 중심의 새로운 유통 질서, 새로운 서비스를 요구하고 있다.

일반적인 고객만족경영의 개념을 보면 제조자와 판매자는 소비자가 추구하는 욕구가 무엇인가를 파악하고 이 욕구를 충족시키는 데 부족함이 없는 상품과 서비스로 소비자를 맞이하는 것을 의미한다. 또한 소비자는 제조자와 판매자가 제공하는 상품 또는 서비스가 더더욱 향상될 수 있도록 상품 개선에 대한 의견은 물론, 사용자로서의 의견을 기탄없이 피드백 하는 정신을 길러야 한다. 이렇게 하여 경제주체 상호간의 공존 관계를 새로이 정립함으로써 새 경제 질서 하에서의 건전한 경제생활을 창조해 가는 것이 바로 "고객만족의 경영", "고객창조의 경영"이다.

1) 미용기업의 고객만족경영(CSM)

"미용기업의 고객만족경영"은 미용기업이 소비자가 원하는 욕구(Wants)와 요구(Needs)가 무엇인가를 먼저 파악하고 이를 충족시키는데 부족함이 없는 미용기술과 서비스를 제공하는 고객제일주의의 마케팅을 말한다.

즉 고객만족경영이란 고객을 창조하는 경영이라는 대전제 아래 고객과 종업원과 경영자가 동시에 흥분을 느끼면서 근무하는 즐거운 미용기업 분위기를 통하여 그 결과로써 고객은 만족도가 향상되고, 미용기업은 재이용과 재구매가 이뤄지고 아울러 고객의 신뢰감이 연속적으로 이어지는 상태가 지속되며 매출이익의 증대를 얻는다는 경영전략이다.

요즘, 미용기업에서도 고객만족(CS) 또는 고객감동을 중요시하게 된 것은 국내 미용시장의 경기악화, 경쟁미용기업의 과다, 미용기술의 평준화 현상, 새로운 형태의 미용기업 탄생, 비슷비슷한 품질에 따라 선택의 폭이 넓어지고 영향력이 증대되어 과거와 같이 "기술위주의 경영자세"로는 생존하기 힘들기 때문이다.

미용기업에서의 고객만족경영은 어떻게 이룩하여야 할 것인가?

그것은 급변하는 미용경영환경에 능동적으로 적응하고, 고객이 추구하는 욕구가 무엇인가를 파악하고, 이 욕구를 충족시키는데 부족함이 없는 미용기술과 서비스를 고객에게 제공하도록 노력하여야 한다.

또한 미용기업에서 제공하는 미용기술과 서비스가 더더욱 향상될 수 있도록, 신기술 습득을 위한 기술세미나에 적극적으로 참가하여 노력하는 자세를 가져야 하며 서비스의 체계화를 이루기 위해 전문강사를 통한 교육이 이뤄져야 한다. 고객이 기탄없이 제공하는 의견도 무엇보다 중요하며 미용기업은 적극적으로 수렴하고 개선하는 자세를 가져야 한다.

〈그림 6-1〉 고객만족경영 프로세스

소비자(고객) 요구와 요구파악	→	고객만족을 위한 미용기술계획 및 개발	→	적절한 가격 결정 및 판매촉진전략 (유통 및 촉진)	→	고객욕구충족 (고객만족경영)

※ 고객만족경영의 목적

① 고객만족서비스에 대한 서비스 마인드를 고취한다.
② 현재 미용기업의 서비스 수준을 파악하고, 좀 더 나은 서비스 행동을 익힌다.
③ 미용기업 현실에 맞는 진정한 고객서비스, 즉 결정적 고객만족순간(MOT)을 이해한다.
④ 고객만족을 향상시키는 서비스 상황을 이해한 후 움직이는 교육을 느낀다.
⑤ 서비스의 행동들을 습관화 할 수 있도록 한다.
⑥ 차원 높은 서비스를 연구할 수 있는 분위기를 형성함으로 고급스러운 살롱을 지향한다.

2) 고객만족경영의 발생

신규고객의 획득이 어려운 지금 기존고객의 재방문 비율, 일반고객을 늘리는 일이 미용기업의 이익을 증대시키는 방법이며, 구전에 의해 새로운 고객을 획득할 수 있는 방법이다.

그러나 미용기업을 선택하는 고객의 눈이 엄격하고 예리해졌으므로 기존의 방식보다는 높은 만족을 제공하지 않으면 구전에 의한 좋은 이미지는 물론이고 일반고객을 늘리는 일 조차도 어려워진다.

지금까지는 미용기업의 기술을 "납득"해 주는 수준이면 재방문이 가능했지만, 앞으로는 "만족, 감동"을 못하면 "또 와야지" 하는 생각의 고객은 결코 갖지 못하게 될 것이다.

〈표 6-11〉 납득과 만족의 차이

1. 납득 : 예를 들어 "10,000원 지불 = 10,000원 가치" - 일반고객에게는 연결되지 않는다. 2. 만족 : "10,000원 지불 = 15,000원 가치" - 일반고객에게는 "또 와야지"라는 생각을 갖게 하며 재방문이 이루어진다.

그러면, 고객의 만족은 어떻게 발생되어지는 것일까?

"맡길 수 있는 안심감"과 "자신이 선택할 수 있는 즐거움"이다. 그것을 미용기업의 기술, 서비스, 메뉴의 3가지 관점에서 분류해 보기로 하자.

(1) 미용시술

(가) 정중함
(나) 편안함
(다) 효과(결과)
(라) 계획성, 발전성, 아름다움, 장래성, 보존성

(2) 서비스

(가) 어떻게 하면 좋을지 알려준다.
(나) 고객을 열심히 생각해 준다.
(다) 프로 미용사로서 제안해 준다.
(라) 충분히 말을 들어주고, 받아준다.
(마) 무슨 일이 있었을 때 의지할 수 있다.
(바) 고객의 입장에서 먼저 생각해 주고 고객의 의견을 적극적으로 경청한다.
(사) 사후처리까지 신중하게 해 준다.

(3) 메뉴

(가) 선택의 즐거움 (메뉴의 다양화 - 옵션 메뉴)
(나) 고객이 선택하기 쉽게 또 알기 쉽게 표현한다.
(다) 목적에 따라 고르기 쉽다. (시간, 요금)

맡길 수 있는 안심감이 있기에 고객도 미용기업에 적응이 되면 자신의 의사대로 선택하거나 그때마다 원하는 것에 맞출 수 있는 유연성을 미용기업에 요구하고 있다. 그 단계에서 자신이 선택하는 즐거움을 발견하나, 그것이 만족되지 않으면 타 미용기업으로 고객은 떠나가게 된다.

〈표 6-12〉 고객관리의 애로사항

1. 미용기업의 증가로 인한 고객의 상대적 감소
2. 고객의 욕구 및 요구의 증대와 가치관의 변화
3. 정보통신의 발달로 인한 급격한 패션의 변화
4. 경쟁기업의 고객관리 능력 신장으로 경쟁관계 심화
5. 해외시장 개방(프랜차이즈 시스템)
6. 미용업태의 다변화
7. 종업원의 의식구조 변화
8. 소비자 권리의 신장
9. 인구구조의 변화
10. 고객층의 다양화
11. 시간과 교통의 문제

3) 고객만족경영의 실천

"고객만족경영"의 출발점은 바로 "고객서비스"라고 볼 수 있다. 고객서비스에 있어서 가장 중요한 것은 "고객에 대한 따뜻한 배려"이다. 고객에 대한 따뜻한 배려로 기쁨을 주는 서비스가 고객만족을 창조한다. 고객서비스는 고객의 심리를 움직이게 하기까지의 미묘한 언동이나 마음의 작용까지 고려하여 철저한 준비가 필요하다.

예를 들면 미용기업에서 제공하는 서비스에는 미용기술은 물론이고, 안락한 인테리어 분위기, 종업원들의 친절한 접객, 우수한 미용기자재 및 재료, 다양한 헤어 및 패션 정보 등이 있다. 그러나 이 모든 것이 고객의 만족으로 이어지기 위해서는 지속적인 교육과 노력을 통해 실천되어야 한다.

접객서비스에 있어서는 종업원의 표정, 동작, 말씨, 차림새, 접객용어 등을 손에 닿는 가까운 데서부터 배우고 교육하여 서서히 그 중심에 도달하는 것이 현실적인 방법이라 할 수 있다. 이러한 방법과 병행하여 마음을 닦고 좋은 인간성을 길러 고객에게 배려를 자연스럽게 할 수 있는 적극적인 노력이 고객만족경영의 성공으로 이어질 것이다.

<표 6-13> 고객에 대한 따뜻한 배려

◉ 미용기업의 안락한 분위기 만들기의 배려
(가) 미용기업의 인테리어 시설, 설비면에 있어서의 쾌적한 환경 만들기
(나) 종업원의 상호협조나 팀플레이 등에 의한 정 있는 분위기 만들기
◉ 종업원 개인이 행하는 고객 개개인에 대한 배려
(가) 표정, 동작, 태도 등에 나타나는 고객에 대한 배려
(나) 말씨, 대화, 상담 등에 있어서 나타나는 배려
◉ 미용시술에 있어서의 배려
(가) 미용시술에 대한 만족감과 신뢰감을 주는 배려
(나) 쾌감을 주는 배려
(다) 리렉스(안락감)를 주는 배려

(1) 고객만족이란 무엇인가?

"고객만족"이란 무엇인가? 우리들 인간에게는 감정이라는 것이 있다. 기쁨을 느끼고, 즐거움을 느끼고, 행복함을 느끼고…. 인간은 이와 같이 다양하고 복잡한 감정을 지니고 있다. 그뿐 아니라 슬프고, 외롭고 그래서 울기도 하고 화내기도 하는 감정을 지니고 있다.

그러면 이러한 감정 가운데 어떤 상태를 만족이라 하고 불만족이라고 하는가?

만족이라는 단어의 사전적 의미를 보면

1. 만족 : ① 바라던 대로 이루어져 흐뭇함. ② 충분하고 넉넉함
2. 만족감 : 만족하게 여기는 느낌
3. 만족 수(數) : 방정식의 미지수에 어떤 수를 대입하여 등식이 성립되었다면 이 어떤 수는 그 방정식을 만족케 한 것이다.

"만족"이란 바라던 것이 부족함이 없이 이루어진 상태를 의미하는 것이다. 그러면 여기서 고객만족이란 고객이 바라던 것이 무엇인가에 관해서도 생각해 보아야 한다.

"고객이 바라던 것"이란 자신의 희망이며 기대라고 할 수 있다. 즉 미용기업을 이용할 경우 돈을 내고 미용기술과 서비스라는 상품을 사고자 할 때 고객이 느끼는 희망과 기대의 효용이다. 기대하는 만큼의 효용치에 근접할수록 고객만족지수는 높아지고 효용치에 멀어질수록 불만족지수는 높아진다.

고객이 바라는 효용과 미용기업이 제공하는 편익이 일치하는 것은 마치 방정식의 "미지수 = 효용"에 "어떤 수 = 편익"을 대입시켜 등식을 성립시키는 것과 같다.

(2) 만족요인과 불만족 요인

만족과 불만족은 어떤 요인에 의해 주어지는 것인가에 대해 정리해 보자.

(가) 기대와 결과의 차이

"만족"이란 심리적 상태이며 기대했던 효용이 충만 되었을 경우의 마음 상태를 말한다. 기대에 어긋난 결과에 우리는 어떻게 대처하는가? 기대했던 그대로의 결과라면 불만족해 할 리가 없을 것이다. 그리고 기대 이상의 결과라면 대단히 만족스러워 할 것이다.

위의 설명을 이해하기 쉽도록 도표로 정리해 보면 다음과 같다.

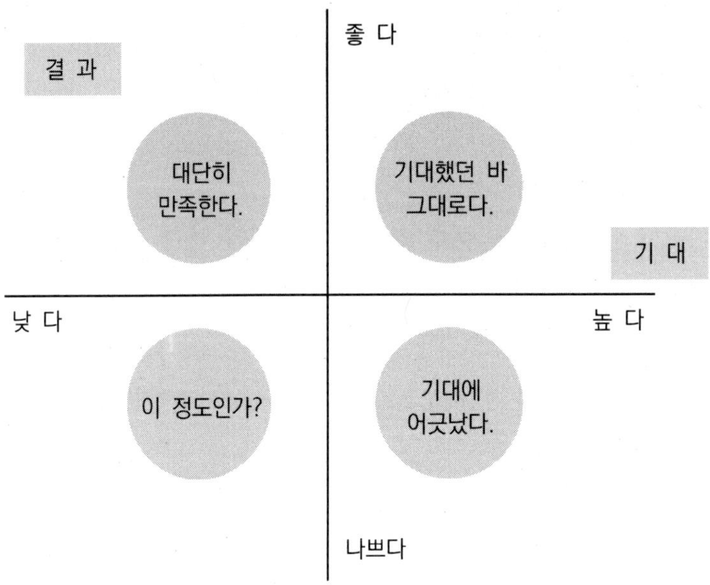

(나) 만족 요인과 불만족 요인

만족 요인과 불만족 요인이란 어떤 것인가? 불만족 요인이 제거되기만 하면 반드시 만족해 할 것인가? 반대로 만족 요인이 완전하지 못한 경우 불만족하게 되고 마는 것인가?

예를 들어 미용실에 우리가 머리를 손질하기 위해 찾았을 때, 종업원이 고객을 맞이하면서 전에 한 번 다녀갔다는 사실을 기억해 주고, 전에 요구했던 헤어스타일을 기억해 준다면 고객은 틀림없이 매우 만족하며 그 미용실을 방문하기를 잘했다고 마음속으로 생각할 것이다.

그러나 그 종업원이 고객을 기억해 주지 않는다고 해서 고객은 반드시 불만족해 하지는 않는다. 이것은 고객을 기억하고 친근감을 주는 서비스가 보다 높은 만족감을 환기시킬 수 있다는 일반적 인식 때문인 것이다.

그러므로 미용기업에서의 친근감을 줄 수 있는 작은 실천 하나가 고객에게 만족을 줄 수 있는 큰 요인으로 작용할 수 있다는 것을 깊이 생각해야 한다.

만족 요인과 불만족 요인을 일목요연하게 정리하면

1. 만족 요인 : 고객은 특정 서비스를 받으면 대단히 만족해하나 그 서비스를 받지 못하게 되면 대단히 불만족하게 된다.
2. 불만족 요인 : 고객은 특정 서비스를 받지 못하면 강한 불만을 갖게 되나, 설령 그 서비스가 제공되었다 하더라도 그것은 당연한 것으로 받아들이면서 감사해 하지 않는다.

만족 · 불만족의 문제를 다루는 이 단계에서 가장 중요한 과제는 고객이 높은 만족감을 가질 수 있도록 하기 위해서는 먼저 불만족 요인을 제거해야 된다는 것이다.

그러나 이것이 완전 무결한 문제 해결의 방법이라고는 할 수 없다. 이것은 다만 불만을 갖지 않도록 하는 소극적인 방법에 불과한 것이기 때문이다.

따라서 고객에게 만족을 줄 수 있는 만족 요인의 창출을 위해서는 어떤 노력도 감수하지 않으면 안 될 것이다.

(3) 최소율의 법칙

레스토랑의 예에서 바퀴벌레 한 마리로 인한 결과를 예상해 보자.

바퀴벌레 한 마리가 식탁의 가장자리에 나타났다가 밝은 불빛에 놀라 쏜살같이 식탁 아래로 도망가는 광경을 본다. 그러면 그 레스토랑에 대한 고객의 이미지는 그 레스토랑의 전반에 관해 한꺼번에 아주 형편없는 수준으로 평가절하하고 만다.

이와 같이 전체를 구성하는 여러 가지 요소들 가운데서 작은 하나의 요소가 부정적으로 평가되면 이것이 곧 전체 수준의 평가 기준으로 확대되어지는 현상을 "최소율의 법칙"이라고 한다.

최소율의 법칙은 누구나 흔히 경험할 수 있는 것이다. 즉 우리가 미용기업에서 가볍게 넘겨 버리는 아주 작은 것이 오히려 고객에게는 중요한 영향을 미치는 결과를 초래할 수 있고, 이것이 미용기업에 대단히 중대한 문제로 확산될 수 있다는 것이다.

예를 들어 미용실의 경우 전체의 분위기와 종업원의 고객응대태도 등 몇 가지 기본적인 요소는 흠잡을 데 없는 수준인데 반해, 고객이 듣지 못한다는 생각에 종업원들이 머리시술을 하고 간 어떤 고객에 대해 듣기 거북한 표현으로 힐난하는 것을 듣게 된다면, 이 고객은 이 미용실의 전체에 대한 인식은 한순간에 이들 종업원들의 대응태도와 같은 수준으로 바뀌고 말 것이다.

고객이 사는 것은 미용기술과 서비스라는 상품이 아니라 그 상품이 지니고 있는 효용이며, 이 효용을 실용화하는 것도 상품 그 자체가 아니라 미용기업이 제공하는 총체적 가치라는 것이다. 이 가치는 미용기업 구성원 모두의 유·무형의 노력이 결집되어 만들어지는 것이라는 것을 알아야 한다.

그런데 일반적으로 고객들은 다른 미용기업과의 동일한 상품과 비교하며 자신이 가지고 있는 상품을 저평가 하는 성향을 가지고 있다. 따라서 경쟁 상대의 가치와 비교해서 그 우수성이 객관적으로 입증될 수 있도록 하는 데에 관심을 기울여야 한다.

4) 고객만족경영의 효과

미용기업의 상품은 미용기술과 서비스로 구성된다. 즉 미용상품 = 미용기술 + 서비스라고 표현할 수 있다. 미용기업에서 고객에게 파는 상품은 단순히 미용기술만을 파는 것이 아니라 "고객의 만족"을 파는 것이다. 고객의 이익, 시간, 인격에 대한 가치를 창조하는데 고객만족경영의 큰 뜻이 있다. 특히 미용(美容)은 개인의 만족도 중요하지만 다른 사람의 평가를 쉽게 받게 되어 좋은 소문과 나쁜 소문으로 미용기업이 순식간에 평판을 받게 된다.

예를 들면, 100명의 만족한 고객이 구전에 의해 미용기업을 홍보하게 되면 25명의 신규고객을 창출시켜 주지만, 1명의 불만족한 고객이 나쁜 구전을 하게 되면 25명의 엄청난 고객을 상실하게 된다는 것을 반드시 염두에 두어야 한다. 고객에게 만족을 주는 미용기술과 서비스도 중요하지만, 어떻게 하면 고객의 불만족을 가장 최소화하느냐가 더욱 중요하다. 고객의 불만은 사전 기대치에 대한 미용기술과 서비스 결과가 크기 때문이다. 고객이 기대하는 사전 기대치보다 결과가 더욱 좋게 되면 고객은 만족을 하게 될 것이며, 결국 그 미용기업의 고정고객으로 자리잡게 된다.

특히, 고객 불만족의 가장 큰 문제점은 불만족스런 고객이 표현하지 않고 잠재화하는 것이다.

한 갤럽조사에 의하면 불만족을 표면에 나타내는 사람은 4%, 참는 사람은 40%, 말없이 다른 곳으로 떠나는 사람은 56%라는 것이다. 이렇게 볼 때 불만을 표시하는 고객은 미용기업을 위해 자신의 돈과 시간을 들여가며 고객의 불만족을 개선할 수 있는 소중한 정보를 제공하는 귀한 존재라고 보아야 한다. 그러므로 이런 소중한 정보를 미용기업의 경영에 적극적으로 적용하여 고객의 불평을 최소화하고 고객만족을 이끌어 내도록 최선을 다해야 한다.

〈표 6-14〉 고객만족경영의 효과

1. 미용기업의 이미지 상승으로 고정고객이 증가한다.
2. 신규고객이 창출되며, 내점 빈도도 상당히 향상된다.
3. 종업원의 의욕이 증대되므로 인적자원관리가 용이해지고, 동기부여에 기여한다.
4. 종업원의 안일한 정신을 타파하는 계기가 된다.
5. 미용기업 내부조직의 일체감이 생긴다.
6. 현재 이용률과 매출의 증가로 미래의 고급 · 고가의 미용기업으로 발전할 수 있다.
7. 미용기업의 원가가 절감된다. (예: 광고 · 판촉비의 절약)
8. 좋은 이미지가 확산되며 장기적인 발전으로 이어진다. (좋은 이미지 구전의 파급효과)
9. 매출이익의 증가로 경쟁에서 승리할 수 있다.
10. 전문 미용기업으로 성장할 수 있다.

〈그림 6-2〉 고객만족이 필요한 이유

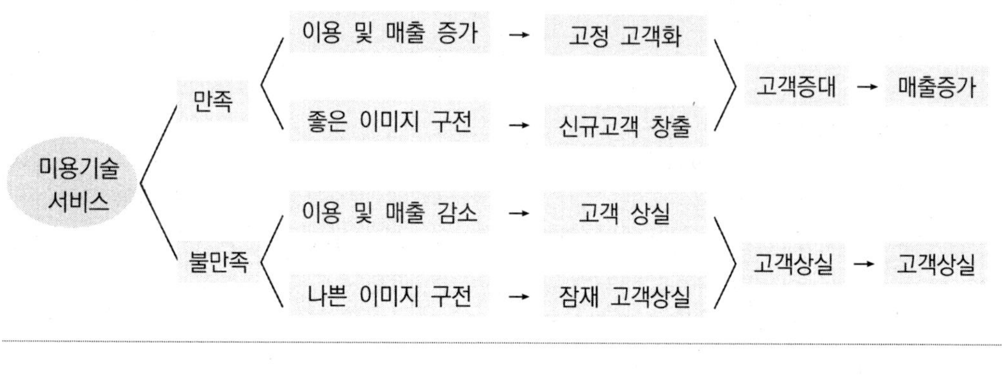

<표 6-15> 고객만족경영 점검표의 예

점 검 항 목	평		가		
1. 살롱외관, POP, 진열	5	4	3	2	1
2. 살롱내의 청소상태	5	4	3	2	1
3. 살롱 안에 들어갔을 때의 첫인상	5	4	3	2	1
4. 대기실 공간의 상황	5	4	3	2	1
5. 살롱내의 배열	5	4	3	2	1
6. 카운터 주변의 정리정돈	5	4	3	2	1
7. 잡지, 미용 카탈로그 등의 정비상황	5	4	3	2	1
8. 종업원의 예약	5	4	3	2	1
9. 접객화법	5	4	3	2	1
10. 전화대응	5	4	3	2	1
11. 실수에 대한 대응수준	5	4	3	2	1
12. 정보제공	5	4	3	2	1
13. 기술수준	5	4	3	2	1
14. 상품, 기술의 지식	5	4	3	2	1
15. 요금	5	4	3	2	1
합 계					

* 평가기준
5. 무척 훌륭하다. 4. 그런 대로 좋다. 3. 보통이다.
2. 약간 개선할 점이 있다. 1. 크게 개선해야 한다.

5) CS성공사례

(1) 스칸디나비아 항공사(SAS) 얀 칼슨

"진실의 순간"이란 무엇인가? 바로 첫 만남의 순간이다. 고객과 우리가 만나는 그 순간 순간을 가리켜 "고객과의 접점"이라고 한다. 이러한 원리에서 발전한 경영방식이 바로 "접점 관리에 의한 고객만족경영"으로서 스칸디나비아 항공사(SAS)의 얀 칼슨 사장이 그 시초이다.

그 예를 보도록 하자.

1986년 고객은 각각 5명의 스칸디나비아 항공사 직원과 접촉했다. 1회 응대시간은 평균 15초. 이 15초 동안 항공사 직원들은 고객을 만족시켜야 했다. 따라서 1회를 15초로 해서, 1년간 5,000만 명의 고객에게 스칸디나비아 항공사의 인상을 심어 준 셈이다. 이 5,000만 번의 "진실의 순간"이 결국 스칸디나비아 항공사의 성공을 좌우하였다. 그 순간이야말로 고객들에게 스칸디나비아 항공사를 택한 것이 가장 좋은 선택이었다는 사실을 입증시켜야 할 때인 것이다.

자기 회사를 고객의 필요에 대응할 수 있는 기업으로 만들기를 진심으로 원한다면 형식적인 규칙이나 지시서에 의존해서는 안 된다. 그 대신 자사를 대표해서 일하는 항공권 담당자, 기내 승무원, 화물 담당자 등 최일선의 사원에게 15초 동안의 진실의 순간에 아이디어, 결정, 대책을 강구할 수 있는 책임과 권한을 위임해야 한다.

만약 문제가 일어날 때마다 최일선의 사원이 조직의 지위계통을 거슬러 올라가 결재를 받아야만 한다면 귀중한 15초를 낭비하게 되어 결국 더 많은 고객을 확보할 수 있는 모처럼의 좋은 기회를 상실하게 된다.

이 결과 얀 칼슨은 3,000만 달러(77년부터 80년까지)의 적자 기업인 SAS를 1년만에 20억 달러의 매출과 7,100만 달러의 흑자를 자랑하는 기업으로 만들어 놓았다.

(2) "철가방 아저씨 조태훈"

(가) "아이디어 뱅크"

고객만족을 실천하기 위한 방법을 만들어 내는 조직체(팀)

(나) 고객서비스 + 마케팅 → 자기화 → 실천(행동화)

① 어떻게 미용시술을 하면 고객이 감동할까?
② 어떻게 운영해야 이익이 극대화될까?
③ 현장경험으로 교과서에서 안 나오는 이론과 지식을 개발한 후 발전시키는 방법은?

(다) 고객감동 마케팅

* 서비스
① 예 : 번개반점의 조태훈 : 짜장면 + 짬뽕 국물
② 적용 : 커트 후의 브릿지, 파마 후의 메이크업, 파마 중간의 핸드마사지, 매니큐어, 페디큐어 등

* 판촉(신장개업 광고)
① 예 : 중국집 개업 - 꽉성냥 → 여자스타킹 (이유 : 음식주문은 총무과 여직원 몫)

② 적용 : 어려운 경제 상황 대 - 라면 1박스
10대, 20대, 30대, 40대가 가지고 싶은 것?
연령 및 고객성향에 따른 차별화된 전략

* 차별화 전략

① 예 : 양 - 학생 (이유 : 배부름 - 그릇 크기)

② 속도 - 교수 (이유 : 수업시간 - 선입선출 원칙 파괴 → 스피드 경영)

(라) CI(Corporate Identity)

어떤 조직체가 자신의 존재를 증명하는 것을 의미한다.

① 예 : 번개 - 세상에서 가장 빠른 배달부로서의 이미지
번개수칙 - "짜장면을 시키고 담배를 피우자 마라"
"왜?"
"담배 피우기 전에 짜장면이 도착하기 때문에"

② 적용 : "우등생 경영컨설턴트" - 노력하는 이미지 전달

(마) 인생목표의 설정

① 예 : 최고 배달부 → 1단계 목표 : 중국집 사장

② 적용 : 최고의 경영컨설턴트

(바) 고객만족과 고객감동의 차이점

① 고객만족 : 제품에서 나온다. 짜장면이 맛있으면 고객은 만족한다. 그러나 감동은 아니다.

② 고객감동 : 감동은 서비스에서 나온다. 고객의 마음을 알고 짜장면을 시킨 고객에게 짬뽕 국물을 갖다 주는 것이 감동이다. 푸짐한 요리를 시킨 고객에게 군만두를 덤으로 주는 것이 아니라 소주 한 병을 갖다 주는 것이 감동이다.

(사) 고객과의 경쟁

① 고객이 진정 무엇을 원하는지 탐구하고 알아내는 작업은 분명 "고객과의 경쟁"이다.

② 터득한 경험 → 자료로 축적 → 데이터 베이스 → 수익으로 적용

(아) 번개반점

중국음식점 문화의 새로운 지평을 연 "CS의 성공사례"이다.

4. 고객 상담 및 상담기법

1) 상담(Counselling)의 개념

(1) 상담의 정의

상담은 어디서나 행해지고 있다고 말할 수 있다. 요컨대 사람이 얼굴을 마주하는 모든 곳에서 상담은 행해진다고 볼 수 있다. 모든 인간의 접촉 중에서 인격의 형성이 얼마간 일어나고 있으며, 이것이 결국 상담의 성과이기도 하다. 즉 "상담"은 사람 상호간에 항상 심리적으로 협조하여 개인의 인격변화를 가져오는 사람들 사이의 깊은 이해라고 정의할 수 있다.

(2) 상담의 목표

"상담의 목표"는 개인의 성장을 도와주는 것이다. 즉, 상담과정(면접 → 상담 중 → 상담 후 활동의 중요성)에서 상담자(Counselor), 상담을 받는 사람(Counselee)을 완전히 개조하는 것이 아니고 그를 새 사람으로 만들어 면접실을 내 보내는 것도 아니며, 상담의 목표는 상담을 받는 사람을 자유롭게 하여 자기자신이 스스로 변형, 성장하도록 하는데 있다.

(3) 상담의 효과성

상담은 통해 적절한 지식과 판단력을 얻고 생활의 지침이 정리될 수도 있고, 생활의 활력소도 얻고, 물질적인 이익도 생길 수 있다. 즉 현실을 정확하게 인식하고 자기자신을 깊이 알고 있는 그대로 받아들여서 그 모습으로 자유롭게 활동하는 것이 가능하게 된다. 바로 이것이 상담을 통하여 얻고자 하는 효과이다.

실제로 상담을 받으면 정신적으로 안정이 되고 노이로제나 불안 증상은 부드러워지며 기분이 긍정적이고 적극적으로 되는 것을 알 수 있다. 또 행동은 안정되고 생활의 적응이 순응하게 되어 방에만 쳐 박혀 있거나 필요 없는 것에 신경을 쓰던 것에서 해방이 됨에 따라 창조적이며 생산적인 생활이 된다. 그러므로 상담은 복지, 의료, 미용, 교육, 산업 등의 분야에서 중요시되고 있다.

2) 미용기업에서의 상담

"미용기업에서의 상담"은 주로 미용시술을 해 주는 기술자가 내방한 고객에게 보다 훌륭한 미용기술을 제공하기 위해 고(高)서비스의 일환으로 제공하는 것이다. 철저한 상담을 통해 고객은 미용기업에서 제공하는 미용기술과 친절한 서비스를 제공받으므로 고객만족을 극대화시키는데 큰 의의가 있다.

미용기업에서 얻어지는 고객의 정보는 기술력 재확인을 위한 큰 힌트가 된다. 다시 말하면 고객카드에 적혀 있는 여러 가지 내용, 즉 고객의 반응과 시술의 결과 등에 관하여 철저하게 밝혀 추가 분석함으로서 미용기업의 장점과 약점을 알 수가 있다.

약점을 고치고 극복하는 일은 미용기업의 발전을 이루는 지름길이며 고객과 접하는 중에서 그 해답을 발견하는 것이 고객에게 만족감을 줄 수 있는 구체적인 해결책이다.

상담에 사용되는 고객카드는 보기 쉽고, 알기 쉽고, 써넣기가 가장 간단한 것이 제일 효과적이다.

(1) 사전 상담

고객이 무엇을 원하는지를 정확하게 파악하기 위해서는 모든 미용기술과 서비스가 주어지기 전에 고객과의 상담이 절대적으로 필요하다.

고객은 자신의 원하는 미용시술에 대해 구체적인 생각을 가지지 못하는 경우가 많으므로 많은 궁금한 점과 의문점을 가지게 된다. 그러므로 전문 미용기술을 가지고 있는 미용기술자와 상담하기를 원한다.

예를 들면 얼마나 시간이 걸리는지, 자신의 선택이 옳았는지, 비용이 얼마인지, 어떤 미용시술이 자신에게 적합한지 등이다.

그러므로 고객이 미용기업에 내점한 시점부터 고객의 모습을 잘 체크하고, 처음 방문한 신규고객일 경우에는 우리 미용기업에 대한 불안감이나, 혹시 불만족스러운 표정이 얼굴에 나타나는지를 빨리 알아차려야 한다.

신규고객일 경우에는 좀더 신경을 쓰고 반드시 매니저급 미용기술자가 맞이하도록 하여야 한다. 그 이유는 1명의 신규고객에게 만족감을 주었을 때 구전(口傳)에 의해 더 많은 신규고객을 소개해 줌으로 고객유치 차원에서 상당한 효과가 있다.

가령 미용실의 경우 고객이 원하는 스타일 등을 듣고 고객의 모질, 모량, 모류 등을 확인하고, 고객의 모발이 손상되었을 경우는 모발진단기 등으로 진단 후 시술하도록 한다. 또한 고객의 얼굴윤곽, 개성, 유행감 등도 고려하여 고객이 디자이너의 감각을 신뢰할 수 있도록 해야 한다.

이렇게 사전 상담을 하는 가장 큰 이유는 시술 후의 문제점을 최소화하기 위해 시술 전에 충분한 대화를 한 후 시술에 들어가므로 고객에게 최대의 만족을 주기 위함이다.

(2) 미용시술 중 상담

고객과의 상담이 시작되면 미용시술 전에 고객카드를 통해 고객신상을 먼저 파악한 후 고객이 원하는 미용시술에 대한 상담을 시작하여야 한다. 예를 들어 미용실의 경우 헤어디자이너는 시술 전에 고객의 두피와 모발에 대한 사전 진단이 있어야 하고, 이전의 시술에 대해서도 상담을 통해 파악하여야 한다. 또한 모발에 필요한 테스트를 모발관리사를 통해 시행된 후 시술에 들어가면 고객은 감동을 느낄 것이다.

고객 대부분은 자신의 머리를 손질하러 미용실을 방문했음에도 불구하고 헤어스타일의 결정이라는 제일 중요한 부분은 미리 생각하지 않고 방문하는 사람이 많다. 헤어디자이너는 이런 고객의 심리를 빨리 파악하는 힘을 길러 시술 중에 제기되는 여러 가지 사항에 대해 고려해야 할 것이다.

〈표 6-16〉 헤어디자이너가 고려해야 할 사항

(가) 대부분의 고객들은 자신이 어떤 헤어스타일을 가지고 있는지 알지 못한다.
(나) 고객들은 헤어디자이너의 친절한 상담을 통해 자신에게 어울리는 헤어스타일을 제시받고자 한다.
(다) 헤어라인이 고객의 헤어스타일에 영향을 준다는 것을 알지 못한다.
(라) 상담은 시술 전·중·후 과정 모든 부분에서 행해져야 한다.
(마) 고객의 스타일에 맞는 것을 권하여, 고객의 신뢰감을 얻도록 노력하며 상담을 진행하도록 한다.

<표 6-17> 미용실 시술 중 필요한 상담

◉ 파마(Perm)
- 파마의 목적
- 전 시술에 사용된 파마 약액의 종류, 롯드의 굵기, 시술한 시기
- 모발 · 두피의 상태에 대한 점검 및 상담
- 원하는 웨이브의 굵기(롯드의 굵기와 파마 약액의 종류 등)
- 파마 시술 전에 시행되어야 할 테스트
  - 다공성 테스트(파마 약액 선택), 탄성력 테스트(파마 시술 적합성), 상반 테스트(전 시술 제품 확인), 컬 테스트(파마의 진행 상태 및 타임 확인)
  - 컨디셔너나 트리트먼트에 의한 전처리, 전시술시 파마 웨이브의 잔류 정도, 컬과 웨이브 양의 정도

◉ 염색(Coloring) / 코팅
- 염색 / 코팅의 목적(흰머리 커버, 멋내기 염색, 재터치 염색, 브릿지 등)
- 원래 모발의 색
- 색상과 명암을 얼마나 올리고 내릴 것인가?
- 모발과 두피의 상태
- 염색 시술 전에 시행되어야 할 테스트
  - 탄성력 테스트(모발상태 평가), 다공성 테스트(칼라의 흡수 능력 평가), 스킨 테스트(스킨 트러블 파악)
  - 칼라 테스트(고객이 원하는 칼라 파악), 상반 테스트(전 시술 제품 확인), 머리카락 테스트(칼라의 진행 평가)

◉ 커트(Cut)와 드레싱(Dressing)
- 전에 커트한 시기
- 모발과 두피의 상태
- 헤어라인의 모양
- 스타일을 선택하기 위해 고려해야 할 요소들
- 스타일의 목적
- 옷의 형태와 색상
- 커트와 드레싱 전에 시술되어야 할 테스트
  - 탄성력, 다공성 테스트(커트 테크닉, 세팅방법 결정)
  - 가는 모발은 모발에 볼륨을 주면서 커트 되어야 한다.
  - 굵은 모발은 테이프링(Tapering)하여 질감 느낌과 함께 스타일을 보기 좋게 한다.

(3) 사후 상담

미용기업에서만 고객이 만족하면 된다는 것을 의미하는 것은 아니다. 고객이 자신의 집으로 돌아갔을 때에도 고객의 마음속 깊이 감동하는 마음이 남을 수 있도록 하여야 한다.

가령 미용실의 경우 고객이 원하는 헤어스타일은 다음에 또다시 올 때까지 스스로 손질이 편한 스타일이야말로 가장 편하고 아름다운 스타일이라고 해도 과언이 아닐 것이다.

그러므로 사후 상담은 매우 중요하다. 시술이 끝나면 고객이 손질하기 편안한 방법으로 해 보이거나 구체적으로 이해할 수 있도록 설명을 해 보여야만 한다.

또한 고객이 궁금해 할 수 있는 사항 중 다음 번에 커트, 파마를 언제쯤 하면 될지 끝마무리 도중이나 카운터에서 계산할 때 고객에게 알려주면 더욱 좋다.

예) 고객이 미용실에 바라고 있는 어드바이스

1. 어울리는 스타일 제안과 스스로 할 수 있는 스타일 변형
2. 집에서 쉽게 할 수 있는 사후처리 손질법
3. 손상모에 대한 대책

(4) 피부관리실에서의 상담

(가) 문진과 상담

피부관리사는 여러 종류의 트러블에 대처하기 위해서는 그 원인을 정확하게 판단하지 않으면 안 된다. 문진에 들어가기 전에 고객카드(Client Chart = Carte)의 기록사항을 염두에 두고 문진 도중 참고가 될 만한 내용을 기입한다.

* 문진 : 고객과 면접해가면서 문답방식으로 카르테에 기술자가 기입하는 방법이다. 카르테를 작성하고 미용기술방법이나 제품 등을 먼저 선정하고 이를 바탕으로 시술하고 차후 기술이나 고객에 대한 어드바이스 자료로 활용한다.

A. 트러블에 대한 영향

① 내인(內因)적인 영향 --- · 신체인자
· 정신인자
· 식품경향

② 외인(外因)적인 영향 --- · 환경인자
· 화장품
· 손질방법

효과 있는 트리트먼트를 하기 위해서는 상담을 통해 이상의 인자에 대한 영향을 정확히 찾아내야 한다.

(나) 정확한 해답

① 피부관리사의 유도적 질문 --- · 고객에게 신뢰감을 얻도록 한다.
↓ · 트러블에 관한 고민을 이야기 할 수 있는 분위기를 조성한다.
· 고객의 심리, 성격, 지식에 대응하는 질문을 한다.

② 고객의 질문 이해 → 트러블에 대한 증상표현 → 원인과 증상을 정확히 파악

(다) 상담의 질문사항

① 성명, 주소, 전화번호, 연령, 생년월일
② 직업, 환경, 가족 구성, 취미
③ 식생활, 수면, 생리주기
④ 건강상태, 변비, 정신상태
⑤ 화장품 사용, 트러블의 발생시기, 기타

(라) 피부관리실의 고객상담의 흐름에 따라 활용 포인트를 정리해 보자.

① 확인

우선 지난 시술내용과 그 결과를 확인한다. 다음은 홈케어 어드바이스가 실천되고 있는지, 아닌지, 피부를 보고 판단한다.

전에 구입한 상품 등이 있다면 사용방법의 재확인과 사용 느낌을 듣는다. 그리고 "다음에는 ○○ 관리를 받도록 합시다." 라는 사항을 확인시킨다.

또한 내점 기간이 길어지게 되면 어느 정도 내점 기간이 생길지를 고려하여 시술내용을 생각해야 한다.

② 사전 상담

예약내용과 희망사항, 앞으로의 예정을 고려하여 피부의 상태를 체크하고 시술을 결정한다.

시술 후에 집으로 바로 가는지? 외출하는지? 내일 결혼식 참석 등의 여러 가지 상황에 의해 시술과정과 사용될 화장품의 선택이 크게 좌우된다. 고객카드에 기록 시 살롱의 상황이 아닌 고객의 입장에 서서 정성을 다해 기입한다.

③ 오늘 시술의 결정

고객의 목적에 맞는 시술과 중점 포인트, 팩의 종류 등을 결정했으면, 고객에게 이야기하고 확인한다.

일례를 들면

"오늘은 메이크업의 표현이 잘 되게 하기 위해 모공의 더러움을 충분히 제거한 후 소프트업 효과가 높은 ○○팩을 약간 길게 하겠습니다." 등이다.

④ 시술

시술내용 난에는 특히 이번에 신경을 쓴 내용을 기재한다. 또한 다음 관리할 때 조심해야 할 주의사항을 꼭 기재해 둔다.

예) 온열 알리지가 있음.(스티머는 멀리서)
치아 치료 중 관리시 주의 요함.(오른쪽 볼)

⑤ 결과

시술 중, 시술 전·후의 변화를 시술자가 아니면 알아보지 못하게 기재해 놓는다.

예) 클린징 중 피부가 매끈매끈해졌다.
○○시술 후 미백효과가 높았다.
○○팩 후 모공이 작아졌다.
○○후 염증이 가라앉았다.

⑥ 애프터 상담

시술 직후 베드 위에서 거울을 주어 본인에게 확인시키면서, 어려운 말은 금하고 피부 촉감만을 표현한다.

오늘의 결과와 관련지어 구체적으로 그리고 초점을 축약하여 말한다.

예를 들어 의사가 "3일간 이 약을 드세요." 라고 말하는 것처럼 "다음 오실 때까지 이 한 병을 다 사용해 주세요." 라고 기간을 한정해서 말한다.

a) 홈케어 어드바이스

이 효과를 유지하기 위해서는 매일의 관리를 어떻게 해야 하는가?

또 다음 방문까지 무엇을 어떻게 해야 하는가를 전한다. 시술의 힘만으로 이렇게 되는 것이 아니라 본래 고객의 피부는 이렇게 하려는 힘을 수반하고 있다는 점을 확인시키며, 언제나 좋은 상태로 유지하기 위한, 진정한 어드바이스를 한다.

또한, 예방 미용의 관점에서 현재 피부의 환경과 생활습관에서 가까운 장래에 나타날 수 있는 피부트러블과 노화현상을 미연에 방지하기 위한 어드바이스를 해야 한다.

프로의 눈에서 본 조기발견에 의한 조기 관리 제안은 누구나 안고 있는 "노화"에 대한 불안을 경감시키는 것으로 무엇보다 알고 싶은 부분이다.

"굉장히 곱고 예쁜 피부를 갖고 계시기 때문에 자외선에 의한 건조에는 특히 주의해 주셔야해요. 주름이 형성되지 않도록 지금부터 ○○하시게 되면 안심하실 수 있으세요. 피부에 문제가 생기면 다시 좋아지기까지 2배의 시간이 걸립니다."

b) 다음 관리 예고

계속성을 갖고 효과를 높이기 위해서 행할 다음 트리트먼트를 예고하자.

고객 자신에게 지금부터 점점 아름다워지는 이미지를 갖게 하여 홈케어도 열심히 계속할 수 있는 마음을 갖게 하기 위한 제안으로는 다음과 같은 말이 큰 영향을 미친다.

"오늘은 ○○을 중점적으로 했기 때문에 다음에는 ○○를 합시다."

"피부에 부담을 주지 않으면서 ○○을 해야 하기 때문에, 앞으로 1개월 정도는 계속 하시면서, 그런 후 결과를 보면서 ○○트리트먼트로 바꿔갑시다. 그렇게 하면 피부는 굉장히 안정됩니다."

고객을 위한 코스와 커리큘럼을 짜는 일에 대응해 나가는 것인데, ○회 코스, ○개월 등 너무 딱딱하게 생각하지 말고 컨디션에 맞추어 약간 멀리까지 제안한다.

"다음은 ○○을 준비해 두겠습니다."라고 이쪽의 의지가 전달됨으로서 거절 방지도 된다. 또한 본인도 어느 정도의 빈도로 다니는 것이 보다 효과적일까 알고 싶어 하는 부분이다."

3) 상담자의 마음가짐

(1) 고객의 입장을 세워주고, 따뜻한 인간관계로 성의껏 시술한다.
(2) 고객이 무엇을 원하여 자기 미용기업을 방문하였는지 그 목적을 이해한다.
(3) 고객의 성격을 판단하여 지식과 심리에 대응하는 질문법을 선택한다.

(4) 미용시술에 의문점이나 궁금한 점이 있는 항목에 대하여는 구체적인 해답을 납득이 가도록 고객에게 이해시킨다.
(5) 프로기술자라는 태도와 성실성으로 고객으로부터 신뢰를 얻을 수 있도록 시술한다.
(6) 고객의 모든 신체상황을 고려하여 미용시술과 효과 등을 알기 쉽게 설명해 준다.
(7) 미용시술 후의 주의할 사항 등을 어드바이스 해 주고, 상담자와 고객이 협력해서 효과를 높이는 분위기를 만드는 것이 필요하다.

4) 고객카드 작성

모든 상담이나 미용시술과정에서 얻은 정보는 고객카드에 기록하여야 한다. 상담을 하고 있는 동안 손에는 고객카드를 갖고 고객에 대한 기록에 필요한 내용들을 써 내려가야 한다.

미용기업의 고객카드는 다음과 같은 내용을 담고 있어야 한다.

(1) 고객카드 내용

(가) 고객의 성명, 주소, 전화번호
(나) 고객의 얼굴형태, 모발·피부타입, 모발·피부의 이상상태
(다) 고객의 알레르기 반응에 대한 패치 테스트를 해야 하며, 그 결과도 기록한다.
(라) 미용실의 경우 모발의 진단 상태도 기록한다. 피부관리실의 경우 연령, 몸무게(특히 고객이 다이어트를 하고 있는 경우에는 필히 기입한다.), 고객의 피부타입 조직, 피부색 등을 기록한다.
(마) 사용한 제품 및 시술과정은 다음 방문시 활용하기 위해 반드시 기록한다.
(바) 고객이 어떻게 미용기업을 방문하게 되었는지에 대한 내용을 기입하는 것이 도움이 된다. 이것은 고객을 유치할 수 있는 선전방법을 알 수 있게 해 준다. 만일 다른 고객의 권유로 인해 방문했을 경우 그 사람에게 사의를 표현하는 것도 좋은 방법이다.

(2) 고객카드 작성 이유

(가) 고객에게 미용시술과 서비스를 제공할 때 정확하게 할 수 있다.
(나) 미용시술시 사전에 부작용을 막을 수 있고, 트러블이 일어나는 제품의 사용을

자제할 수 있다.

(다) 다음 시술시 고객이 사전의 시술과 같은 결과를 원한다면 동일하게 할 수 있다.

(마) 고객과의 상담을 통한 접촉이 가능하다.(시술 후에 만족도를 묻거나 만약 불만족 한다면 재시술을 권할 때 사용된다.)

(바) 고객의 AS(사후처리)차원이나 이메일이나 문자(생일, 크리스마스 카드, 결혼기념일, 홍보 등)발송시 이용된다.

(사) 각각의 미용시술 때마다 고객의 변화를 인지할 수 있다.

5. 접객관리

1) 접객의 개념

"접객"이라고 하는 것은 고객과 나와의 만남과 사귐이다. 우리가 첫 이성 친구를 사귈 때를 기억해 보자. 상쾌한 긴장감을 갖고, 나의 장점을 보여 주려고 노력하고, 나의 단점을 감추려고 무척이나 애를 쓴다. 이렇듯 첫 이성 친구를 사귀는 마음으로 고객을 대하는 것이 접객이다.

2) 접객의 중요성

(1) 접객은 자신의 미용기업에 오신 고객이 계속적인 단골고객이 되는가, 한번으로 스쳐 지나가는 고객이 되는가의 결정적인 요인이 되기 때문이다.

(2) 접객은 미용기업의 레벨을 결정하기 때문이다. 직원들이 단정한 몸가짐으로 정성어린 접객을 한다면 그 미용기업이 상당히 수준이 있는 미용기업으로 고객에게 인식된다. 그러나, 직원들이 미용기업 내에서 휘파람을 분다든가, 껌을 씹던가, 사적인 담화를 큰소리로 떠들거나, 고객 전용의자에 다리를 꼬고 앉거나 하는 태도로 근무하게 되면 싸구려 미용기업으로 전락되고 만다.

이런 의미에서 직원은 움직이는 디스플레이라고 생각된다. 직원 한사람, 한사람의 접객태도에 미용기업의 운명이 달려 있다.

(3) 훌륭한 접객을 통해서 근무하는 보람을 얻을 수가 있다. 자신의 정성어린 접객을 통해서, 즐거워하는 고객의 모습을 보고, 또는 고객이 다음 번에 소개자를

데리고 재차 자신을 찾아 줄 때 비로소 몸은 피곤할지라도 가슴 깊숙이 솟아나는 보람을 느낄 수 있을 것이다.

(4) 하이 레벨의 접객을 실천하면서 자신의 몸에 익혀 가는 동안 자신도 모르는 사이에 자신의 인격이 향상된다.

3) 접객의 체크 포인트

(1) 환경

(가) 근무환경

조명이 너무 어둡다든지, 나쁜 냄새가 난다던가, 실내공간이 일의 능률을 저해할 정도로 비좁다든지 하는 환경에서 좋은 접객을 기대할 수가 없다.

사람의 마음은 환경을 지배할 수 있듯이 그와 반대로 환경은 또한 사람의 마음을 지배하는 것이다. 그래서 작업장 주위를 항상 밝고 청결한 상태로 유지해야만 한다.

(나) 근로조건

우리나라 미용기업의 근무시간은 평균적으로 10~12시간 정도이다. 장시간 무리하게 근무하게 되면 자신도 모르는 사이에 피곤함이, 또는 고객에 대한 무관심이 얼굴에 드러날 수 있으므로 한가한 시간을 이용하여 로테이션 식으로 보이지 않는 곳에서의 적정한 휴식이 필요하다.

또한 미용기업의 상황이나 주변 환경에 따라 2부제로 근로조건을 변경하여 직원들과 고객에게 최선의 서비스를 추구하는 방법을 모색하는 것도 필요하다.

(다) 청소

우리가 식당에 갔을 때를 예를 들어보자. 잘 보이지 않는 곳, 손이 잘 미치지 않는 곳의 청소가 깔끔히 되어 있다면 우리들은 그 식당의 음식을 믿고 마음 편히 먹을 수가 있다. 이렇듯 보이지 않는 곳의 청소는 고객과의 신뢰를 만드는 일이기 때문에 보이는 곳을 깔끔히 청소해야 하는 것은 물론이고 보이지 않는 곳의 청소도 청결히 해야 한다.

(2) 기술의 합리성

프로로써의 훌륭한 접객은 마음만으로는 부족하다. 고객이 쾌적한 기분으로 시술을 받을 수 있는 기술을 합리적으로 연구해야 한다.

(3) 직원의 교육

직원 교육에는 기술교육과 인성 교육으로 크게 나누어 생각해 볼 수 있다. 이것은 둘 다 매우 중요한 것으로 어느 것 하나도 소홀함이 없이 지속적인 투자가 이루어져야 한다.

4) 접객의 자세

(1) 주인의식

"미용기업의 실제주인은 고객이고, 미용기업의 주인은 나이다."라고 하는 주인의식을, 경영자를 비롯한 전 직원이 피부로 느끼고 실천해야 한다. 진정으로 주인의식을 갖게되면, 고객에게 정성어린 최대의 서비스를 해낼 수 있을 뿐만 아니라 고객이 뜸한 한가한 경우가 생기더라도 미용기업에 근무하는 동안의 시간은 내 시간이 아니라 고객의 시간이므로 이 시간을 고객을 위하여 어떻게 활용할 것인가를 연구하게 된다.

직원교육을 주기적이고 합리적으로 실천하여 고객으로부터 큰 반응을 불러일으키고 있는 J미용실의 예를 들어보자.

내점고객이 적어 시간적 여유가 생긴 경우에는 먼저 청소, 정리정돈, 1회용 물품 소지여부 등을 체크하고 고객이 오실 경우에 일사불란하게 시술해 갈 수 있는 준비가 100%되어 있는가를 체크하고 조치한다.

그리고 이런 하드웨어의 일이 끝나더라도 한가한 경우가 생길 때에는 직원들이 모여 "고객만족 향상을 위한 방안, 고객유치의 구체적인 제안, 앞으로의 계획"등에 관하여 미팅하고 의견을 상호 교환하여, 미용기업 내에서의 일체의 시간을 고객을 위한 시간으로 활용한다. 잡지를 본다거나 잡담으로 시간을 흘려보내는 것은 있을 수 없는 일이다.

"나는 6개월 후에 결혼하면 미용을 안 할 것인데", "나는 1년 후에 개업할 것인데"라는 생각으로는 좋은 접객을 할 수가 없다. 내일 당장 미용기업을 퇴직하는 경우일지라도 주인의식을 갖고 일을 한다면 본인 자신에게 더욱 더 큰 발전이 있을 것이다.

(2) 고객감동시대

고객만족을 넘어 고객에게 진한 감동을 주어야만 경쟁력을 갖는 시대가 도래하고 있다.

적당한 가격과 적당히 좋은 기술을 고객에게 서비스하고 다음에 또 오겠다는 고객의 약속을 받고 기다렸으나 오지 않는 경우가 종종 있다. "시간이 없어서 못 온다거나 또는 좋은 미용기업이 있다는 옆집 친구의 권유에 이끌려 갔다거나 또는 멀리 이사를 했다거나…" 등등의 이유로 재차 내점을 못하는 경우가 있다. 하지만 고객에게 "내가 찾는 미용기업이 바로 이곳이구나"라고 하는 감동을 주게 된다면 옆집친구의 권유를 물리치고 오히려 자신이 애용하는 미용기업으로 유도할 수 있는 용기가 생기는 것이다.

(3) 프로의식

프로의식이라고 하는 것은 "내가 세상에서 최고다."라고 하는 자만의식이 아니라 "최고가 되기 위해서 최선을 다하겠다." 라고 하는 것이 프로의식이다. 진정한 프로의식은 한 달에 얼마의 매상을 올리겠다고 하는 목표를 갖는 것이 아니라 오로지 고객만족을 생각하고, 고객 한사람 한사람에게 최선을 다하는 사이에 매상 그래프는 상한선 없이 올라 갈 것이다.

(4) 긍정적인 사고

긍정적인 사고 방식을 갖은 사람과의 대화는 항상 신선하고 용기와 신념을 얻을 수가 있다. 이러한 사고를 하는 미용인에게는 고객뿐만 아니라 주위의 많은 분들이 모이게 되고 적극적인 협력을 해 줄 것이다.

(5) 실수를 했을 때의 처리

아무리 경력이 많은 미용인일지라도 실수는 있을 수가 있다. 실수를 했을 경우에는 고객에게 실수를 인정하고 용서를 구하며 대응책을 제시하여야만 한다. 이러한 태도는 실수를 하더라도 고객과의 신용을 더욱 돈독히 할 수가 있는 것이다. 실수를 실수로 끝내는 것이 아니라 전화위복으로 활용하도록 하자.

예로서 파마 2액 처리(중화제)를 하다가 고객 얼굴에 2액이 흘러내렸다고 가정해 보자. 이럴 경우 그럴 수도 있다는 마음가짐으로 형식적인 처리를 해 주어서는 절대로 고객에게 어필할 수가 없다. 나의 주인인 고객의 얼굴에 2액이 묻은 것에 대하여 정말로 안타까워하고 다시는 그런 실수를 안 하겠다는 각오를 마음속으로 다지면서 용서를 구하고 곧바로 뽀송뽀송한 새 타월로 교환해 드린다면 고객을 감동을 받고 그 미용인에게 자신의 헤어스타일을 안심하고 맡길 수가 있을 것이다.

(6) 고객입장에서의 사고

미용기업의 최대의 목표는 고객만족에 있는 것이다. "미용기업의 경영, 직원관리, 인테리어, 작업배치, POP, 테크닉, 카운터…" 등등의 모든 기준은 고객입장에서의 고려 하에 이루어져야 한다.

(7) 서비스

서비스라고 하는 말은 하인이란 뜻의 원어이다. 프로인 미용인들은 고객을 대신해서, 고객의 손발이 되어서 움직여줘야 한다. 고객이 물을 달라는 주문을 하지 않았더라도 갈증을 느끼는 모습을 눈치 챘다면 바로 가서 물을 준비해 준다거나 전화기를 갖다 달라는 말을 하지 않았더라도 전화번호 수첩을 뒤적거린다면 바로 전화기를 갖다 줄 수 있는 마음의 자세를 갖추고 있어야 한다.

(8) 공평한 서비스

고객은 우리에게 직장과 꿈을 심어주는 고귀한 존재이기에 신체가 건강하든, 불편하든, 돈이 많든, 적든, 파마를 하든, 샴푸를 하든, 아이이건, 어른이건, 팁을 주건, 안 주건 간에 모든 고객에게 평등하게 공평한 서비스를 해야 한다.

(9) 인사

인사는 상대방의 첫인상을 결정짓는 중요한 포인트가 된다. 인사의 기본은 나의 몸을 상대로 바르고 정중하게 향하는데 있다. 인사라고 하는 것은 "나는 당신을 사랑합니다, 존경합니다. 믿습니다." 라고 하는 마음을 내 몸과 얼굴을 통해서 상대에게 전하는 행위이기 때문에 정중하고 상냥한 미소로써 하지 않으면 안 된다.

(10) 전화 받기

전화는 보이지 않는 고객이다. 고객은 전화 한 통화로써 그 미용기업의 수준과 신용을 가늠할 수가 있다. 전화 사용방법에도 에티켓이 있다.

(11) 고객에 대한 사랑

사랑의 반대말은 미움이 아니라 무관심이라고 생각한다. 실연한 연인을 미워하는 것도 관심이 있기 때문이다. 의식·무의식중에 "우리들은 고객여러분에게 관심을 갖고 있다."라는 행동을 취하면서 일을 해야 한다. 무관심은 사람의 마음을 서글프게 만든다.

무관심한 마음은 고객과 미용기업에 대한 최대의 적일 뿐만이 아니라 자신의 발전에 있어서도 가장 큰 걸림돌이 될 것이다.

(12) 동작의 신속·정확성

미용기업 내에서의 모든 행동은 신속·정확하게 이루어져야 된다. 고객은 자신을 위해서 일사불란하고 규칙성 있게 움직이는 직원을 보면 자신의 존재감을 느끼고 행복해 하기 때문이다.

(13) 긴장감

나태한 모습은 고객과 직장동료에게 불쾌감을 준다. 그렇기 때문에 미용인은 항상 긴장감을 갖고 일을 해야만 한다.

(14) 충분한 커뮤니케이션

베테랑 미용인일지라도 고객이 원하는 스타일을 만들어 내지 못하는 경우가 있다. 이런 것은 기술의 부족이라는 측면보다는 고객과의 커뮤니케이션의 미스에서 더 큰 원인을 찾을 수가 있을 것이다. 100인이 생각하는 빨간색이 제각각 다르듯이 고객이 생각하는 커트의 길이 1㎝ 또는 자연스런 웨이브라는 감각이 미용사와 다를 수가 있기 때문에 커트시에는 가위를 잡기 전에, 파마시에는 꼬리빗을 잡기 전에 충분한 커뮤니케이션(특히 시각적인 대화)을 해야만 한다.

(15) 목표의식

목표라고 하는 것은 수치와 문장으로 이루어져야 된다. 수치나 그래프 또는 문장으로 표현하지 않는 목표는 이미 목표가 아니라 바램이 되고 만다. 목표와 바램의 차이는 바로 추진력의 차이가 된다. 합리적이고 구체적인 목표를 설정함으로 해서 하나의 배에 탄 전 직원의 방향키를 제대로 움직일 수 있게 되는 것이다.

5) 고급접객을 위한 경영자의 의무

(1) 객단가의 고급화 추진

사람은 묘한 존재이며 또한 사람의 마음은 "조삼모사(朝三暮四)"인 것이다. 아무리 열심히 일을 하고 고객에게 훌륭한 접객을 했더라도 그에 대한 반대 급부를 얻지 못한다면 김빠진 맥주와 다르지 않다. 그래서 열심히 일한 만큼의 대가를 받을 수 있는 객단가의 고급화를 추진해야 된다.

먼저 객단가의 고급화를 추진하기 전에 미용기업의 서비스를 개선하고 고객의 요구를 가슴으로 충족시킨 다음에 객단가의 고급화를 추진하는 "선 개선, 후 요구"의 방법이 이상적일 것이다.

(2) 직원의 복리후생지원

미용계의 이직율이 상식적으로 이해가 안될 만큼 높은 게 현실이지만 이 문제를 "누군가 해결해 주겠지." 또는 "어떻게 되겠지." 라는 소극적인 자세에서 "나부터 변해야지."라고 하는 적극적인 사고로 바뀌져야 한다.

이직율을 줄이기 위해서는 복리후생제도를 마련하여 직원들이 오랜 기간 미용기업에 머무를 수 있는 환경적인 여건을 마련해 주어야 한다. 복리후생제도를 여러 가지로 마련하여 추진하는 미용기업이 요즘 부쩍 늘고 있는데 이에 대한 투자는 소모가 아니라 재생산임을 확실히 입증해 보이고 있는 것이다.

그 예를 들어보면 퇴직금제도, 연수제도(본인에게 부족한 부분의 실질적인 연수), 월차 휴일제도, 진급 테스트제도, 작업환경 등이 있는데 이에 대하여 연구하여 미용기업의 실정에 맞게 적용하여 실천해 보도록 하자.

(3) 비전 제시

미래가 없는 삶은 이미 삶이 아니며 꿈이 없는 사람의 1일 생산성은 현저히 저하되기 마련이다.

일류 미용사에게는 열심히 일을 하면 자신의 살롱을 갖지 않더라고 경제력을 가질 수 있는 비전을 제시해 주고 인턴 과정에 있는 준 미용사에게는 "우리 미용기업에 근무하게 되면 6개월 후에 기술 수준은 어느 정도, 1년 후에는 어느 정도, ○년 후에는 일류 미용사가 된다."는 약속을 하고 경영자 또는 매니저의 책임지도하에 실천을 할 때에 이직율은 현저히 낮출 수 있는 것이다. 물론 이런 약속도 말로만 하는 것이 아니라 문서화하여 직원에게 제시해야만 된다.

(4) 경영의 합리화

어느 조그마한 호떡 파는 리어카에 호떡 가격이 얼마인지 적혀 있지 않는 관계로 고객이 호떡을 하나 먹는 동안 "호떡 얼마예요." 라는 고객의 질문에 "호떡 1000원에 2개예요." 라는 대답을 수없이 많이 하는 모습을 봤을 것이다. 리어카 한쪽에 "호떡 1000원에 2개"라는 글자만 써 붙였어도 하루에 수십 번씩 되풀이되는 대답을 일일이 하지 않아도 되었으리라 본다. 이것이 바로 "합리적인 경영"이라고 생각할 수 있다.

경영의 합리화는 하루아침에 경영 시스템을 모두 바꾼다거나 외국의 경영기법을 갑작스레 도입하는 것이 아니라 평소에 이렇게 했으면 좋겠다거나, 이것은 고객에게 있어서나 미용기업에 있어서도 불편할 것이라고 생각하는 것들을 조금씩 현실에 대응해 나가는 것이라고 생각한다.

합리적인 경영은 "호떡의 맛이 점점 나아지는지, 재료비가 매상의 몇%인지, 언제 어떨 때에 잘 팔리는지, 호떡을 사 먹는 소비자의 층이 어떻게 변화되고 있는지, 호떡 한 개 당의 원가가 얼마인지, 하루에 몇 개 팔리는지, 소비자의 입맛이 어떻게 변화하는지, 더욱 좋은 호떡 굽는 기법은 없는지, 시간당 호떡 굽는 수는 얼마인지, 몇 시간대가 가장 잘 팔리는지…" 등에 대하여 머리 속으로만 생각하는 것이 아니라 치밀한 조사에 의하여 그래프 또는 문장으로 표현되어야 만이 가능한 일이다. 그래야만 내일의 계획을 합리적으로 작성할 수가 있다.

(5) 고객 불만족 발굴체제의 구축

"설문제도"는 고객이 불편해하고 불만족해하는 사항을 직원들로 하여금 기록하게 하여 제출 받는 제도이다. 직원이 3명인 미용기업에서는 하루에 10개, 한 달에 300개라는 고객의 불만족 사항을 알아낼 수가 있다. 설문지 제도는 고객의 마음을 헤아리고 싶은 문구를 적어 고객에게 솔직한 답변을 들을 수 있는 제도이다. 이렇게 해서 고객이 싫어하는 사항들을 하루라도 빨리 미용기업에서 없애 가는 것이다.

(6) 미팅

미팅의 목적은 경영자의 경영방침을 지시, 전달만 하는 자리가 아니라 이해시키고

동참시키며 전직원의 의견을 수렴하여 다음 방침을 세워 나가는 데에 참고하기 위한 자리이다.

미팅을 시작한다고 해서 즉시 고객이 증가한다고 볼 수는 없지만 장기적으로 미팅을 하게 되면 경영자의 경영방침이란 틀에 직원들의 마음을 조각하여 장기적으로 볼 때에 성공적인 미용기업 경영에의 길로 이끄는 데에 크나큰 공헌을 할 것이다.

6) 접객서비스의 흐름도

Ⅰ. 접수부 · 프런트의 체제(리셉션)
전화, 내점시의 확실한 대응 고객을 환영하여 들이는 마음의 체험

↓

Ⅱ. 카운셀링(카운셀링 테이블)
스타일리스트에 의한 스타일의 상담 모질, 두피의 체크, 어드바이스 시술메뉴, 프로세스의 결정 어시스턴트의 지시 · 인계

↓

Ⅲ. 프로세스 커뮤니케이션(샴푸, 시술 스페이스)
담당 종업원 전원의 커뮤니케이션 충실 어시스턴트 레벨의 어드바이스 스타일리스트의 어드바이스

↓

Ⅳ. 애프터 카운셀링(서비스 카운터)
음료 서비스 시술내용 스타일 만족도 체크 애프터케어, 헤어케어, 제품 어드바이스

↓

Ⅴ. 의류, 소지품의 반환(리셉션)

↓

Ⅵ. 귀가, 배웅(살롱의 밖)

7) 접객 대응법(접객 시나리오)

(1) 고객 맞을 준비

(가) 살롱(Salon)

· 살롱내외의 청소, 정리정돈은 잘 되었는가?
· 쾌적한 온도로 냉난방이 되어 있는가?
· 불쾌한 냄새는 나지 않는가?
· 도구, 기구, 기계는 바로 사용할 수 있도록 제 위치에 있는가?
· 간판은 깨끗한 상태를 유지하며, 조명의 점등 상태는 양호하게 관리되고 있는가?
· 미용제품 중 소모성 제품은 가득 채워져 있는가?
· 작동이 안 되는 전기설비, 기구는 없는가?
· 아침 · 점심 · 저녁 각 시간대의 분위기에 맞는 음악이 흘러나오는가?

(나) 미용사

· 복장, 헤어, 화장, 손톱, 신발 등은 깨끗하게 정리되어 있는가?
· 명찰을 부착하고 있는가?
· 자기의 포지션을 숙지하고 있는가? (미용기업의 입구에 1명은 항상 대기해야 한다.)
· 주인의식을 확실히 갖고 있는가?
· 오늘의 목표를 설정하였는가?

(다) 카운터

· 잔돈준비는 되어 있는가? (새 지폐를 준비하도록 한다.)
· 사무용품(필기도구, 메모지, 전화장부 등)은 구비되어 있는가?
· 미용 카르텔, 회원카드를 체크하고 있는가?
· 전화기 옆에는 미용기업을 안내할 수 있는 명함이 준비되어 있는가? (전화번호, 약도 등)

(라) 진열장(Showcase)

· 디스플레이(Display)는 가장 이상적으로 되어 있는가?
· 먼지 또는 더렵혀진 곳은 없는가?
· 빠진 제품이나 상품은 없는가?

· 고객에게 필요한 최신 제품이 구비되어 있는가?

(2) 고객이 들어온다.

(가) 인사말

·「어서 오세요, 감사합니다.」 등의 인사가 기계적인 인사가 아니라 진심으로 가슴에서 우러나는 인사가 되도록 해야 한다. 또한 밝고 명랑한 뉘앙스를 풍겨야 한다.

(나) 태도

· 몸의 정면을 고객에게 향하고, 정중하면서도 상냥하게 고개를 숙인다.
· 접객중일 때는 고객을 향해 가볍게 고개를 숙인다.

(다) 타이밍

· 입구에 가장 가까운 사람이 먼저 인사한다.
· 한사람이 인사를 하면 나머지 사람은 바로 합창을 하듯 인사한다.

(라) 주의점

·「어서 오세요, 비 오는 중에도 이렇게 와 주셔서 감사합니다.」
·「어서 오세요, 먼 곳에서 와주셔서 감사합니다.」
· 무엇보다도 중요한 것은 마음으로부터 우러나는 인사이다.

(3) 물건 또는 옷을 보관할 때

(가) 건네는 말

·「코트를 보관해 드리겠습니다.」「괜찮으시다면 가방을 보관해 드리겠습니다.」, 「귀중품은 없으십니까?」, 「깨지는 물건은 없으십니까?」 등 고객을 배려하는 말을 건넨다.

(나) 태도

· 정성스럽게 받아서 보관하는 것이 중요하다.
· 옷을 보관할 때는 옷깃을 살짝 털며 고급스럽게 보관하도록 한다.
· 보관함에 고객의 물건을 보관하고, 보관번호가 적혀 있는 열쇠를 고객이 보관하도록 드린다.

(다) 주의점

· 옷 또는 가방을 보관하였다면, 고객이 조금 기다려야 할 것인지 바로 시술에 들어갈 것인지를 고객에게 확실히 안내할 수 있도록 한다.
(고객이 어떻게 해야 할지 망설이는 순간이 있어서는 절대 안 된다.)

(4) 고객의 이름을 확인

(가) 건네는 말

· 「○○씨 되시죠」 「죄송합니다만 성함을 가르쳐 주시겠습니까?」 등의 말을 건넨다.
· 접객에 중요한 것은 고객의 이름을 기억해 주는 일이다. 어떠한 훌륭한 접객보다도 이름을 기억해 주는 일이 접객시의 가장 중요한 포인트가 된다.

(나) 태도

· 카르텔 또는 고객카드에 체크하기 위하여서만이 아니라 고객에 대하여 잘 알고자 하는 친밀감이 중요하다.

(다) 타이밍

· 옷과 가방을 보관하고 나서 즉시 한다.

(라) 주의점

· 고객에 대한 호칭은 사모님, 손님, 사장님 등 존칭을 사용하도록 한다.

(5) 고객이 주문한 시술종목을 확인

(가) 건네는 말

· 오늘은 무엇을 해 드릴까요?

(나) 태도

· "어떠한 주문도 좋습니다. 주문대로 정성을 다해 해드리겠습니다."라고 하는 태도가 중요하다.

(다) 타이밍

· 일련의 동작을 재빠르게 행동한다.

(라) 주의점

· 잘못 전해 받는 일이 없게끔 고객의 말을 복창하도록 한다.

(6) 고객을 잠시 대기하도록 할 경우의 안내

(가) 건네는 말

· 「죄송합니다만, 이쪽에 앉으셔서 조금만 기다려 주시기 바랍니다.」고객이 앉을 위치를 손바닥을 펴서 지정하면서 말을 건넨다. 「죄송합니다만, 이쪽에 앉으셔서 ○분만 기다려 주시겠습니까?」등의 말을 건네며 정확하게 대기하는 시간을 제시해 준다.

(나) 태도

· 고객을 기다리도록 하는 행위이기 때문에 더욱 정중히, 공손히 대한다.

(다) 주의점

· 고객이 시간을 가늠할 수 있도록 대략적인 기다리는 시간을 고객에게 알려준다.
· 「얼마나 기다리면 되겠나?」라는 질문이 고객의 입을 통해서 나와서는 안되며, 만약 이런 질문을 받고 즉시 대답을 못하고 「음…」하고 생각하는 시간이 걸린다면 실격이다.

(7) 책 또는 잡지의 제공

(가) 건네는 말

· 「읽으실 책을 갖다 드릴까요? 어떤 책이 좋겠습니까? 저희 살롱에는 ○○, ○○책이 준비되어 있습니다.」

(나) 태도

· 고객이 읽으실 책이 확실히 정해지지 않았다면, 몇 권의 책을 고객 앞에 펼쳐서 고르도록 한다.

(다) 타이밍

· 고객이 대기하고 있을 때는 즉시
· 미용의자에 있을 때
· 고객과의 커뮤니케이션이 끝나면 즉시
· 파마 촉진기 또는 셋팅기 밑에 있을 경우
· 셋트하고 뜨겁지 않은지 확인한 후에

(8) 고객을 의자에 안내

(가) 주의

· 안내하기 전에 앞전 고객의 자취가 남아 있지 않나 체크한 후 안내한다.

(나) 건네는 말

·「오래 기다리셨습니다.」「이쪽으로 옮겨주시기 바랍니다.」

(다) 태도

· 손바닥을 위로 향해서 장소를 가르치며, 미용의자까지 안내한다.
· 고객의 1m앞 좌측(또는 우측)에서 걸으며 고객이 오심을 확인하면서, 등의 전면이 고객에게 바로 보이지 않도록 한다.

(라) 주의점

· 꼭 고객 가까이 가서 말을 할 것.
· 멀리서 고객에게 말을 하는 것은 실례되는 행동이다.

(9) 고객의 희망을 물어본다.

(가) 포인트

· 어떠한 희망이라도 듣겠다는 자세가 중요하다.
· 고객이 염려하는 접객은 실격이다.

(나) 건네는 말

·「오늘은 어떻게 해 드릴까요?」
·「어떤 스타일을 원하고 계십니까?」

(다) 태도

· 충분한 커뮤니케이션을 통해서, 고객의 희망을 확실히 인식하는 일이 중요하다.
· 주관적인 판단으로 결정하는 것은 절대금물이다.

(라) 타이밍

· 고객이 의자에 앉고, 정리되면, 거울을 향해서 듣는다.

(마) 주의점

· 커트보를 걸치면서 한다거나, 일을 하면서 질문한다면 실례이다.
· 너무 깊은 전문용어를 피해가면서 프로로써의 솔직한 의견도 섞어가면서, 충분히 커뮤니케이션을 하는 것이 필요하다.

(10) 기술의 준비

(가) 건네는 말

· 「알겠습니다.」「준비하는 동안 조금만 기다려 주십시오.」「실례합니다.」「불편하지 않으십니까?」「물의 온도는 적당하십니까?」

(나) 태도

· 사전에 필요한 재료, 도구는 재빠르게 준비한다.
· 사전에 주문메뉴를 알았다면, 사전에 준비를 해 놓는 일이 중요하다.
· 고객의 신체에 손을 닿게 되면, 가볍게 목례를 한다거나 「실례합니다.」라고 말한다.

(다) 주의점

고객이 미용의자에 앉았을 경우에, 거울 앞이 지저분하다던가, 머리카락이 널려 있다던가 또는 셋트 다이가 정리되어 있지 않다든가 하면 고객에 대한 큰 실례이다.

(11) 헤어스타일이 완성되었다.

(가) 주의

· 스타일링제를 뿌리기 전에, 희망 스타일대로 되었는지를 확인한다.

(나) 건네는 말

· 「어떠세요, 마음에 드십니까?」라며 손거울을 건네준다. 「실례합니다.」라고 말하면서 의자를 돌려준다.

(다) 태도

· "긴 시간 수고하셨습니다. 매우 아름답게 되었습니다." 라고 하는 마음을 갖고 접객을 한다.

(라) 주의점

- "어떠한 것이라도 마음에 들지 않는다면 고치겠다."라는 자세로 대해야 한다.
- "불만을 가질 이유가 없다. 프로인 내가 좋다고 생각하니깐, 나의 기술을 믿으세요." 라고 하는 자만적인 대응은 절대금물이다.

(12) 보관했던 옷과 가방을 돌려준다.

(가) 건네는 말

- 「보관했던 것은 코트와 가방이죠.」

(나) 태도

- 먼저 보관했던 물품에 이상이 없는가 확인 후에 돌려준다.

(다) 타이밍

- 고객이 카운터에 왔다면, 즉시 보관품은 「○○이죠.」라고 말을 건네어 확인하다.

(라) 주의점

- 보관품을 전부 돌려드렸다면 「이상 없으시죠.」라고 확인을 해서 체크한다.

(13) 고객이 돌아갈 경우

(가) 주의

- 마지막 단계까지 긴장을 풀어서는 안 된다.

(나) 건네는 말

- 「대단히 감사합니다.」「또 오십시오.」「다음 방문까지 기다리겠습니다.」「다음에 꼭 방문해 주시기 바랍니다.」

(다) 주의점

- 한사람이 「대단히 감사합니다.」라고 말하면, 전원이 바로 인사를 하도록 한다.
- 현관문을 열어드리고 고객이 돌아갈 경우 「또 오십시오.」「다음 방문까지 기다리겠습니다.」「다음에 꼭 방문해 주시기 바랍니다.」라고 하며 전송한다.
- 비가 올 경우라면 우산을 펴 드리기도 한다.
- 고객이 현관문을 나가기 전에 고객에게 등을 보이지 않도록 주의해야 한다.

· 고객이 자가용을 타고 온 경우에는 차 문까지 안내를 하며, 주차문제에 어려움을 겪으면 해결하도록 해 준다.

8) 접객서비스 · 이미지 조사

	체 크 항 목	자기살롱 분석						경쟁살롱 분석					
		양호	약간 양호	보통	약간 나쁨	많이 나쁨	채점 점수	양호	약간 양호	보통	약간 나쁨	많이 나쁨	채점 점수
1	종업원의 예의는 바르다고 생각합니까?	5	4	3	2	1		5	4	3	2	1	
2	접객화법은 좋다고 생각합니까?	5	4	3	2	1		5	4	3	2	1	
3	전화대응은 좋다고 생각합니까?	5	4	3	2	1		5	4	3	2	1	
4	상품지식은 충분하다고 생각합니까?	5	4	3	2	1		5	4	3	2	1	
5	클레임 처리는 적정하게 하고 있습니까?	5	4	3	2	1		5	4	3	2	1	
6	금전수수는 정확합니까?	5	4	3	2	1		5	4	3	2	1	
7	위생관리는 잘하고 있습니까?	5	4	3	2	1		5	4	3	2	1	
8	적절한 제안을 해주고 있습니까?	5	4	3	2	1		5	4	3	2	1	
9	옷차림은 올바르게 하고 있습니까?	5	4	3	2	1		5	4	3	2	1	
10	팀워크는 짜여져 있습니까?	5	4	3	2	1		5	4	3	2	1	
점 수		50점 만점 중 평가점수						50점 만점 중 평가점수					

Chapter 7

미용인적자원관리

1. 미용기업의 인적자원관리

1) 인적자원관리의 정의

미용기업에서의 "인적자원관리"란 기업의 구성원이 자발적으로 목표달성에 적극적으로 기여하도록 함으로써 기업의 발전과 함께 기업구성원의 안정과 발전도 아울러 달성하도록 하기 위하여 기업이 필요로 하는 인적자원을 확보하고 이들을 개발, 보상, 유지하는 활동을 여러 환경적 조건과 관련하여 계획하고 조직하며 통제하는 관리활동을 말한다.

특히 미용기업에서는 인적자원이 가장 중요한 요소로서 유능하고 자질이 있는 인적자원을 확보, 개발, 보상, 유지되도록 하는 이론과 기법을 익히고 미용현장에 적용할 수 있는 능력을 배양한다.

2) 인적자원관리의 중요성

오늘날의 기업은 인적자원들을 단순히 활용대상이 아닌 개발 가능한 자원으로 보고, 기업의 지속적인 경쟁력 제고를 위해 필요한 유능한 인재를 육성하지 않으면 급변하는 경영환경 속에서 경쟁력을 확보할 수 없으며 성장과 발전을 할 수 없다.

기업은 인적자원을 보다 효과적으로 확보·평가·개발·보상·유지함으로써 개발지향적인 인적자원관리제도를 구축해야 한다.

인적자원관리는 기업의 목표달성을 위해 필요한 인적자원을 확보하고 이를 평가·개발·보상·유지하는 활동을 계획하고 조직하고 통제하는 통합적 관리체계라고 할 수 있다.

또한 인적자원관리는 단순히 기업이라는 조직의 경제적 효율성을 증대시키는 데에만 중점을 두는 것이 아니라 직원들의 욕구를 충족시키고 능력을 개발함으로써 그들의 근로생활의 질을 향상시킨다는 목표 하에 이루어지는 활동이다.

일반기업에서는 채용된 종업원을 채용 · 배치 · 이동 · 승진 · 퇴직 · 교육훈련 · 인간관계를 총괄하여 인적자원관리라는 말로 표현하며 입사 후의 변화하는 여러 가지 능력이나 평가의 자료를 참고로 기업운영에서 필요로 하는 위치에 적재적소 배치하여 능력을 발휘하게 함으로써 기업을 운영해 나간다.

그러나 미용기업의 인적자원관리의 개념은 일반기업과는 다소 차이가 난다. 왜냐하면 일반기업에서는 이직율이 미용기업에 비해 길며 장래나 복리 · 후생 적인 면이 보장되기 때문에 인적자원관리를 위한 수록 자료들이 전부 활용되어 평가되지만, 미용기업은 이직율이 심하여 미용기업의 근무기간이 매우 짧으므로 수록 자료들이 별로 도움이 되지 않는다.

따라서 미용기업의 인적자원관리란 이런 관점에 초점을 맞추어 실행하여야 하며, 과거보다는 미래에 대한 비전 제시와 장래 발전 구조에 비중을 두어야 한다.

2. 미용인적자원관리의 체계

1) 인적자원관리 및 제도

미용기업에서 유능한 인적자원의 개발은 무엇보다도 중요한 사항으로서 성공한 미용기업을 보면 인적자원을 개발하여 인재를 유성하고 효과적으로 활용했기 때문이다. "기업은 사람이다."라는 말처럼 인재중시의 경영이념에 입각한 인적자원관리만이 미용기업의 성공을 이끌 수 있다.

인적자원관리에서는 〈그림 7-1〉에 나타난 것처럼 경영이념이나 경영전략에 바탕을 둔 인적자원관리에 관한 기본적인 방침을 명확히 설정하는 것이 우선 중요하며 종업원에게 철저히 주지시키기 위해서는 인적자원관리 및 여러 제도가 필요하다.

좀 더 구체적으로 기술하자면 인적자원관리의 세부적인 면에서 인력계획 · 모집 · 선발 · 배치를 통한 인적자원을 확보해야 하며 인사고과, 교육, 임금, 복리후생 등에 대한 부문방침이 우선 결정된다.

그 방침이 적용되는 미용기업의 여러 제도로는 구인채용관리, 인사고과제도, 인재개발, 직무제도, 임금·상여제도, 복리후생제도, 업무시간(2부제), 작업환경, 인간관계 등이 갖추어진다.

〈그림 7-1〉 인적자원관리의 체계

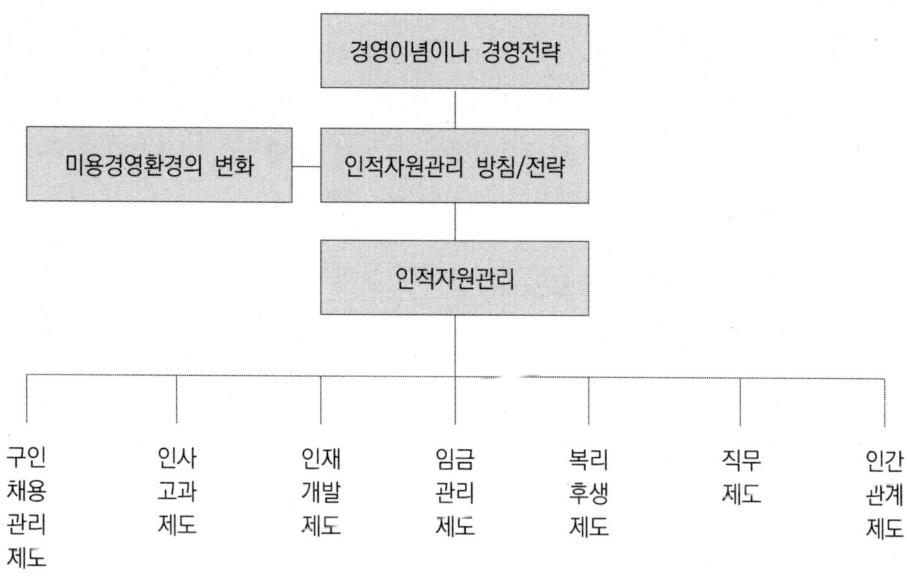

2) 인적자원관리 방법

(1) 수직적 관리에서 수평적 관리로 변해야 한다.

일반적으로 미용기업의 조직 구성은 원장(경영자), 디자이너, 인턴, 스텝(보조) 등으로 구성되어 있다. 이 조직구조에서는 원장(경영자)이 위에서 지시하면 밑에서 행하는 직접 관리방법인 수직적인 관리방법으로 조직이 운영되었다. 그러나, 이런 수직적인 관리방법보다는 직원모두가 하나가 되는 공동체의식을 갖고 누구의 지시를 받아서 행하는 것이 아니라 중간 관리자를 통하여 서로 협력하며 문제점, 해결점, 해야 할 일 또는 앞으로의 방향 등을 찾아내어 실천해가며 원장은 이 모든 것을 체크하여 지도해 나가는 수평적인 인적자원관리방법이 바람직한 방법일 것이다. 이것이 확립될 때 직원 스스로가 일어설 수 있는 자생력이 생겨 경쟁력 있는 미용기업을 이룩할 수 있다.

미용기업의 인적자원관리는 원장(경영자)이 해나가는 것이 절대 아니다. 직원 모두가 스스로 해 나가는 것이 진정한 인적자원관리의 방법일 것이다.

(2) 미용기업의 주축인 인턴과 스텝의 조직이 강화되어야 한다.

특히 조직 구성에서 하부조직인 인턴과 스텝의 조직이 "어떻게 튼튼히 잘 되어 있느냐"가 가장 중요하다. 미용대학이나 미용학원을 막 졸업하고 입사한 스텝과 미용을 시작한지 1~2년인 인턴을 가장 중요시하며 그들이 오랫동안 미용기업에 존재할 수 있도록 미용기업의 여러 가지 제도가 개선되어야 한다.

※ 개선되어야 할 사항을 구체적으로 예시해 보면

첫째, 미용기업의 임금이 인상되어야 한다.

미용은 기술을 요하는 특수한 전문직이므로, 기술을 습득해야만 인정을 받아 전문 미용인으로서의 대우를 받을 수 있다는 사고 아래 타직종에 비해 배우는 과정에서는 임금이 상당히 적으며 디자이너가 됐을 경우에도 안정적 생활을 영위할 수 있는 임금을 얻기 어렵다. 그러므로 미용을 시작하는 미용 초년생이 최저 생활을 할 수 있는 임금이 보장되어야 하며 이를 위해서는 임금의 인상이 요구되어진다.

이제 고객들의 욕구가 디자이너의 미용기술과 서비스와 함께 많은 접촉을 하게 되는 스텝들의 서비스 역할로 많이 이전되고 있는 상황에서 기본적인 임금의 인상은 불가피한 현상이다.

둘째, 스텝들의 불필요한 업무를 줄여 주어야 한다.

롯드·타월을 세척하는 일, 영업 후 마무리 정리 및 청소를 하는 일 등을 스텝들의 업무에서 줄여 주어야 한다. 불필요한 업무를 제거해 줄 때만이 스텝들의 능률이 효율적으로 증진될 수 있다.

셋째, 분명한 비전제시를 해주어야 한다.

체계화된 제도가 확립되어져 있어야 하며, 이를 통해 힘든 미용기술 습득 과정을 거쳐 미용기업의 튼튼한 기초의 역할을 해내어 미용기업의 발전에 기여할 수 있도록 해야 한다. 또한 나아가서는 21C 미용계의 주역들이 될 수 있도록 도와주어야 한다.

넷째, 복리후생이 개선되어야 한다.

기숙사, 식사문제, 대우문제 등의 부분에서 고급화된 시스템으로 환경을 전환하는 복리후생의 개선에 각별히 신경을 써 주어야 한다.

(3) 조직의 형태 변화

평등형 조직에서 공평형 조직으로 전환되어야 한다. 최저생활을 보장하는 기본급 이외에 실적으로 보수를 정한다. 직능의 차가 확실하게 숫자가 되어 나타나기 때문에 어떻게 많은 매출을 올릴 것인가에 관심이 향하게 된다. 교육도 기술을 깨우치지 않으면 보수가 오르지 않으므로 미용기업이 강제하지 않더라도 탐욕스럽게 흡수하려 한다. 지금 미용기업 경영자가 해야 하는 일은 평등형 조직에서 공평형 조직으로의 전환이다.

※ 미용기업 조직의 형태 세 가지의 구조적인 특징을 보면 다음과 같다.

① 평등형 조직 = 낮은 위험, 낮은 지급

위험은 종업원의 자기 투자나 자기 책임을 말한다. 교육은 시키기 때문에 한다는 의식, 일도 귀찮다는 자세, 종업원의 의욕이 낮아 매출도 오르지 않고 그 결과 지급액도 적다.

② 평등 · 공평형 조직 = 낮은 위험, 높은 지급

미용기업에 나가면 임금을 받을 수 있고 조직에 보호되고 있다는 부분은 평등형 조직과 같다. 그 대신 실적을 뒤로 미루는 조건 투쟁으로 공평형 조직의 장점만을 요구하는 경향이 있다.

③ 공평형 조직 = 높은 위험, 높은 지급

이 조직에서는 개인의 실적에 대한 평가가 엄정하게 행해진다. 그만큼 개인이 항상 자기를 높이기를 요구받아 결과에 대한 책임도 감수해야 한다. 그 반사이익으로 결과에 합당한 보수를 받을 수 있고 실적에 따라 좋은 조건을 쟁취하는 것도 가능하다.

미용기업은 수년 내 평등형 조직에서 공평형 조직으로 조직의 형태가 바뀌어 가는 추세가 될 것이다.

<표 7-1> 평등형 조직에서 공평형 조직으로

	평등형 조직	평등 · 공평형 조직	공평형 조직
특징	낮은 위험, 낮은 지급	낮은 위험, 높은 지급	높은 위험, 높은 지급
성질	1. 기본급 기준, 정기승급 2. 경영자의 정책을 강요하며 미용기업의 특색을 무리하게 강요한다. 3. 관리, 규제가 엄하다. 4. 미용기업 전체의 매상을 중시한다.	1. 실적을 뒤로 미루는 조건투쟁 2. 매상이 오르지 않는 종업원도 민주적으로 보호 받는다. 3. 책임소재가 분명치 않고 인건비만 팽창해 버릴 경향도 있다.	1. 개인의 실적에 맞는 보수 2. 개개인의 자주성을 존중하는 반면 책임소재도 명확하다. 3. 개인의 매상을 중시하여 그 전체로서의 미용기업 번영을 꾀한다.

(4) 공평형 조직의 인재육성

공평형 조직에서 인재를 어떻게 기를 것인가?

종업원은 한 사람 한 사람 각기 다른 인생관을 가지고 있다. 경영자의 역할은 그 꿈을 주고 받아 비전으로 바꿔 주는 것이다. 이것은 계산 방법을 가르치는 것이라고 해도 좋다.

예컨대 어느 종업원이 미용기업을 갖고자 한다면 몇 년 후에 어디에서 어느 규모로 갖고 싶은지, 그렇게 되려면 금년에는 무엇을 해야 하는지, 오늘은 어떻게 해야 하는지, 그 역산을 가르쳐 주는 것이다. 그 역산이 될 수 없으면 꿈은 꿈으로 끝나고 만다. 결과적으로 경영자의 꿈을 억지로 관철시키게 되고 만다.

※ 공평형 조직의 인재육성은 개체의 확립이 주제이다. 다음에 크게 4가지의 과정으로 나누어 보기로 하자.

① 자기관리

예의범절, 공사구분, 소양 등은 사회 생활을 영위하는데 있어서 필요 불가결한 것이다. 예의범절은 인사 같은 일상의 매너이고, 공사구분은 여기에서는 인간관계라 볼 수 있다. 자기라는 사람이 독자적으로 존재하고 있다는 인식이다. 독자인 자기와 사회의 일부인 부분을 취해야만 비로소 자기가 된다는 자각이 중요하다.

소양이라는 것은 자기를 소중히 함과 동시에 주변도 중요시한다는 관점이다. 살려나가면서 살아가고 있다는 것을 의식해야 하는 것이다.

② 자기개발

평이하게 말하면 결과가 나오도록 자기를 높여 나가는 것이다. 미용 세계로 말하면 고객으로부터 지지를 받는 미용사가 목표가 된다. 경영자가 종업원의 항상심을 늘려 나가고 협조성, 자주성, 자발성, 창조성 등이 중요한 요소가 되지만 그 중에서도 창조성을 어떻게 신장해 나가느냐가 요점이 된다.

개인의 독창성을 인정해 주는 것이 앞으로 우수한 기업체의 조건이다. 최근 흔히 종업원이 일하기 좋은 환경 만들기라는 말을 듣는데 그것은 자기 개발을 하기 쉬운 환경을 가르친다. 지금까지의 미용기업의 경영은 ①의 자기관리의 환경정비에만 신경 써온 느낌이다. 즉 인사에서 비롯해서 옷차림이나 말씨, 태도 따위에 세세하게 입놀림을 해 온 풍조이다.

그러나, 개개의 고객에게 맞는 미용기술을 제공하여 지시해 주는 종업원을 육성해 가기 위해서는 스스로 적극적으로 배우고 흡수해 갈 수 있는 풍토를 만드는 것이 포인트가 된다.

자기관리의 환경창조에서는 단점을 찾아내어 고치는 것에 무게를 두어 왔으나 자기개발의 환경창조에서는 장점을 찾아내어 신장시키는 것이 중요하다. 그 사람이 지니고 있는 장점을 철저히 찾아내어 자발적으로 일에 도전할 수 있도록 하는 것이다. 자기가 무엇을 좋아하는지 이해시켜 할 수 있는 일을 점점 맡기는 것이다.

윗사람은 칭찬하는 말을 써서 장점을 찾아낸다. 현상을 칭찬하는 일이 목적은 아니다. 신장시키기 위한 말인 것이다.

③ 자기책임

이 자기책임의 내용을 명확히 하기 위해 먼저 스타일리스트란 무엇이냐는 정의부터 시작하겠다.

"스타일리스트"란 살롱의 매출을 구성하는 사람들을 말한다. 즉 그들을 평가하는 것은 고객인 것이지 미용기업이 아니라는 점이다. 아무리 미용기업에서 인정을 받고 있을지라도 개인의 매출은 오르지 않는다.

극단적으로 말하면 매출이 오르지 않는 인재는 스타일리스트라고 부르지 않을 만큼의 각오로 일에 임해야 할 필요가 있다.

미용기업이 인정하는 스타일리스트, 이것이 오랫동안 미용계에 있었던 기술자의 정의이다. 이것은 자기 투자의 과정을 거치지 않고 미용기업의 교육에 의해서 스타일리스트를 양성해 왔다고 하는 제도적인 측면도 크다고 본다.

스타일리스트는 미용기업이 인정한 것이므로 기술자가 되어서도 변함없이 미용기업의 평가를 보고 있을 뿐인 것이다.

고객으로부터 평가된 일류라는 의식으로 바꾸지 않으면 언제까지고 매출이 따라오지 않는다. 의식이 변해야만 비로소 신규고객의 획득이나 재내점율의 향상, 소문에 의한 소개고객의 증가를 논할 수 있는 것이다.

종래의 미용기업에서는 신규고객의 획득이나 재내점율의 향상 등을 미용기업의 과제로 생각하였다. 캠페인을 하면 손님은 오고, 가격을 내리면 손님이 모인다는 안이한 발상이다. 신규고객의 획득이나 소개 손님을 늘리는 것은 미용기업이 해야 할 도전 대상이 아니다. 스타일리스트 자신의 몫인 것이다.

어떻게 하면 손님이 모일까? 대답은 하나이다. 미용기업에 강한 스타일리스트를 두는 것밖에 없다. 강한 스타일리스트란 고객이 찾는 스타일리스트, 자기가 올린 숫자에 대해서 책임지는 사림인 것이다. 이 자기책임이 과정을 거쳐서 다음 자기실현이 달성되는 것이다.

④ 자기실현

평등형 조직에서 공평형 조직으로의 전환으로 강한 종업원을 만들 수 있다. 또한 미용기업의 생존은 생산성과 직결된다. 앞으로 승리해서 남을 미용기업의 조건으로 적어도 한 달에 1인당 6,000,000원의 매출은 올려야 한다고 본다. 스타일리스트의 한 달간 매출은 8,000,000원 이상이어야 한다.

성공하는 미용기업의 매출 수준의 적정선이다. 매출은 어디에서 나오느냐, 매출을 올리기 위한 조직을 어떻게 만들어야 하는가를 경영자는 신중하게 생각해야 할 시기라고 생각한다.

〈표 7-2〉 살롱구성과 인적자원의 역할(예 - 미용실)

경영자(원장)	미용기업의 실질적인 운영자로서 기업전반에 대한 책임을 진다.
매니저	조직전체 내지 전 점포의 경영관리를 담당한다.
에리어 매니저 (점장)	각 지역에 있는 여러 점포의 경영관리를 담당한다.
디렉터	자신의 유니트를 운영하면서 각 유니트를 조정하는 리더적 역할을 수행한다.
스타일리스트	유니트의 책임자로서 특정 어시스턴트를 갖고 영업의 중심이 된다.
주니어 스타일리스트	특정의 어시스턴트를 갖지 않고 고객을 담당하면서 각 유니트의 사후처리 역을 한다.
메인 어시스턴트	유니트 내의 영업의 흐름을 파악하여 작업의 흐름을 만든다. (임무를 맞는 어시스턴트)
어시스턴트	스타일리스트나 메인 어시스턴트의 움직임을 읽고 착실하게 어시스턴트 기술을 행한다.(도와주는 어시스턴트)
주니어	입점 1년째의 스텝, 어시스턴트 기술을 습득하면서 실패없는 어시스턴트를 목표로 한다.

※ 1unit : 스타일리스트 1명당 메인 어시스턴트, 어시스턴트, 그리고 주니어라고 부르는 샴푸 담당 종업원이 각 1명씩으로 구성된 단위를 말한다.

3. 미용인적자원의 채용 관리

1) 미용인적자원의 인력관리

(1) 인력계획

현재 및 미래에 필요로 하는 인력의 수와 유형을 사전에 예측하는 것을 말하는 것으로 경영전략에 입각한 장래의 사업계획을 고려하여 필요한 인재 채용을 계획해야 한다.

(2) 채용

채용의 방침·목적·이념을 명확히 하고 경영전략이나 경영방침 등이 뒷받침된 채용을 전개하며 채용하는 자의 능력·지식·기술 등을 사전에 명확히 하며, 정기 및 정기적으로 채용을 한다.

(가) 졸업자 채용의 기준

① 고교졸업생은 만 18세 이상으로 졸업유망주
② 미용전문대학 졸업자는 ( )세 이상으로 졸업유망주
③ 기술자에 대해서는 이직횟수 ( )회까지, 연령은 ( )세까지로 한다.
④ 학업성적이 ( )이상이 되는 자
⑤ 색맹, 색약자 채용은 (채용한다. 채용하지 않는다.)
⑥ 신체장애 및 청각 및 언어 장애자를 채용할 때는 장애의 등급 및 채용기준에 의거한다.
⑦ 기타

(나) 중도채용기준

중도채용 기준은 다음의 사항으로 가결한다.

① 스텝인 경우 이직횟수가 ( )회까지로 하고 연령은 만 ( )세까지로 한다.
② 인턴(커트이전)에 대해서는 이직횟수가 ( )회까지로 하고 연령은 만 ( )세까지로 한다.
③ 기술자에 대해서는 이직횟수가 ( )회까지로 하고 연령은 만 ( )세까지로 한다.
④ 이직 경험자에 대해서는 먼저 회사에서의 근무상황, 이직이유, 자기소개 등을 면밀히 검토한 후 문제가 없는 사람이어야 한다.
⑤ 기숙사를 이용하는 경우 (채용, 불채용)
⑥ 배우자, 부양가족이 있는 경우 (채용, 불채용)

(다) 입사구비서류

① 자필이력서(3개월 이내의 사진첨부)
② 자기소개서
③ 미용사면허증 또는 자격증 사본 1부
④ 피부관리, 메이크업, 네일 자격증 사본 1부
⑤ 주민등록등본 1부
⑥ 서약서 1부 - 당 미용기업 소정양식

(3) 선발

미용기업이 요구하는 합리적인 기준 및 선발기준 및 평가시험(미용실기, 미용이론,

인성 및 서비스 정신)을 설정하여 신뢰도와 타당도가 높은 선발방법을 마련해야 하며 응모자의 능력이자 적성 등을 가급적 객관적으로 판정하는 것이 중요하다.

(4) 배치

배치는 담당하는 일, 즉 미용기업 내에서의 직무내용과 인재가 적합한지는 반드시 생각해야 하며 미용기업이 놓여진 상황이나 종업원의 능력을 고려하여 융통성 있게 할 필요가 있다.

2) 미용 인력난의 원인

요즘 미용기업 특히 미용실이나 피부관리실 / 메이크업실 / 네일샵 / 두피관리센터 등의 인력확보나 인사문제가 심각하다. 미용을 전문적으로 가르치는 미용대학과 여러 교육기관이 많이 생겨났지만 올바른 기술과 능력을 가진 인력이 부족한 것이 지금의 실정이다. 이에 미용기업의 인력난의 원인을 살펴보면 다음과 같다.

(1) 미용기업 인력난의 원인

가) 미용 종업원의 취업 후 이직율 증가
나) 미용 종업원의 미용기업 창업에 소요되는 기간 단축
다) 미용 종업원의 의식구조의 변화 (임금, 근무시간, 복리후생, 교통, 장래비전 등)
라) 미용기업 개업의 증가 및 미용기업 형태의 다양화
마) 3D의 기피현상으로 인한 직업 전환

이와 같은 5가지 원인에 의해 미용기업의 인력난은 가중되고 있으며 인력문제에 부딪치게 되면 부정적인 생각을 하게 되는데 그 사례를 보면 "의자 수를 줄일까?, 평수를 줄일까?, 재료상을 바꿔볼까?, 타 미용실에서 스카웃을 할까?, 폐업이나 업종전환을 해볼까?, 미용기업을 처분해 버릴까?" 등을 들 수 있다.

(2) 고용의 안정과 장기근속

미용기업의 인적자원관리에 있어 가장 중요한 사항은 고용의 안정과 장기근속의 문제이다.

지금까지는 미용기업에서 인력조달을 하는데 있어 특별히 어려움 없이 해 왔다.

“미용재료의 구입”이라는 매개체를 가지고 재료공급자에게 소위 “사람”을 구해달라고 하여 임시방편으로 인적자원을 확보하여 왔다.

인력의 확보나 기술의 정도를 전적으로 미용재료공급자에게 맡겨 왔는데, 앞으로는 인력확보의 중요성과 심각성을 고려하여 장기적인 안목에서 인적자원관리를 계획하고 다각적으로 구인정책을 펴나가야 할 것이다.

우선 신규채용을 위해서는 미용대학이나 미용관련 교육기관을 충분히 활용하도록 하며, 재료공급자나 미용신문, 미용잡지, 미용 인터넷 사이트 및 기타매체를 활용하는 것도 한 방법일 것이다. 일단 채용이 되면 무엇보다 채용된 신규종업원을 유지하는데 최선을 다해야 한다.

이렇게 하기 위해서는 인적자원관리에 대한 환경변화에 대한 인식이 필요한 것이다. 다시 말해 직업에 대한 가치관이 변하고 있다. 직업을 생계의 수단으로만 보지 않고 직업을 통하여 생활기반을 마련함과 동시에 무엇을 할 것이며, 무엇이 될 것인가에 관심을 가진다.

미용을 전문적인 직업으로 선택한 사람은 인간의 삶고 가치를 찾기 위해서 “아름다움”이라는 명제를 선택한 예술가라고 보아야 한다.

일단, 고용된 종업원에 대해서는 충분한 교육을 통하여 기초적인 기술력과 직업인으로써의 예절과 확고한 신념 및 태도가 몸에 배도록 해야 한다.

신규종업원과는 채용 전에 충분한 상담과 인간적인 유대가 이뤄져야 할 것이며 구체적이고 흥미 있는 교육프로그램에 의해 훈련되어져야 할 것이다. 그 다음 사항으로 종업원에게 꿈을 주는 것이다.

장래의 비전을 제시하고 임금문제를 명확하게 하고, 승급제도, 퇴직금에 대한 사항을 명문화하고 이를 실천하도록 하여야 한다. 또한 종업원의 휴식공간을 마련해 주고 출·퇴근의 편의도 제공하며 근무환경도 개선하여 즐거운 직장이 되도록 하여야 한다.

한편 미용기업의 이미지를 좋게 하는 것이 장기 고용과 유지에 효과적인데 일하는 분위기가 좋으면 경영자의 인격이나 경영방침이 뛰어나다고 소문이 날 것이며, 경영자의 따뜻한 격려의 말, 관심의 표현, 부하를 성공시키려는 진지한 태도 등이 종업원의 장기근속 요인이 될 것이다.

3) 직원 채용계약서

(1) 채용계약서 실례 1

채 용 계 약 서

- "갑" 고용주 : ○○ 미용기업
- "을" 피고용자 : ○○○

상기 양자간에 직원 채용계약을 함에 있어 편의상 고용주를 "갑"이라 칭하고, 피고용자를 "을"이라 칭하여 아래와 같이 직원 채용계약을 채결한다.

아 래

(가) 직원 채용내용

제1조

"갑"은 "을"에게 최고 미용사로서의 역할을 할 수 있는 미용기술 및 경영전반에 걸친 교육전수를 최우선으로 하며, "을"은 미용사로서의 자격을 갖추기 위한 미용기술 및 경영교육에 최선을 다할 것을 약속한다.

제2조

미용기술 교육은 본 살롱의 경영방침에 따라 운용되며, 교육기간 및 기술평가는 상호 협의하여 결정한다.

제3조

"갑"이 "을"에게 미용사로서의 능력을 획득할 수 있도록 기술교육을 제공하는 기간은 ( )년으로 정하며, "을"은 그 대가로 본 살롱에서 미용사가 된 후 최소 ( )년의 업무수행 책임을 지며, 정당한 사유 없이 퇴점시 그에 따른 책임을 진다.

제4조

"을"이 스텝으로서의 미용기술 교육을 제공받을 경우 ( )개월의 기술교육계약을 체결하며, "을"은 그 대가로 본 살롱에서 최소 ( )개월의 업무수행 책임을 지며, 정당한 사유 없이 퇴점시 그에 따른 책임을 진다.

제5조

"을"은 "갑"의 사전동의 없이 본 살롱을 사직할 수 없으며, "을"의 정당한 사유가 인정 될시 "갑"은 이를 수용하며, 위 사항 위반으로 인한 피해 및 손실에 대해서는 "을"이 "갑"에 배상하여야 한다.

제6조

피해 및 손실 보상

① "을"이 미용사로서의 업무수행 기간을 책임지지 못하였을 경우 미용기술 및 경영교육에 따른 비용으로 ○○만원의 책임비용을 "을"은 "갑"에게 지불하여야 한다.

② "을"이 스텝으로서의 업무수행 기간을 책임지지 못하였을 경우 미용기술 및 경영교육에 따른 비용으로 ○○만원의 책임비용을 "을"은 "갑"에게 지불하여야 한다.

제7조

"을"이 상기 살롱에 위해 환경을 조장하는 것이 인정 될시 위의 조항이 동일시 적용되며, "갑"은 "을"과의 협의 하에 퇴사를 명할 수 있다.

제8조

특약사항

① "갑"이 "을"을 채용 할시 1달간의 미용기술 및 인성 평가기간을 가진 후 "갑"과 "을"의 협의 하에 채용을 결정한다.

② 본 계약서에 명기되지 않은 사항은 일반 상관례에 따른다.

③ 위 계약서를 확인하기 위하여 계약서를 2통 작성하여 각각 1통씩 보관한다.

④ 본 계약의 효력은 "갑"과 "을"이 상호 날인하는 일자부터 효력이 발생된다.

○○년 ○○월 ○○일

* 본 계약서에 대하여 계약당사자가 이의 없음을 확인하고 각자 서명, 날인한다.

(나) 계약당사자의 인적사항

고용주 주소 :

미용 기업명 :

대 표 자 :

피고용자 주소 :

전 화 번 호 :

성 명 :

(2) 채용계약서 실례 2

채 용 계 약 서

귀하

○○년 ○○월 ○○일

미용기업명 :

주　소 :

고용주 성명 :

귀하를 채용함에 있어 채용조건은 다음과 같습니다.

채 용 기 간	○○년 ○○월○○일 ~ ○○년 ○○월○○일
근 무 장 소	
업무의 내용	미용기술, 피부미용, 메이크업, 네일, 두피, 기타
근 무 시 간	출근시간 : 오전 ○○시 , 퇴근시간 : 오후 ○○시
휴　일	매주 (　　)요일
휴　가	1. 정기 유급휴가 1) 신정 : ○일 2) 구정 : ○일 3) 여름휴가 : ○일 4) 추석 : ○일 2. 부정기 유급휴가 직계가족 상조사, 예비군 훈련
임　금	1. 기본급(　　)만원, 기술수당(　　)만원, 개근수당(　　)만원, 직능수당(　　)만원, 기타수당(　　)만원 2. 임금 정산일 : 매월 ○○일부터 다음달 ○○까지 3. 임금 지불일 : 매월 ○○일 4. 임금 지불시의 공제 1) 결근 : 기본급의 1/30의 2.5배 2) 지각 : 3회가 결근 1회에 해당한다. 5. 제품판매 수당 : 제품 순수익의 ○○%를 지불한다. 6. 만근수당 : ○○만원
후 생 복 지	1. 중식, 석식 제공 (정기 회식 실시) 1) ○○만원 부담 2. 교육 1) 매월 ○○회 외부강사, 내부강사 교육 2) 3개월에 1회 이상 개인별 세미나 참가 3. 기숙사 근무시 ○○만원 부담 1) 중식, 석식, 전기, 상수도료, 유류비, 포함
기　타	위 계약은 ○○년간 유효합니다.

(3) 서약서

본인은 금번 귀 미용기업에 채용되어 근무함에 있어 다음 사항을 준수할 것을 서약합니다.

1. 귀 미용기업의 제규칙 및 명령시달을 준수함은 물론 상사의 업무상의 지시에 순종하겠습니다.
2. 최선을 다하여 부가된 직무를 성실히 수행할 것이며, 고의적 태만으로 귀 미용기업의 명예를 손상하거나 장애가 되는 언행을 하지 않겠습니다.
3. 종업원 상호간의 인격을 존중하며 인화단결에 노력하며 직장질서 유지에 이바지하겠습니다.
4. 귀 미용기업의 비밀사항을 외부에 누설하지 않겠습니다.
5. 귀 미용기업의 비품을 외부에 반출하거나 피해를 입히는 일이 없도록 하겠습니다.

이상과 같이 서약하며 만일 서약사항을 위반하여 귀 미용기업에 업무상 장애를 초래한 경우에는 책임을 지며 손해액을 변상하겠습니다.

○○년 ○○월 ○○일
성 명 : ㉞

○○미용기업 귀중

4) 종업원 준수사항

1. 출근시간은 ○시 ○○분이며 살롱정리는 퇴근 전 완벽하게 하고 미정리된 상태일 때에는 다음날 출근시간 전에 미리 정리할 시간을 정해서 출근하여 정리한다.
2. 전직원은 출근카드를 체크하여야 하며 이를 이행하지 않았을 경우 지각, 결근으로 처리한다.
3. 상사의 지시를 신속히 시행하여야 하며 불평하거나 게을리 하여서는 안되며 두 번 경고 후 시정치 않았을 때 자진퇴사를 원칙으로 한다.
4. 디자이너는 미숙한 스텝을 잘 지도하여야 하며 인턴도 그 지도를 받아야 한다.
5. 인턴은 살롱 전반에 대해 잘 알고 있어야 하며, 모르는 일이 있을 때에는 디자이너나 동료에게 문의하여 알도록 하며 모르는 상태로 지나가서는 안 된다.
6. 고객으로부터 일에 대한 질문을 받았을 경우 정확하게 설명을 해 드리고 모를 경우 윗사람에게 문의하여 설명해 주도록 한다.
7. 식사는 ○시 ○○분~○시 ○○분을 이용하여 하되 신속하게 하며 식사 후 뒷처리를 잘하여 다음 사람이 식사하는데 불편이 없도록 한다. 한 번에 많은 식구들이 식사하는 일이 없도록 한다.

8. 근무 중 살롱을 비우는 일이 없도록 한다. 볼일이 있을 경우 상사에게 보고한다.
9. 살롱의 이익을 우선으로 하고 개인의 실수로 살롱의 불이익을 초래할 경우 그 책임을 진다.
10. 살롱 내에서는 정해진 유니폼을 착용하여야 하며 항상 몸가짐이나 유니폼을 청결히 하여야 한다.
11. 살롱 내에서 사용하는 재료는 살롱 밖으로 반출할 수 없다.
12. 샴푸실이나 롯드실, 고객 화장실에서 샴푸, 세탁을 할 수 없다.
13. 종업원끼리 심한 싸움을 하거나, 미용기구가 파손되거나, 그 중 한 명이 다쳤을 경우 모두 퇴사한다.
14. 매니저나 선배의 지시는 따라야 하며, 그렇지 않을 경우 불이익을 받을 수 있다.

4. 미용기업의 업무분담

미용기업에 있어서의 인적자원관리란 직원수가 일정규모(5인~9인)이상에 필요하다. 일반적인 조직에서 보면 1개 조직당 4개 조직이 합리적인 관리단위이다.

예를 들면 가장 효율적이고 기능적인 군 조직에서 1개 중대에 4개 소대, 1소대는 4개 분대로 구성되어 있는 것을 보면 그 타당성에 수긍이 갈 것이며 일반 기업체의 단위조직도 이에 유사하다.

즉 1인이 관리할 수 있는 최대인원수도 4~9인 정도이다.

미용기업은 1인 경영이 대부분이며 직원이 대부분 기술자로 구성된 동일 업무자로 되어 있으므로 최대 9인 정도까지는 총괄 관리할 수 있다.

최근에 미용대학과 미용교육기관에서 개성이 강한 신세대들의 등장으로 직원의 인적자원관리가 그 어느 때 보다 중요시되고 있으며, 그 관리기법도 나날이 발전되고 있다.

직원의 채용, 교육, 인사고과, 근무수칙, 근로조건 규정 등의 전반적인 재검토로 가장 합리적이고 일하는 보람과 꿈을 주는 인사규정의 정립이 요구된다.

여기서는 미용기업내에서의 업무항목별로 본 업무분담과 권한위임 사항을 예시하고 경영자로서의 의식조사를 통한 업무 장악 능력향상을 위한 체크리스트를 소개하고자 한다.

1) 직무 권한 일람표

범례 - ● 최종책임자
* 권한 대행책임자
○ 권한의 위임

항	목	경영자(원장)	매 니 저	TOP 미용사	미용사
1. 판촉물	(전사적)	●	○	*	
	(개별)		●	*	○
2. 영업용 (DM, 소개카드, 서비스권 등)	(전사적)	●	○	*	
	(개별)		●	*	○
3. 캠페인/이벤트 기획 및 섭외 교섭 관리	(전사적)	●	○	*	
	(개별)		●	*	○
4. 신상품 리스트 및 사입 및 판매기획	(전사적)	●	○	*	
	(개별)		●	*	○
5. 상품관리 및 재고관리	(전사적)	●	●	*	○
	(개별)		●	*	○
6. cost 원가관리	(전사적)	●	●	*	○

2) 일상 업무사항

항	목	경영자(원장)·매니저	TOP미용사	미용사
개점업무	1. 살롱의 열쇠 관리자	●	*	
	2. 청소 및 고객 접객준비		●	○
	3. 거스름돈 환전	●	*	
	4. 전달, 지시, 조회	●		
	5. 출근부 관리보관	●	*	
	6. 결근자 체크	●	*	
폐점업무	1. 화기 확인	●	*	
	2. 전기, 가스, 수도 개폐장치 확인	●	*	
	3. 환전금의 관리보관	●		
	4. 매상금의 관리보관	●		
	5. 매상전표 집계 및 보고	●	*	
	6. 경비전표 집계 및 보고	●	*	○
	7. 폐점 전 청소		●	
	8. 종례, 연락, 확인사항	●	*	

	9. 최종 퇴실자의 확인 10. 열쇠 관리자의 확인	● ●	* *	
영업업무	1. 재료의 발주, 관리 2. 미용기구 · 기계의 보수 점검 3. 위생용품 및 소품관리 4. 휴식시간의 지시, 승인 5. (사적 용건) 외출 허가 6. 현금 출납 책임 및 장부관리 7. 고객과의 트러블 처리 8. 업자와의 대응, 영업교제 9. 내장 설비 보수점검 관리 10. 점내 디스플레이 11. 점내 청소, 정리정돈	 ● ● ● ● ● ● 	* ● ● * * * ● ●	 ○ ○ ○ ○
교육업무	1. 스텝들의 교육담당 2. 인턴들의 교육담당 3. 기술장 교육담당 4. 강습회, 세미나 담당	 ● ●	● ● * *	○ ○
스탭관리업무	1. 자기 개발, 동기 부여 2. 커뮤니케이션 3. 조정과 통제 4. 카운셀링 5. 정보 수집과 문제 해결 6. 육체 및 정신의 건강관리 7. 기숙사생의 생활관리	● ● ● ● ● ● ●	* * * * 	

3) 매니저(관리자)로서의 의식조사

구 분	항 목
경영에 대한 관심도	1. 미용기업의 이념(회사이념)을 기입하시오. 2. 당해 연도의 미용기업의 방침을 기입하시오. 3. 전년도의 미용기업의 기술매상을 기입하시오. 4. 전년도의 미용기업의 상품매상을 기입하시오. 5. 전년도의 총내점 고객수를 기입하시오. 6. 전년도의 총채용 인원수를 기입하시오. 7. 전년도의 퇴직자수를 기입하시오. 8. 금일 현재의 재직자수를 기입하시오. 9. 당해 연도의 스텝 채용 인원수를 기입하시오. 10. 당해 연도의 미용기업의 기술매상목표를 기입하시오.

구 분	항 목
영업관리의 관심도	1. 반경 500m내의 미용인구와 미용기업의 수를 기입하시오. 2. 자신 살롱의 미용상권내의 미용인구를 기입하시오. 3. 어제 자신의 살롱에 등록한 고객수를 기입하시오. 4. 전년도의 총 신규 고객수를 기입하시오. 5. 전년도의 전기, 수도, 가스요금은 얼마인지 기입하시오. 6. 자신 살롱의 영업면적과 간단한 설비를 기입하시오. 7. 전년도의 재료대금은 얼마인지 기입하시오. 8. 전년도에 실시한 캠페인 · 이벤트로 사용한 경비를 기입하시오. 9. 자신 살롱의 1인당 영업처리능력을 기입하시오. 10. 자신의 능력으로 1개월당 얼마까지 매상을 올릴 수 있는가?
매니저로서의 자각	1. 평균 출근시간, 퇴근시간을 기입하시오. 2. 1인당 영업시간외에 직원과 접하는 시간수를 기입하시오. 3. 1개월당 직원과 회식비를 얼마를 사용하는가를 기입하시오. 4. 자기개발을 위해 지금 무엇을 하고 있는가를 기입하시오. 5. 직원의 능력개발을 위한 세미나 등을 참가하고 있는가? 6. 직원을 지도 감독할 때, 무엇을 맨처음 신경을 쓰는가 기입하시오. 7. 직원과 일상 접할 때, 무엇을 맨처음 마음을 쓰는가 기입하시오. 8. 직원이 지금 미용기업에서 무엇을 원하고 있는가를 기입하시오. 9. 직원을 지도하는 것은 무엇을 목적으로 함인가? 10. 업무에서 책임을 진다라는 것은 무엇을 말하는가 기입하시오.
경영자 부재시의 대치	1. 거래은행에서 예금 잔고가 부족하다고 연락이 왔다. 어떻게 대처할 것인가 기입하시오. 2. 영업 중에 보일러에서 누수가 되어 1층에서 불만을 제기했다. 어떻게 대처할 것인가 기입하시오. 3. 영업 중에 세무서의 조사가 나왔다. 귀하는 어떻게 대처할 것인가? 기입하시오. 4. 출근 중 직원이 교통사고를 당해 입원한다는 연락이 왔다. 어떻게 대처할 것인가? 기입하시오. 5. 영업 중에 고객과 직원이 미묘한 트러블을 일으켰다. 어떻게 대처할 것인가? 기입하시오. 6. 거스름돈이 부족하다고 고객으로부터 불만의 전화가 왔다. 어떻게 대처할 것인가? 기입하시오. 7. 카운터에서 매상금이 맞지 않았다. 그때 어떻게 처리할 것인가? 8. 영업 중에 직원이 가위로 손을 깊이 베었다. 그때 어떻게 처리할 것인가? 9. 직원의 모친이 돌아가셨다고 연락이 왔다. 그때 어떻게 처리할 것인가? 10. 영업 중에 고객의 옷을 더렵혔을 때 어떻게 처리할 것인가?

구 분	항 목
지도에 관한 의식	1. 직원의 하려는 의욕을 이끌기 위해, 평소 어떠한 것에 마음을 두는지 기입하시오. 2. 직원에 대한 교수법은 평소 어떤 점에 중점을 두는지를 기입하시오. 3. 직원을 평소 지도할 때 무엇을 주의하고 있는가? 기입하시오. 4. 직원을 계획적으로 지도한다. 에서 계획적이란 무엇인가? 기입하시오. 5. 직원을 지도할 때 날마다 문제가 발생한다. 문제를 해결하기 위해 무엇이 필요한가? 기입하시오. 6. 사회인 및 직업인과 조직원의 차이를 간단하게 기입하시오. 7. 부하의 능력을 보다 높이기 위해 평소 어떤 자극을 주고 있는가? 8. 직원을 꾸짖을 때는 어떤 점에 주의하는가를 구체적으로 기입하시오. 9. 직장 내에서 상사로서의 자기관리는 어떻게 하는가를 구체적으로 기입하시오. 10. 직장 내에서의 자기개발 방법을 구체적으로 기입하시오.

5. 복리후생과 인간관계

1) 복리후생관리

직원의 건전한 노동력의 확보 및 노동생활의 안정적 유지발전을 위하여 기업이 직원과 그의 가족을 대상으로 제공하는 임금이외의 간접적 모든 급부이며, 생활보조 수단으로서 각종의 복리후생시설 및 제도를 포함하는 물질적·정신적 서비스의 모든 것이다.

복리후생제도는 처음에는 기업이 종업원에 대하여 온정적·은혜적인 의미에서 임의적 제도로 시작되었으나 기업의 발전과 노사관계의 변화로 말미암아 요즘에는 점차 국가의 입법활동에 의하여 강제적 성격을 더해가고 있다.

(1) 복리후생의 구분

(가) 법적 복리후생: 국민연금, 의료보험, 고용보험, 산재보험 등

(나) 법적 외 복리후생: 급식, 의료, 위생, 휴양, 운동, 오락, 주거, 안전, 통근, 보육, 교육 등

2) 인간관계 관리

사람을 인격적 감정적 존재로 이해하고 관리한다는 철학과 제도, 그리고 기법을 총칭하는 하나의 사고방식으로 경영의 효율도 향상되고 직원의 사기도 높아진다는 것이다.

6. 휴일 및 휴가제도

1) 휴일 규정

휴일은 매주 ( )요일을 정기휴일로 정하며, 월 ( )회의 월차휴일을 둔다.

(1) 월차휴일

(가) 월차휴일은 가급적 월, 토, 일요일은 피하도록 한다.
(나) 월차휴일은 매달 ( )회 사용하되 살롱의 요구로 근무시 특근수당을 지급한다.
(다) 휴가에 해당하는 달의 월차는 상실된다.
(라) 월차휴일의 신청은 일주일 전에 하며, 특별한 사정없이는 날짜를 변경할 수는 없다.

2) 휴가 규정

(1) 연간 정기휴가 일수는 ( )일로 정한다.

(2) 정기휴가 : 신정휴가 1일, 구정휴가 3일, 여름휴가 3일, 추석휴가 3일

* 휴가일은 모든 직원에게 동일하게 적용하며 신정, 구정, 추석휴가는 미용기업의 방침에 따르며 여름휴가 일정은 전 직원이 의논하여 내부 조정한다.

3) 예외

(1) 결혼휴가

(가) 본인의 결혼 - 선택1 : 7일의 유급휴가 , 선택2 : 1개월의 무급휴가
(나) 직계가족의 결혼 : 1일 휴가 (청첩장 제출시)

(2) 출산휴가 : 무급휴가 2~3개월

(3) 부모의 환갑 및 칠순시 휴가 : 1일 휴가 (부모 주민등록등본 제출시)

(4) 애사(초상)시 휴가 : 직계가족 애사시 - 3일간의 유급휴가

(5) 예비군 훈련시 휴가 (훈련 통지서 제출)

(가) 비상훈련 : 월차처리
(나) 동원훈련 : 3일 유급휴가
(다) 기본훈련 : 1일 유급휴가

(6) 병가휴가는 최장기 2개월까지 허용하며 무급을 원칙으로 한다.

(7) 포상휴가 제도

일의 사기 진작 및 사명감 고취를 목적으로 한다.

(가) 매출신장률 1위
(나) 신규고객 확보율 1위
(다) 베스트 스텝상
(라) 우수 서비스상
(마) 노력상 · 봉사상

7. 미용기업의 복무규정

1) 복무규정의 실례

복무규정

제1장 총칙

제1조 (목적)

본 규정은 OOO 미용기업에서 근무하는 직원이 업무상 준수하여야 할 기본 규율을 정함으로써 직장의 질서를 유지하고 각자의 책무를 완수케 하여 미용기업의 발전 및 직원 개개인의 복리증진을 도모함에 그 목적이 있다.

제2조 (적용범위)

종업원의 복무에 관하여는 다른 규정에 특별히 정한 것을 제외하고는 이 규정이 정하는 바에 의한다.

제2장 복무

제3조 (복무기준)

직원은 다음의 사항을 성실히 수행하여야 한다.

1. 제규정의 준수

직원은 미용기업의 제규정을 성실히 준수하여야 함은 물론 상사의 지시에 의하여 부과된 직무를 완수하여야 한다.

2. 신의 있는 행동

직원은 OOO 미용기업에 근무하는 직원으로서의 신의와 본분을 다하고 고객에게 친절 봉사하며 미용기업의 신용과 명예가 훼손될 행위를 하여서는 안 된다.

3. 업무상의 기밀 유지

직원은 재직 중은 물론 퇴직 후라고 할지라도 미용기업 업무상의 기밀을 누설하여서는 안 된다.

4. 인화단결

직원은 항상 인격도야 및 지식의 향상을 도모하며 상호 인화 단결함으로서 미용기업 업무 발전에 노력하여야 한다.

제3장 직원

제4조 (직원의 의무)

1. 규정 준수의 의무
2. 미용기업의 명예 유지 의무
3. 미용기업의 경영 방침 이행 의무
4. 미용기업의 기구 및 시설물 애용 보존 의무

제5조 (직책)

1. 경영자(원장)의 직무

경영자(원장)은 미용기업의 모든 업무를 총괄한다. 경영자(원장)의 유고시 또는 부재시에는 본부장 또는 경영자(원장)가 지명하는 자가 그 직무를 대리한다.

2. 본부장

가. 경영자(원장)를 보좌하며 미용기업의 일련의 일어나는 사소한 문제까지도 직·간접적인 책임을 맡고 그 직무를 충실히 다 하여야 한다.

나. 미용기업의 근무상태를 직 · 간접으로 파악하며 때로는 직원들의 의견을 성의 있게 수렴하여 전 직원이 최고의 여건에서 근무할 수 있도록 관리하며 책임을 다한다.

다. 대내외적인 이벤트는 물론 미용기업의 발전 지향적인 새로운 경영의 아이템을 창출 기획하고, 비전 제시를 하여야 하며, 경영자(원장)와 더불어 끊임없이 고뇌와 열의를 다하여야 한다.

3. 매니저(부원장 · 실장)

가. 매니저는 경영자(원장)를 보좌하며 그 활동을 적극적으로 원조하고 미용기업의 고유의 틀을 기본 바탕으로 하여 디자이너 및 스텝을 지휘 통솔하며 능률적으로 미용기업을 경영한다.

나. 모든 직원의 근무 상태를 파악하고 항상 생기 있고 청결하게 유지 관리하며 때로는 디자이너 및 스텝들의 의견을 수렴 상사에게 보고하여 적절한 처방을 내려 미용기업의 전 직원이 최고의 여건에서 근무할 수 있도록 관리하여 책임을 진다.

다. 매니저는 미용기업의 발전을 위해 늘 고뇌하여야 하며 최선을 다하여 즉시 실천에 옮겨야 할 의무가 있다. 매니저는 미용기업에 연관되는 일 또는 사생활까지도 관여하는 막중한 책임이 있으므로 미용기업의 직원을 위해 어느 시간이라도 그 임무를 다하여야 한다.

4. 디자이너

가. 디자이너는 관할하는 책임자의 지시를 성실하게 따르고 부하직원인 스텝진을 아끼고 사랑하며 인격수양은 물론 다양한 정보 및 지식과 상식을 갖추려는 노력에 최선을 다한다.

나. 스텝진은 자신의 일거일동을 관찰하며 배우고 있다는 사실을 잊어서는 안된다.

프로에 입각하여 그날의 매출액에 총력을 다하므로 진정한 프로로서의 기질을 최대한 발휘하여야 한다.

5. 스텝

가. 구체적인 단기의 목표를 가지고 미용인으로서 갖추어야 할 무엇을 위해 최선을 다한다.

나. 업무 후 종례나 기타 개인적인 면담 혹은 상사로 하여금 지적되는 사항들을 자기발전의 채찍이라는 감사하는 마음으로 받아들일 줄 아는 긍정적인 사고와 자세가 되어야 한다.

제4장 출근 및 퇴근

제6조 (근무시간)

직원의 근무시간은 ○○:○○부터 ○○:○○까지를 원칙으로 하되 업무 수행상 또는 계절 특성 등의 형편에 따라 변경할 수 있다.

제7조 (중식 및 휴식시간)

중식을 포함한 휴식시간은 ○○:○○부터 ○○:○○까지를 원칙으로 하되 사업장별 상황별 여건에 따라 교대로 실시할 수도 있다.

제8조 (출근)

직원은 업무시작 10분전에 출근함을 원칙으로 한다.

제9조 (결근)

1. 직원이 결근하고자 할 경우에는 사전에 결근계를 제출하여 승인을 얻어야 한다. 다만, 긴급한 사항이 발생했거나 불가피한 사유로 인하여 사전에 승인을 얻지 못한 경우에는 사후에 제출할 수도 있다.
2. 질병으로 인하여 5일 이상 계속 결근할 경우에는 의사의 진단서를 첨부하여

제출해야 한다.

3. 직원이 무단 결근한 경우에는 당월 급여 지급시 1일 기준 2%를 공제한다.
4. 무단 결근 3회 이상은 인사 조치한다.

제10조 조퇴와 지각

1. 직원이 상병 또는 기타 사유로 지각하였을 때에는 그 사유를 보고하여야 한다.
2. 직원이 상병 기타 사유로 조퇴하고자 할 때에는 그 사유를 보고하고 승인을 얻어야 한다.
3. 조퇴 또는 지각 월 3회는 결근 1회로 간주한다.
4. 비상재해, 교통사고, 기타 자기의 책임에 귀속되지 않는 사유로 인하여 지각한 때에는 정시 출근으로 간주한다.
5. 선거권 기타 공민권 행사로 인한 지각 및 조퇴는 예외로 한다.

제5장 휴일 및 휴가

제11조 유급 휴일

직원에게는 미용기업이 정한 매월 정기 휴무일에 유급 휴일을 준다.

제12조 월차 유급 휴가

직원이 월간 개근할 경우에는 1일의 월차 유급 휴가를 주되 가급적 생리휴가의 성격으로 활용하도록 권장한다.

단 휴무일과 연계한 휴가 사용은 원칙적으로 금지하며 월 결근 1회, 조퇴 또는 지각이 3회 이상일 경우 월차 유급 휴가는 상실된다.

제13조 경조 휴가

다음 각 호에 해당하는 경우에는 본인의 요구에 의하여 경조 휴가를 실시한다.

1. 본인의 결혼 : 7일, 자녀의 결혼 : 3일, 본인 및 배우의 형제 자매 결혼 : 1일
2. 본인 및 배우자의 직계 존속의 회갑 및 칠순 : 1일
3. 배우자의 사망 : 5일, 본인 및 배우자의 직계 존속의 사망 : 5일, 본인 및 배우자의 형제 자매의 사망 : 2일, 조부모의 사망 : 1일, 자녀의 사망 : 3일
   단, 원거리의 경우 왕복 소유 일수는 휴가 일수와 별도로 하되 휴가 기간 중 공휴일은 휴가일수에 계산한다.

제14조 휴가원 제출

직원이 휴가를 얻고자 할 경우에는 휴가원을 제출하고, 사전에 승인을 얻어야 한다.

제15조 휴일 근무의 특례
업무상 필요한 경우에는 휴일 또는 휴가중이라도 출근을 명할 수 있다.

2) 급여 및 복리후생 규정

급여 및 복리후생 규정

제1장 총칙

제1조 목적
이 규정은 직원의 급여에 관한 사항을 정함을 목적으로 한다.

제2장 급여 지급

제2조 급여의 구분
급여라 함은 기본급, 능률급, 상여금, 각종 수당을 말한다.

제3조 지급일
급여는 월1회 지급하며 그 지급일은 미용기업의 급여 지급일 방침에 따른다.
단, 지급일이 휴일인 경우에는 그 전일에 지급함을 원칙으로 한다.

제3장 급여 계산

제4조 급여계산
급여는 월급으로 하며 지급 계산기간은 당월 1일부터 말일까지로 하되 월 급여의 1할을 계산하고자 할 때의 1할 액은 월의 대소를 막론하고 월 급여의 30분의 1로 한다.

제5조 신규채용
신규채용자의 급여는 채용일로부터 업무한 날을 기준으로 계산 지급한다.

제6조 휴직자의 급여
휴직자의 급여는 지급하지 아니한다.

제7조 정직자의 급여
징계처분에 의하여 정직된 자의 당월 급여는 전액 지급하고 익월부터는 직원으로서의 신분은 보유하나 급여는 지급되지 아니한다.

제8조 감봉자의 급여

징계 처분에 의하여 감봉된 자의 급여는 징계 처분 익월의 급여부터 감액 지급한다.

제9조 가호봉 적용

각 직급마다 최고 호봉에 달한 후 승격하지 못하면 매 승급시기마다 1호봉씩 가호봉하되 총 4회를 초과하지 못한다.

제10조 수당지급

미용기업은 기본급 외에 수당 및 인센티브 규정에 따로 만들어져 있는 경우 지급규정에 의거 지급할 수도 있다.

제11조 상여금

미용기업은 경영실적에 따라 상여금을 지급할 수도 있다.

제12조 퇴직금

미용기업은 근속기간이 1년 이상인 퇴직자에게 따로 정하는 바에 따라 퇴직금을 지급한다.

제4장 복리 후생

제13조 중식비 지급

미용기업은 직원들에게 중식 제공을 원칙으로 하되, 중식 보조비 지급을 원하는 직원에게는 1일 ○○○원을 근무 일수에 따라 지급한다.

제14조 직원 경조비 지급 규정

미용기업은 경조비를 다음과 같은 지급 기준에 의하여 지급한다.

* 축의금

1. 본인의 결혼 : 100,000원 , 자녀의 결혼 : 80,000원 , 형제·자매 결혼 : 30,000원
2. 부모 회갑 또는 칠순 : 50,000원 , 출산 : 100,000원

* 조의금

1. 본인사망 : 200,000원 , 배우자의 사망 : 50,000원
2. 본인 및 배우자의 직계 존속의 사망 : 50,000원
3. 본인 및 배우자의 형제·자매의 사망 : 50,000원
4. 자녀의 사망 : 50,000원

3) 인사규정

인사규정

제1장 총칙

제1조 목적

이 규정은 직원의 인적자원관리에 적용할 기준을 정하여 인사의 공정을 기함을 목적으로 한다.

제2조 적용범위

이 규정은 인사에 관하여 다른 규정에 특별히 정한 것을 제외하고는 이 규정에 의한다.

제3조 인사권

직원의 인사에 관한 사항은 대표자가 이를 행한다.

제4조 용어의 정의

이 규정에서 사용하는 용어의 정의는 다음과 같다.

1. 채용은 신규인원을 미용기업에 근무하게 함을 말한다.
2. 보직이라 함은 직원을 그 자격 및 적성에 따라 직위를 부여하고 특정 직무에 종사하게 함을 말한다.
3. 승진이라 함은 하위 직급에서 상위 직급으로 상승함을 말한다.
4. 승급이라 함은 하위호봉에서 상위호봉으로 호봉이 상승함을 말한다.

제2장 채용

제5조 채용시 구비서류

종업원 채용시 미용기업에서 지정하는 다음의 서류를 제출해야 한다.

1. 이력서 2통, 자기소개서
2. 주민등록등본 2통, 자격증·면허증 사본 1통
3. 졸업증명서, 성적증명서

제3장 승진 및 승급

제6조 직급의 구분

스텝에서 디자이너까지 직원의 직급은 5단계로 구분하며 다음과 같다.

1. 입사한 날의 직원은 5급을 원칙으로 한다.

2. 입사한 날로 6개월 후 4급을 원칙으로 한다.
3. 입사한 날로 1년차에 3급을 원칙으로 한다.
4. 입사한 날로 1년 6개월 이상이 되었을 때 2급을 원칙으로 한다.
5. 입사한 날로 3년 이상이 되었을 때 디자이너로서의 1급의 능력을 인정받을 수 있음을 원칙으로 한다.

제7조 승진

승진은 스텝이 인턴으로, 인턴이 디자이너로 한 단계 승격함을 말한다.

제8조 승진 자격

1. 디자이너 승진 : 입사후 3년 이상자 중에서 선발
2. 인턴 승진 : 입사후 1년 6개월 이상자 중에서 선발
3. 경력자는 경력에 따라 월급과 호봉이 책정되며 승진 자격의 제한을 받지 않을 수도 있다.

제9조 승진 기준

승진 기준에 관한 사항은 따로 정하되 승진 소요 연한, 인사고과, 승진 자격 시험, 교육훈련, 상벌 등을 종합 평가하여 시행하며 특히 능력개발 및 그 활용에 중점을 둔다.

제10조 특별 승격

상위 직급의 승진 소요 연한의 2/3이상을 근속한자 중에서 현저하게 능력이 탁월한 자는 특별 승진시킬 수 있다.

예) 인턴에서 디자이너 승진 : 2년, 스텝에서 인턴 승진 : 1년

제11조 정기 승급

정기 승급은 스텝 및 인턴은 연 4회, 매회 1호봉씩 4호봉 승급, 디자이너는 연 1회 2호봉 승급을 원칙으로 하되 종합 근무 평정에 따라 1호봉 이상을 가감할 수 있다.

제12조 승급 시기

승급 시기는 매분기말을 원칙으로 한다. 다만 신규 채용자는 승급 기준일 현재 근속기간이 3개월을 초과해야 한다.

제4장 휴직

제13조 휴직

직원이 다음 각 호에 해당할 경우에는 휴직을 명할 수 있다.

1. 부상 및 질병으로 1개월 이상 결근을 요할 때
2. 업무상 재해로 요양 기간이 3개월 이상을 초과할 때
3. 일신상 사정으로 휴직을 원할 때
4. 개인적인 사유로 10일 이상의 결근을 요할 때
5. 신체질병 또는 정신질환으로 인하여 업무수행이 곤란하다고 미용기업이 판단할 때

제5장 표창 및 징계

제14조 개근 표창

직원으로서 1년간 개근한 경우에 표창한다.

제15조 공로 표창

직원으로서 다음 각 호에 해당한 경우에는 이를 공로 표창한다.

1. 품행이 바르고 근무자세가 성실하며 다른 직원의 모범이 되었을 때
2. 화재, 풍수해, 기타 천재지변 시에 출근하여 방호의 업무를 다하였을 때
3. 기타 근무 성적이 우수하다고 인정될 때

제16조 제안 표창

직원으로서 다음 각 호에 해당하는 자로서 그 제안이 크게 실효성이 있다고 인정되어 채택되었을 때에는 이를 표창한다.

1. 미용기업의 업무 능률 향상을 위한 창의 제안자
2. 미용기업의 발전과 경영의 합리화를 위한 창의 제안자

제17조 표창 인원 및 시기

1. 개근 표창은 매년 시무식 때 개근자 전원에게 표창한다.
2. 공로 표창은 매년 시무식 때 사업장별로 한해의 공로자라고 인정되는 직원을 1명씩 선발 표창한다.
3. 제안표창은 그 사유가 발생했을 때 수시로 행한다.

제18조 징계의 사유

직원으로서 다음 각 호에 해당하는 자는 징계 처분한다.

1. 미용기업의 제규정 또는 규칙을 위반하였거나 상사의 명령에 불복종한자
2. 고의 또는 부주의로 미용기업에 손해를 끼친 자
3. 직무에 태만하거나 직원의 본분에 위반되는 행위를 한자
4. 직원을 선동하여 미용기업의 질서를 문란하게 한자 또는 이에 동조한자
5. 폭행으로 업무 집행을 방해한자
6. 범법 행위로 기소되거나 유죄 판결을 받은 자
7. 정당한 사유 없이 무단결근 3일 이상인자
8. 기타 각 호에 준한 비위 사실이 있다고 인정된 자

제19조 징계의 구분

징계는 다음의 4종으로 구분하여 시행하되 그 기준은 따로 정한다.

1. 견책 : 견책이란 시말서를 받고, 장래를 훈계함을 말한다.
2. 감봉 : 감봉이란 직원의 호봉을 감하는 것을 말하며, 1회에 2호봉 이내로 한다.
3. 정직 : 정직이란 직원을 그 직무에 종사하지 못하게 하는 것을 말하며, 정직자는 사원으로서의 신분은 보유하나 급여는 지급하지 아니한다.
4. 면직 : 면직이란 직원의 신분을 박탈하고 해고하는 것을 말한다.

제20조 의원 면직

의원 면직은 본인이 사직을 원하여 해직함을 말하며 직원이 사직하고자 할 때에는 적어도 퇴직일 20일 전에 사직원을 제출하고 승낙을 얻어야 한다.

제21조 당연 면직

직원이 다음 각 호에 해당될 경우에는 당연히 면직된다.

1. 본인이 사망하였을 때
2. 형사 사건으로 소추되어 금고 이상의 형이 확정된 경우
3. 금치산, 한정 치산, 파산 선고를 받은 자
4. 정당한 사유 없이 계속 5일 이상 무단 결근한자

Chapter 8 미용교육훈련

1. 교육훈련의 개념

1) 교육, 훈련, 개발의 개념

기업이 인재를 확보하고 만드는 차원에서 그 대상의 직무적 특성이나 권한과 책임, 조직에서 차지하는 역할 등에 따라 "교육(Education), 훈련(Training), 개발(Development)"의 개념을 사용한다.

"교육"이란, 직무수행에 필요한 지식체계의 학습과정으로서 장기적인 안목에서 실시되는 일반교양지식의 습득 프로그램이다.

"훈련"이란, 특정의 직무에 필요한 실천적 전문기능의 습득과정으로 주로 단기적 목표에서 실시되는 기능훈련의 프로그램이다.

"개발"이란, 양자의 통합적 실시에 의한 인재의 종합적 능력개발과정이면서 경영자로 하여금 조직 내에서 성공적으로 관리자가 되도록 경험, 기능 및 태도를 습득시키는 과정으로 구분할 수 있을 것이다.

2) 교육훈련의 정의

조직이 변화하는 환경에 잘 적응하면서 기업경영의 목적에 부합하도록 인적자원 육성 및 능력개발의 촉진과정으로서 직원이 직무수행에 필요한 지식, 기술, 태도, 문제해결 능력의 습득 및 개발을 위한 일련의 계획적인 프로그램을 "교육훈련"이라 한다.

교육훈련은 다양한 종류의 학습을 포함하고 다양한 상황에서 이뤄지는데 여기서 "학습"이란 교육훈련을 받는 사람들이 그들 자신을 위해 하기를 원하는 어떤 것이거나, 그들에게 제공될 필요가 있는 것으로 특히 기업교육은 종업원들의 자질을 계발하고 직무에 대한 적응도를 높임으로써 보다 나은 직무처리를 위한 자격을 갖출 수 있도록 계획적, 조직적, 체계적으로 유도하는 것이다.

기업에서 채용한 인재의 능력을 향상시키고 일에 대한 의욕을 높이기 위한 방법으로 능력개발이 실시되는데, 특히 최근에는 새로운 지식이나 기능을 적당한 시기에 습득해야 할 필요성을 많이 느끼고 있다.

이런 이유로 신규 채용자, 일반직원, 매니저, 특히 경영자 자신에 대해서도 교육훈련이나 능력개발을 계획적으로 실시하는 것이 중요한 과제로 대두되고 있다.

2. 미용기업에서의 교육의 필요성

미용기업은 영업구조의 특성상 여러 가지 경영자원 중에서 인적자원의 비중이 가장 큰 것이 특색이다.

미용기업의 경영형태는 "미용기술과 서비스"를 제공하는데 필요한 시설을 갖춘 장소에서 미용기술을 가진 종업원이 고객을 맞아 미용서비스를 제공하고 반대급부로 미용요금을 받는 인간관계를 중시하는 기업이다. 따라서 미용기업의 가장 중요한 재산은 사람이다.

여기서 사람이란 주로 "고객과 종업원"을 말하는데 고객을 만족시켜 계속 내점하게 하여 매출을 증대시키기 위해서는 먼저 "종업원"이란 인재 즉 인적자원을 가장 소중하게 육성하여 활용할 필요가 있는 것이다.

21C 급격한 미용경영환경의 변화 속에서 미용기업이 기업의 목적을 실현하려면 기술, 서비스, 인테리어, 이미지의 질적 향상과 고부가가치의 메뉴 개발 등에 의한 고수익을 올리는 미용기업의 경영체질을 만들어 나가지 않으면 안 된다.

그러나, 노동환경을 아무리 훌륭한 내용으로 개선하고 미용기업의 경영형태를 바꾸어 고객만족을 최대로 고려한 영업시스템을 구축하더라도 그것들을 가능하게 할 종업원이 수반되지 않고서는 아무런 가치가 없다. 왜냐하면 미용기업에서 가장 중요한 자원은 영업을 수행하는 종업원이기 때문이다.

1) 교육의 필요성

미용기업에서는 교육을 통해서 소비자의 변화하는 욕구와 요구를 수용하여 앞서 나가고 또한 역동적으로 대처해 나갈 필요가 있는 것이다.

미용기업에는 직원과 매니저 및 경영자는 변화하는 미용경영환경에 대한 지식 및 새로운 미용 기술과 서비스를 습득하지 못한다면, 그 미용기업은 고객으로부터 어떤 미용기업으로 보일까?

그 해답은 결국 정체되는 미용기업으로 인식되게 될 것이며, 결국 성공하지 못하는 미용기업의 표본이 될 것이다.

먼저 미용기업 교육의 필요성은 미용교육기관의 불충분한 교육에서 비롯된다.

미용전문대학, 미용학원, 직원훈련원, 직업학교 등의 교육기관들이 미용인력을 배출하고 있지만, 미용전문대학은 이론과 관련학과의 학습에 태반의 시간을 할애하고 있고 실습에 배당된 시간이 한정되어 있기 때문에 실기에 능숙해질 만큼의 여유가 없고, 미용학원과 직원훈련원, 직업학교는 미용사 자격시험에 맞춰 교육을 하고 있는 실정이다.

또한 미용기업에서 바라는 직업인으로서의 자각을 갖도록 하는 교육이나 접객응대의 훈련은 아예 가르치지 않거나 가르친다고 해도 원리원칙을 가르치므로 미용기업의 현장에서 필요한 교육을 위해서는 미용기업에서 체계화된 시스템에 의해 커리큘럼을 짤 필요가 있다.

즉 미용기업에서의 교육의 필요성은 고객의 원하는 "美"에 대한 지속적인 욕구를 충족시키기 위해 현장에서 필요로 하는 연속적인 교육이 요구되는 것이다.

2) 미용기업에서의 교육

미용기업에서의 교육은 "현장에서 바로 써먹는 교육"이 필요한 것이다.

가령 미용전문대학이 기초교육의 장이라고 한다면 현장인 미용기업은 실천교육과 그 훈련의 장인 것이다. 따라서 이론을 바탕으로 기본실기를 학습시키는 것은 미용전문대학이 할 수 있는 분야이고, 이것을 반복 실행하여 자기 것으로 하는 터득의 분야는 미용기업의 교육에 맡겨야 할 것이다.

그러므로 미용기업에 입사한 종업원의 경우 철저하게 계획적으로 단련시켜 미용기업에서 활용할 수 있는 전력(戰力)으로 만들어 가야 할 것이다.

또한 다른 미용기업으로부터 이직해 온 종업원의 경우 새로운 미용기업의 이미지와 직무규정 등을 습득하게 하여 현장에 적응력과 기대감을 갖고 근무를 개시하도록 지도해야 한다.

미용기업이 끊임없이 성장하는 기업으로 존속하기 위해서는 미용기업의 경영방법과 내용을 개선하는 데 여기서 개선의 요체는 바로 종업원 능력의 지속적으로 향상시키는 것이다.

3) 교육의 필수조건

(1) 미용기업 교육은 경영자 및 전 직원이 참가해야 한다.

(가) 미용기업 교육의 목적

"고객이 기뻐하는 직원 만들기"이다. 즉 직원끼리 서로 협력하고 미용기술 교육 및 서비스 교육을 지속적으로 받으므로 자신의 능력 향상 및 시술을 통한 고객의 기쁨을 만들 수 있으며 이것은 곧 매상의 증대로 이어진다.

(나) 미용기업 교육의 절대적인 조건

경영자의 진두지휘에 따라 전 직원이 절대적으로 참가해서 서로간의 팀웍 및 교육의 중요성을 인식해야 한다.

(2) 직원 교육의 중지는 미용기업의 쇠퇴개시를 의미한다.

(가) 미용기업 교육은 미용기업의 영속 번영을 바라는 한 지속적이어야 한다. 미용기업 교육이란 미용경영환경의 변화를 항상 선취할 수 있는 직원을 키우는 것이다.

(나) 미용기업 교육의 중단은 결국 매상의 감소와 직원의 퇴점과 미용기업의 실패를 초래한다.

(3) 미용기업 경영자는 직원 교육의 책임자이다.

미용기업이 번성하지 않는 것도 경영자의 책임이고, 직원들의 이직율이 높은 것도 경영자의 책임이다. 미용기업의 교육 시스템이 체계적으로 완성되어 있고 직원들의 임무가 정해진 가운데 운영되는 것도 전적으로 경영자의 책임이다.

경영자는 교육 시스템의 완성까지 직접 책임을 가지고 수행해야 하며 교육 시스템 완성 후에는 각각의 담당자와 연대책임을 갖는 것이 이상적인 방법이다.

(4) 경영자의 방침이 정확하게 직원에게 전해져야 한다.

경영자의 방침이 매니저 및 관리자를 통해 직원에게 정확하게 전달되도록 해야 한다.

(5) 영업 데이터를 통한 교육 자료분석 및 활용

미용기업 번성을 위한 교육은 매일 매일의 영업실적을 분석자료로 활용하여 다음 교육 주제를 설정해야 한다. 명확한 교육 주제에 바탕을 두고 행하는 교육만이 번성 미용기업으로서의 미래가 있는 것이다.

(6) 미용기업에 있어서의 직원 고용과 교육의 관계

직원 채용과 더불어 교육프로그램을 설명하고 승급심사 및 체계에 대해 이해를 시킨 후 직원 스스로 교육에 열성을 다할 수 있도록 유도해야 한다.

(7) 직원 교육의 목적은 개개인의 체계적인 실력향상이다.

지속적인 교육을 실시하므로 개개인의 미용기술과 서비스에 대한 능력을 향상시키는 것이 직원교육의 최대목적이다.

(8) 미용기업 교육은 영업에서 필요한 역할 및 역할 분담을 습득하는 것이다.

교육은 뚜렷한 목적의식을 가지고 행해야만 좋은 결과를 얻을 수 있다. 즉 전직원의 협력이 미용기업의 번성을 이룩할 수 있다. 그리고 미용기업 영업에서의 역할과 내용을 습득하는 것이 미용기업 교육의 필요성이며 직원들은 자신의 역할을 습득하도록 노력해야 한다.

4) 교육방법

미용기업의 종업원 손에 쥐어주는 교육방식이 아닌 종업원 스스로가 교육의 필요성을 느껴 스스로 연구·노력할 수 있는 의식을 깨우쳐 줄 수 있는 의식개혁 교육이 기초가 될 것이다.

미용기업의 성장을 목적으로 실시하는 “정기교육”은 비록 현재의 매출이 안정되어 있다고 하더라도 그 안정을 지키기 위해서 또한 매출의 지속적인 상승을 위해서 반복적으로 실시할 필요가 있다.

또한 이런 정기교육을 실시함에도 불구하고 새로운 상품과 기술의 도입 등으로 새로운 교육훈련의 내용이 끊임없이 발생된다.

즉 새로운 기술의 도입, 새로운 재료의 사용, 기술시스템의 변경, 영업시스템의 변경, 사용약제의 변경, 외래강사의 초빙 등이 임시교육을 통해 이뤄져야 한다.

대부분 현재 행해지고 있는 미용기업의 교육프로그램은 기술위주로 편중되어 있다. 그러나, 21C에는 기술뿐만이 아니라 따뜻한 마음을 전하는 인성교육도 강화하여야 할 필요가 있다.

미용기업을 안정적으로 경영하려면 무엇보다도 가장 중요한 자원인 종업원의 고용안정을 기하고 정착성을 높여야 한다.

열악한 근무환경과 저임금 등으로 이직율이 상당히 높은 실정인데 이것을 극복하고 또한 참다운 미용인으로서 직업관과 인생을 사는 보람을 갖게 하기 위해서는 기술을 경력개발의 프로그램에 따라 가르쳐 주는 것이 종업원의 장기근속과 정착율을 높이는 인적자원관리의 한 방법이 될 것이다.

그러므로, 종업원 개개인의 특성과 능력과 직급에 알맞은 “인성교육”과 “경영교육” 그리고 “기술교육”의 커리큘럼은 장차 미용기업 종업원의 안정적 확보와 개발에 필요불가결한 것이다.

가장 이상적인 미용기업의 교육훈련은 미용인으로서 자아실현을 하는 평생교육으로서의 가치를 지녀야 한다.

“평생교육”이란, 사회에 적응해서 의미 있는 생활방식으로 가치 있는 인생을 살아가기 위해서 자기 스스로에게 부여하는 교양과 실용의 학문을 일생을 통해 연마해 나가는 과정이다.

이것은 물론 미용이란 직업에 한정된 것은 아니지만 미용이란 직업이 특히 사람 그 자체의 능력과 개성이 강하게 반영되는 것이기 때문에 매일 매일의 정진이 그 직업의 결과에 큰 영향을 주고 있다고 할 것이다.

(1) 전문인력 양성 교육

미용전문인력 양성을 위해서는 헤어, 피부관리, 메이크업 중심의 교육에서 벗어나 실제 미용기업현장에서 사용할 수 있는 현장중심·업무중심의 전문인력 양성교육이 이루어져야 한다.

기초적인 학문분야 뿐만 아니라 실제 현장에서 필요로 하는 인성교육, 서비스 교육, 미용경영교육, 인터넷 교육, 헤어케어 교육, 헤어칼라링 교육, 커트 교육, 파마 교육, 업스타일 교육, 피부관리 교육, 메이크업 교육 등 세분화된 교육과정을 두어야 한다.

〈표 8-1〉 미용 전문인력 양성 교육

구 분	기존의 미용전문 양성교육	현재의 미용전문 양성교육
목 표	개인의 변화를 통한 업무현장의 변화	미용업무 현장의 구체적인 변화를 통한 조직구성원의 변화
내 용	개인의 지식과 기술 및 태도변화에 초점을 둔다. → 사전에 필요 내용을 모두 결정하여 제공한다.	미용업무현장과 구체적인 요구에 대응하여 스스로 만드는 지식, 기술 및 태도에 업무현장별 다양한 교육을 제공한다.
교육방법	강의 중심의 교육 → 개인학습	미용업무현장의 변화 프로세스 중심의 자기학습 → 학습 + 액션
교육기간	2박 3일 또는 3박 4일	변화에 적합한 기간 30일, 60일, 90일, 1백20일
교육장소	강의실 또는 연수원 중심	미용현장 + 강의실 중심
교육체계	획일적인 정형화된 체계	미용업무현장별 교육체계 부서별, 팀별 인재육성 책임제
교육평가	개인적인 만족도 중심의 측정	미용업무현장의 구체적인 변화

3. 미용기업에서의 교육시스템

1) 교육 훈련시스템

구체적으로 미용기업 기술교육의 흐름에 대해서 알아보자 〈그림 8-1〉을 보기 바란다.

〈그림 8-1〉 교육훈련 시스템(B63.40)

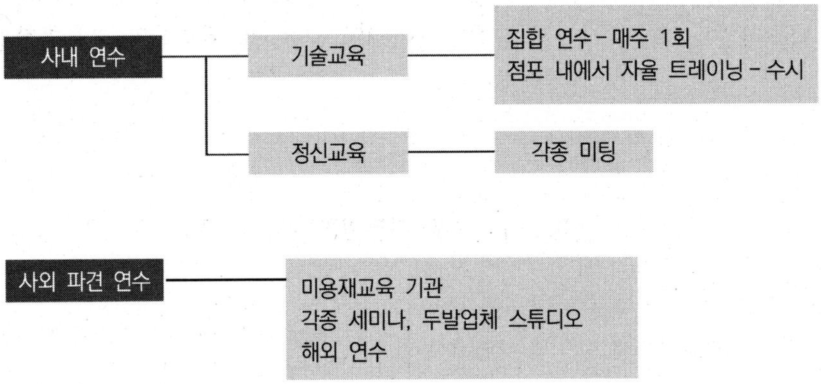

"교육훈련시스템"은 이와 같은 형태로 되어 있다. 사내 기술교육 중 집합연수가 세분화되면 〈그림 8-2〉가 된다. 이 그림의 연수는 어디까지나 하나의 목표로서 기초훈련으로는 이 정도로 진행하였으면 좋겠다는 희망이기도 하다.

대부분 주니어 스타일리스트까지 3년간으로서 "마무리 머리"까지 지도에 들어가는 계획으로 진행된다.

1, 2년생은 거의 100%에 가깝게 기초 트레이닝에, 3년째부터는 기초플러스 실천, 응용의 트레이닝을 한다. 그리고 3년째 이상의 기술자는 아랫사람을 교육하는 일을 해야 한다.

이것은 가르치는 본인에 있어서는 작년, 재작년에 배운 것의 복습이 되고 가르치려면 자기 자신이 보다 능력이 있지 않으면 안 되겠다는 것 때문에 필히 자신의 상승을 도모할 수 있는 것이다.

3년생은 오너로부터 배우면서 지도자의 입장도 되고 이후에는 쌍방의 기분을 이해할 수 있도록 되는 것이다.

〈그림 8-2〉 베이직 트레이닝 커리큘럼(미용실 사례를 중심으로)

1년째	어시스턴트	오리엔테이션(미용의 목적, 약품, 기구에 관하여) 브러싱 마사지 트리트먼트 린스 샴푸 칼라링 와인딩 : 기본말기, 스타일 말기, 응용 말기 롤러컬 브로우 : 브러시 브로우, 코움 드라이어, 아이롱 커트 : 초급
2년째	주니어 (초급기술자를 위한 준비)	커트 : 중급 커트 : 상급 오리지널 세트
3년째	주니어 스타일리스트 (스타일리스트를 위한 준비)	코움 아웃 마무리 머리 : 기초편, 응용편 메이크업 : 초급
4년째	스타일리스트	메이크업 : 이론, 실기 후배의 지도 : 지도기술을 갖춘다.
5년째 이상	시니어 스타일리스트	업스타일 자기의 목표 지도와 관리

〈표 8-2〉 교육 스케줄(미용실 사례를 중심으로)

년 · 월 (내용)		기본 예절 교육	모발 생리학	샴푸	파마 기초 응용	염색 기초 응용	드라이 기초 응용	커트 기초 응용	업스타일	메이크업	뉴모드 교육
1년	1										
	2										
	3										
	4										
	5										
	6										
	7										
	8										
	9										
	10										
	11										
	12										
2년	1										
	2										
	3										
	4										
	5										
	6										
	7										
	8										
	9										
	10										
	12										
3년	1										
	2										
	3										
	4										
	5										
	6										
	7										
	8										
	9										
	10										
	12										

(1) 제 1 코스

(가) 기본 예절 교육 : 3시간

① 접객의 마음가짐
② 접객에 대한 언어사용
③ 접객 태도
④ 응답 방법
⑤ 복장
⑥ 직원간의 예절

(나) 모발 생리학 : 9시간

① 모발의 생태
② 모발의 형태와 구조
③ 모발의 손상
④ 모발의 미세구조
⑤ 모발의 화학적 · 역학적 · 물리적 성질
⑥ 모발 진단

(다) 샴푸 교육

* 이론 : 3시간
① 샴푸의 목적
② 샴푸의 세정작용
③ 샴푸제의 성분
④ 샴푸제의 종류와 분류
⑤ 샴푸제와 PH와의 관계
⑥ 샴푸시 유의사항
⑦ 린스의 목적 및 린스제의 조건과 종류

* 실습 : 9시간
① 두피상태별 세발 방법
② 브러싱 테크닉
③ 헤드 마사지 테크닉
④ 트리트먼트 테크닉

(라) 파마 기초 교육

* 이론 : 3시간
  ① 파마의 원리
  ② 파마 약액의 구성성분 및 롯드의 종류
  ③ 파마의 실제 작업의 고찰
  ④ 샴푸제의 종류와 분류

* 실습 : 15시간
  ① 자세
  ② 브러싱
  ③ 스트랜드의 각도
  ④ 고무줄 사용법
  ⑤ 와인딩 방법 및 순서

(마) 파마응용 교육

* 이론 : 1시간
  ① 와인딩의 종류 및 웨이브 기법

* 실습 : 17시간
  ① 파마 웨이브의 실제
  ② 파마 웨이브와 헤어디자인

(바) 염색 기초 교육

* 이론 : 3시간
  ① 모발의 색
  ② 염색의 종류
  ③ 탈색의 목적
  ④ 탈색의 종류

* 실제 : 15시간
  ① 모발 염색의 시술 방법
  ② 모발 탈색의 시술 방법
  ③ 버진헤어, 재염색, 흰머리

(사) 염색 응용 교육

* 이론 : 1시간

① 특수 염색 및 탈색의 종류

* 실습 : 17시간

① 특수 염색 및 탈색의 시술 방법

(아) 드라이 기초 교육

* 이론 : 3시간

① 모발과 열의 관계

② 드라이 사용법

③ 브러시 사용법

④ 롤 각도의 변화

* 실제 : 15시간

① 스트레이트

② 커브

③ 웨이빙

④ 롤링

(자) 드라이 응용 교육

* 이론 : 3시간

① 디자인에 따른 롤링

* 실습 : 15시간

① 스타일에 따른 드라이 기법

(차) 커트 기초 및 응용 교육

* 이론 : 3시간

① 원랭스

② 그래듀에이션

③ 레이어

④ 결 처리 테크닉 및 얼굴형에 따른 커트 디자인

* 실제 : 32시간

① 커트 기초 및 응용의 반복실습

(카) 스타일링 교육

* 이론 : 9시간

① 디자인

② 조형

③ 파트

④ 볼륨

⑤ 얼굴 라인

⑥ 방향

⑦ 빗질

* 실제 : 51시간

① 빗질

② 세팅

③ 백 코밍

④ 브로킹

⑤ 심 넣기

⑥ 핀 꽂는 방법

2) 직원 교육

미용을 처음 입문하는 초보 미용인들은 체계적이고 전문화된 교육을 받기를 원하며 단시간 내에 자신의 목표에 도달하기를 원하고 뛰어난 기술로써 인정받기를 원한다.

자신의 위치에 머무르는 것이 아니라 바른 교육을 통해 승급하고 싶어하므로 교육적으로 많은 투자를 하는 미용기업에 근무하기를 원한다. 여기서는 먼저 미용기업에서 행해지고 있는 직원교육에 대해 알아보도록 하겠다.

(1) 직원 교육체계

외부강사를 초대하거나 외부에 있는 교육기관을 활용하는 것도 중요하지만, 그보다 더 중요한 것은 내부교육을 통한 반복교육에 있을 것이다. 10번의 교육을 전문강사를 통해 받는 것보다 1번의 교육을 받고 자신이 반복교육을 통해 기술을 익히는 것이 무엇보다 중요하다.

먼저 교육계획표를 작성하고 계획표에 의해 지속적으로 실시함으로써 교육의 체계화가 확립될 것으로 보이며 나날이 발전하는 자신의 모습에서 미래에 대한 비전을 볼 수 있을 것이다.

예를 들면 한 달에 1~2회 정도 경영자(원장) 직강의 교육프로그램을 개발하여 집중적으로 교육을 하면 경영자(원장)에 대한 믿음과 신뢰가 한층 증가할 것이며, 또한 교육 후 부족한 부분을 서면으로 제출하여 다음 교육에 보충교육을 실시하므로 교육의 효과를 증대시킬 수 있다.

(2) 인성교육 - 마음씨 교육

"미용작품을 보면 인격을 안다"고 할 정도로 "미용작품(작업) = 인격이란 것이 미용의 세계이다." 이것은 "인재"라고 부르는 미용사로 기르기 위한 중요한 말이며 가슴에 새겨둘 필요가 있다.

경영자는 인재 육성에 마음을 쏟고 있어야 하며 인재라고 불리는 기술자를 키우기 위해서는 "기술", "지식", "의식(마음)"이 필요한 것이며 이들 3박자가 맞아야 비로소 달성될 수 있는 것이라 생각된다.

사람과 사람이 직접 상대해서 작업을 하는 "미용의 기술 교육"을 생각할 때에 이 세 가지 항목은 결코 떨어질 수 없다고 생각한다. 미용기술만이 선행되어 길렀을 때는 단순히 인원으로서 기술자인 것이지 인재라고 부르지 못하는 것이다.

기술은 OK인데도 손님을 맞을 수 없는, 맞았다고 하더라도 능숙하지 못하는 등 미용기업으로서는 마이너스 면이 강하게 생겨나는 것이다.

마음씨와 함께 길러졌을 때는 인재로서의 기술자가 빛나는 것이다. 어디까지나 자질의 향상은 빼놓을 수 없는 커다란 문제인 것이다. 이 세 가지 항목은 교육의 요소이기도 하므로 신입사원의 입사와 동시에 조금씩 머리와 마음속에 심고 의식토록 해서 인재가 되는 토대로 만들어 두어야 한다. 그렇게 하면 그 뒤에는 기술, 지식의 진보와 함께 마음씨도 따라가게 된다.

미용기업은 사람이 중심인 작업이므로 사람 만들기가 성공적인 결과를 낳는 가장 중요한 열쇠가 될 것이다.

다른 미용기업과 차별화된 인재양성을 위한 인성교육을 하기 위해서는 매주 1회 시간을 정해서 외부강사 또는 내부강사를 통해 인성교육을 하도록 하며 경영자(원장)와 전체직원들이 모두 참석하는 것을 원칙으로 해야 한다.

〈그림 8-3〉 마음씨의 교육

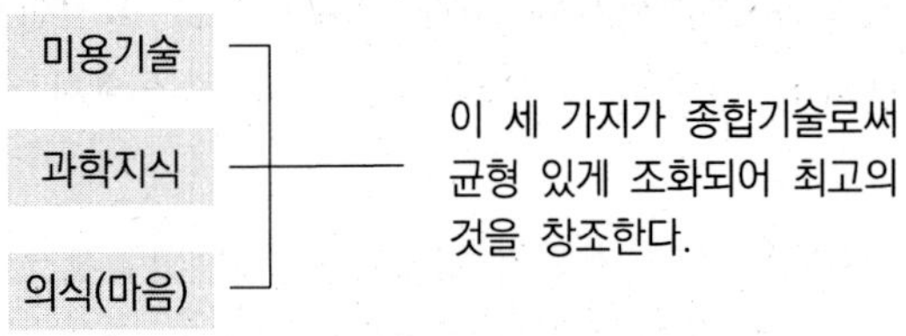

(3) 스텝 / 인턴 교육

우선 신입사원이 입사할 때는 초급자의 영역으로써 의식을 깨우치는 것에서 시작한다. 〈그림8-3〉 "인격형성을 위한 마음씨의 교육"은 미팅을 위주로 여러 가지 기회가 있을 때마다 의식을 가지고 행동하도록 하기 위한 대화를 한다.

〈그림 8-4〉 초급자의 영역

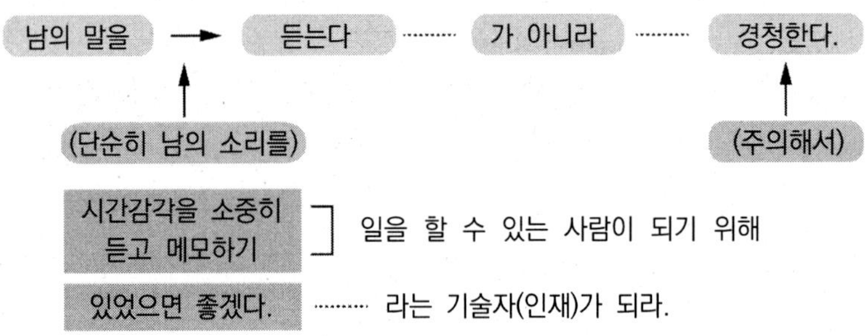

스텝 / 인턴 교육에서 주로 다루도록 해서 몸에 익히도록 하는 미용기술은 살과 살의 가장 중요한 작업인 것이다. 이것을 염두에 두고 기술, 지식, 의식(마음)이 똑같은 것으로 지도하는 것이다.

기술과 마음씨는 동시에 진보해야 하는 것을 이상으로 삼는다.

그리고 초급자로서 가장 중요하고 가장 먼저 몸에 익혀야 할 것이 "웃는 얼굴로 인사하기"이다. 이 웃는 얼굴은 생각한 이상으로 자기를 향상시키고 또 서로간에 신뢰를 쌓는 커다란 무기가 된다라고 가르쳐 그 바탕을 만들도록 의식시켜 다음으로 진행한다.

교육훈련초기에는 브러싱, 샴푸, 마사지를 배우는 것은 왜 그럴까? 이것은 초급자의 일이어서가 아니라 살갗의 상태, 모질, 무엇보다도 손님에 대한 마음씨를 기르기 위한 좋은 기회인 것이다.

이 초급자의 작업이야말로 손님에게는 최고의 쾌감을 느끼게 하는 중요한 것이다.

미용기술 중에서 직접 모발과 살갗과 접촉하는 것이 직접으로 기분이 좋다는 안락감을 느끼도록 하는 작업이란 것을 이해시키는 노력이 필요하며 이런 기회에 손님의 마음을 살핀다는 접객의 토대를 쌓는 이때, 확실히 모질과 살갗의 상태를 손끝에 느끼도록 훈련시키는 것이다.

손님과의 대화를 익히고 얼굴을 관찰함으로서 마음속을 살피는 훈련이 되고 장래 기술자로서 작업을 할 때 토대를 만드는 것을 이때 몸에 익히게 되는 것이다.

초급자의 작업으로 보이지만 "실은 가장 고도의 것을 익히고 있다"는 것에 주의해야 한다. "힘의 배분은 어떤지, 아프지 않는지, 너무 느슨하지 않는지, 더운물의 온도는 어떤지, 너무 뜨겁지 않은지, 차지 않은지, 가려운 곳에 손이 가느냐?" 대화를 하면서도 소극적인 사람에게는 느낌으로 살펴주는지, 항상 나 같으면 어떠했을까? 등 상대의 입장이 되어 생각하는 습관을 몸에 익히도록 지도한다.

사람다운 접객을 이끌어 내려면 결국 마음씨의 문제, 즉 손님은 무엇을 바라고 있는지, 나는 무엇을 해 드릴 것인가, 되풀이해서 두뇌를 자극함으로써 회로를 만드는 노력을 할 것과 이것도 미용기술과 똑같은 훈련에 의해서 몸에 익히는 것이다. 즉 기술교육의 하나로 포착해야 하는 것이다.

〈그림 8-5〉 스텝 / 인턴이 입사하게 되면

- 미용기술에서는
  - 브러싱
  - 두피 마사지
  - 샴푸
  - 와인딩
- 과학지식에서는
  - 모발과학
  - 화학
  - 각종 이론
- 그리고, 접객에서는
  - 손님맞이
  - 짐 보관
  - 안내
  - 전화대응
  - 배웅
  - 인사, 웃는 얼굴

(4) 미용사 교육(미용실 사례를 중심으로)

미용사들은 전문교육기관이나 두발업체에서 실시하는 기술교육이나 미용이론을 전문화된 교육위주로 습득하고 외부전문교육기관에서 받은 교육을 재반복 해서 미용사 자신은 물론 인턴이나 스텝에게 교육시킬 수 있도록 능력을 배양한다.

미용사들에게는 각기 자신의 주특기와 연관되는 분야(예: 파마, 염색, 커트, 경영, 모발클리닉 등)를 선정해서 인턴이나 스텝들이 미용사마다 틀린 기술적 테크닉에서 오는 혼돈을 줄이도록 하여야 하며 미용사들은 꾸준한 자기 노력으로 발전되는 모습을 만들도록 해야 한다.

미용기업의 기술교육에 있어서는 〈표 8-3〉의 66개 항목의 체크사항을 참고하여 실시하면 도움이 될 것이다.

미용기업에서는 자주적 연습이라는 것이 기본이다. 종업원 한사람 한사람에게 연습일정표를 배포하고 각각 1개월간에 자신이 어느 날에 어느 연습을 하겠다는 것을 기입하여 연습을 총괄하는 직원에게 신고한다. 그래서 스케줄을 조절하고 연습의 담당자를 결정한다.

각 항목의 인정시험은 주니어스타일리스트까지는 월2회, 스타일리스트 이상은 월1회 시행한다. 시험을 어느 일정기간 수검하지 않으면 등급을 내리는 것도 있다.

또 해당등급에 해당하는 과제 중에서라면 어느 것부터 수검하여도 좋다. 예를 들면 주니어 어시스턴트 급이라면 샴푸→파마→칼라이지만 샴푸→브로우→파마라도 개인의 흥미에 맞춰서 배울 수 있다. 그리고 주니어 어시스턴트의 7과목을 통과한 시점에서 스타일리스트로서 손님을 담당하게 된다.

〈표 8-3〉 등급별 커리큘럼

단위	내용	인정시험	단위	내용	인정시험
	J & 어시스턴트			스타일리스트	
JI	※ 샴푸/ 스트P/ 롯드아웃	15분(점장)	1	과제 스타일, 쇼트(모델)	40분
1	기본말기 · C라인 · 사이드 백핀 파마	30분, 60분	1	과제 스타일, 미디엄(모델)	40분
1	이론(두피 · 두발 · 칼라 · Q&A)	20분	1	과제 스타일, 롱(모델)	40분
1	믹스(Mix)말기(6단 구성)위그	50분	1	뉴 라인(모델)	40분
1	파마, 롱(뷰티) 모델	90분	1	보브(위그)커트 이론	40분+10분
1	파마, 쇼트(마쥬) 모델	90분	1	그라제이트(위그)	40분
1	칼라(위빙 테크닉) 모델	70분	1	파이야 플라이(위그)	40분
1	칼라(라이트닝) 모델	70분	1	테마를 갖는 창작스타일 (파마, 칼라, 모델)	40분
1	칼라(산성칼라) 모델	70분	1	테마를 갖는 창작스타일	40분
1	브로우, 위그 3가지(안말음, 뒴, 흐름)	각15분	1	창작스타일	35분
1	쥬반스(산화, 환원 테크닉)	5+30분			
1	쥬반스(이론&설명)	10+10분			
	S 어시스턴트			M 스타일리스트	
1	커트(원랭스, 그래듀에이션, 레이어) 브로우 포함	30분	1	과제 스타일, 쇼트(모델)	35분
1	기법(포인트, 슬라이드, 스트로크, 레이저)	30분	1	과제 스타일, 미디움(모델)	35분
1	원랭스+응용 (사이드 레이어와 슬라이드 커트)	40+10분	1	과제 스타일, 롱(모델)	35분
1	그래듀에이션+응용(포인트와 틴닝커트)	40+15분	1	뉴 라인(모델)	35분
1	레이어 기본+레이어 응용 (스트로크) 위그 2개	40분+40분	* 이상의 4스타일은 사전 메이크업을 한다.		
1	살롱스타일 커트(롱)	50분	1	하프 문(위그) 커트 이론	35분+10분
1	살롱스타일 커트(미디움)	50분	1	나나(위그)	35분
* 이상의 7단위 합격하여 할 수 있는 범위로부터 손님을 담당한다.			1	칼슨(위그)	35분
1	과제 파마 스타일(롱)	120분	1	테마를 갖는 창작스타일 (파마, 칼라, 모델)	35분
1	과제 파마 스타일(미디움)	120분	1	업스타일 창작&메이크업	50분
1	창작스타일(칼라)	120분		토탈패션(헤어, 메이크업, 패션)	50분
	J 스타일리스트			T 스타일리스트	
1	과제 스타일, 쇼트(모델)	45분	1	과제 스타일, 쇼트(모델)	30분
1	과제 스타일, 미디움(모델)	45분	1	과제 스타일, 미디움(모델)	30분
1	과제 스타일, 롱(모델)	45분	1	과제 스타일, 롱(모델)	30분
1	뉴라인(모델)	45분	1	뉴라인(모델)	30분
1	박스(Box) 보브(위그) 커트이론	40분+10분	1	라운드(위그)	30분
1	테마를 갖는 창작스타일 (파마, 쇼트, 모델)	110분	1	키스컬(위그)	30분
1	테마를 갖는 창작스타일 (칼라, 쇼트, 모델)	100분	1	므쥬(위그)	30분
1	쇼트 스타일(치켜 깎기, 모델)	45분	* 과제와 뉴 라인은 메이크업도, 하이 베이직은 오리지널 칼라로 한다.		
1	업스타일(토레스)		1	테마를 갖는 창작스타일 (파마, 칼라, 모델)	30분
1	커트이론	각5분	1	테마를 갖는 창작스타일 (파마, 칼라, 모델)	30분
				토탈패션(헤어, 메이크업, 패션)	45분

- J 어시스턴트는 J1을 통과하지 않으면 어시스턴트에는 진입하지 못한다.
- J 스타일리스트까지는 월2회 시험에 도전할 수 있다. (스타일리스트 이상은 1회)
- 제1주(위그), 제2주(모델), 제3주(M 스타일리스트 이상), 제4주(위그, 모델)
- J 스타일리스트까지 / 2개월, 스타일리스트까지 / 3개월, M스타일리스트까지 / 4개월 T 스타일리스트까지 / 6개월, 인정시험을 치르지 않으면 등급이 다운된다.
- 1등급을 통과하면(단위는 아님) 인정증을 발행

(5) 유료 교육프로그램

미용기업 교육 이외도 세미나 형식의 프로그램을 실시할 수 있다.

〈표 8-4〉처럼 기본코스부터 각 항목이 준비되고 접객에서 커트 실기까지의 강좌를 수강한다. 또 주니어 어시스턴트 이상은 드라이, 커트, 업스타일 등 3가지의 코스가 마련되어 있다.

〈표 8-5〉는 주니어 스타일리스트 이상을 대상으로 하고 접객, 살롱경영, 헤어스타일 등 여러 가지 분야에서 전문강사를 초빙하여 수강한다. 스타일리스트가 되어도 보다 높은 수준의 기술을 목표로 하는 것이 가능하다.

기초코스는 주로 미용기업 내부의 점장급이나 외부 두발업체의 강사급이 담당하고 강사료도 지불한다. 조금이라도 돈을 내고서 배운다는 것이 종업원에게 있어서도 더욱 더 진지한 자세를 줄 수 있을 것이다. 또 가르치는 측도 강사료를 받는 이상 부지런히 공부하여서 그 나름대로의 준비를 하지 않으면 안 되는 것이다.

〈표 8-4〉 기초코스 : 인턴 기술교육(1년째)

1월	접객
2월	피부, 두발 이론(모발생리학), 모발클리닉(헤어케어)
3월	염색, 탈색 이론, 실기
4월	염색 실기(디자인 칼라)
5월	파마 이론, 실기(모선 파마, 웨이브)
6월	파마 실기(디자인 파마)
7월	커트 이론, 실기(원랭스, 그래듀에이션)
8월	커트 실기(원랭스 응용, 레이어 스타일)

〈표 8-5〉 프로패셔널 코스 : 주니어 스타일리스트 이상(2년째 이상)

과 목	칼라링	접객 / 점판	커트	업스타일	살롱경영
수 강 료	30,000원	20,000원	30,000원	30,000원	50,000원

3) 승급체계 및 시험제도

승급체계는 경력위주가 아닌 능력위주의 승급체계로 전환해야 한다. 스텝직원들은 3개월에 한 번씩 승급시험을 치르도록 한다.

디자이너 시험은 초급디자이너 경우 6개월에 한 번씩, 경력 디자이너 경우 1년에 한 번씩 정기시험을 치른 후 승급을 실시한다.

(1) 기술평가 제도 실시

(가) 주1회 자기평가 보고서 제출

리포트 형식으로 자기가 자신에게 주어진 과제에 대한 시술내용, 문제점 등을 연습하면서 안되었던 것들을 자신이 직접 평가해서 주1회 제출한다.

(정착되는 기간동안 약간의 부작용은 있겠지만 시간이 지날수록 직원들에게는 많은 도움도 되고 귀중한 교육자료로 사용할 수 있다.)

(나) 매일 30일날 이론평가시험 (모발생리학, 파마이론, 염색이론, 접객서비스)

직원교육 중에서 가장 중요하면서도 소홀해지기 쉬운 이론부분을 새롭게 접할 수 있고 이론을 많이 알아야 고객들과의 대화에서도 믿음을 심어 줄 수 있다. 이런 목적에서 이론시험을 통한 자기개발은 매우 중요하다.

(다) 매일 30일날 기술평가시험

기술적 정착에서 오는 문제를 해소하고 개개인의 노력여하나 정확한 기술능력을 평가하기 위해 필요하다.

4) 능력 있는 인재 개발

미용기업의 경쟁력은 단순히 미용기술 교육에 국한되는 것이 아니라 종합적인 인재개발이 이뤄져야 한다. 종합적인 인재개발로 인해, 종업원의 자립성을 향상시키고 종업원의 보람이나 그들의 미용인생을 풍요롭게 할 수 있을 것이다.

기술교육이 전부였던 예전과는 달리, 기술을 포함한 종합적 인재개발이야말로 미용기업의 성공을 결정하는 가장 중요한 요소이다.

지금 미용기업에서 가장 강조되는 것은 종업원들이 본래 가지고 있는 개성이나 감성을 끌어내어 그것을 마음껏 펼쳐 주는 것이다. 종업원이 자신의 꿈과 미용기업(경영자)이 목표로 하는 것을 일체화시켜 "보람", "의욕"을 높이는 교육이다.

〈표 8-6〉 자립을 촉진시키는 요소

1. 자기 자신에게 신경 쓸 것
2. "하는 사람이 자기 자신이다"라는 주체성을 지닐 것
3. 자기 쪽에서 앞장서 일하는 친밀성을 지닐 것 또 "자기의 생각, 감정, 행동에 책임을 짐으로서 성장한다"는 주체적 의식도 자립과 연결된다.

5) 교육효과의 극대화

경영자의 모범적 행동으로 교육효과를 극대화한다. 종업원에 대한 경영자의 말과 행동은 종업원을 교육하는데 결정적인 영향을 준다.

예를 들어 종업원 교육에 저해되는 경영자의 행동은

① 너무 비판적이다.

② 과보호적이다.

③ 일관성이 없다.

④ 쉽게 왈가왈부한다.

⑤ 종업원에게 무관심하다.

⑥ 너무 정확해서 융통성이 없다.

⑦ 종업원에게 필요이상으로 간섭한다.

등이 지적될 수 있다.

4. 미용기업의 인사고과제도

1) 인사고과의 개념

미용기업에서의 종업원은 미용기업을 이끌어 가는 주요 에너지원 일뿐만 아니라 미용기업의 계획을 세우고 목표를 설정하고 이것을 실천하는 주체가 되는 요소이다.

종업원의 역할이 미용기업에서 무엇보다도 중요한 부분으로 자리잡고 있으며 종업원에 대한 능력 및 업적에 대한 평가도 종업원의 역할이 강조되면서 체계적으로 관리되어야 하는 필요성이 절실하다.

미용기업에서의 "인사고과제도"란 종업원에 관한 비용 대 효과를 측정하는 시스템이라고 말할 수 있다. 미용기업에 있어서 종업원의 입장이나 능력수준, 또는 경력연수 등에 의해서 각각 부여하는 목표가 다르지만, 인사고과란 각각에 부여된 목표나 책무를 어떻게 달성하였는가를 측정하는 것을 목적으로 한다.

결국 인사고과란 미용기업에서 일하는 종업원의 능력이나 실적을 종합해서 객관적으로 측정하여 순위를 정하려는 것이다. 또한 이 결과는 종업원의 임금 결정에 중요 변수로 작용하게 된다.

인사고과는 조직내의 여러 직무에 종사하고 있는 종업원의 근무성적이나 능력 등을 조직체에 대한 유효성의 관점에서 평가하여 이들의 상대적 가치를 조직적으로 결정하기 위한 제도이다.

즉, 조직구성원들의 현재 또는 미래의 능력과 업적을 평가함으로써 각종의 인적자원관리시책에 필요한 정보를 획득하고 활용하는 것이며, 주요 목적은 적정배치(승급, 이동), 능력개발(교육훈련), 공정처우(임금)이다.

2) 인사고과의 활용

"인사고과"는 기업에서의 평가수단으로서 매우 중요할 뿐만 아니라 인적자원관리의 거의 모든 영역에 영향을 미치는 기초자료로서의 역할을 하는데, 이에 대해 좀더 상세히 설명하면 다음과 같다.

① 인사고과는 종업원의 능력개발을 위한 기초자료가 된다.

즉, 경영자들은 종업원 개개인의 능력이 최대한으로 발휘하도록 유도하여야 하는데 고과를 통하여 이를 위한 정보를 얻게 된다.

② 인사고과는 종업원의 업적 향상을 위한 기초자료가 된다.

즉, 기업에서는 고과결과의 피드백을 통하여 그 동안의 업무수행관습이 보다 효율적으로 되도록 개인의 행위를 수정 또는 변경시키는 기초를 마련해 준다.

③ 인사고과는 종업원의 처우결정을 위한 가장 중요한 기초자료가 된다.

즉 현재의 연공서열형 인사정책으로부터 능력요소를 가미하여 점차로 능력주의형 인사정책을 구현해 나가기 위해서는 인사고과라고 하는 평가수단이 없이는 그 목표를 달성할 수가 없다. 왜냐하면 인사고과에 의한 자료가 바로 종업원들의 승진이나 보수의 결정에 매우 중요한 결정요소가 되기 때문이다.

이상에서 살펴본 바와 같이 기업에서의 대인평가는 평가자의 주관성을 최대한 배제시켜 객관적으로 공정하게 이루어지도록 노력해야 하며, 이것을 제도화하여 기업에 가장 적합한 평가수단, 즉 인사고과제도를 확립하여야 한다. 또한 인사고과를 어떻게 하면 합리적으로 운용할 것인가 하는 문제도 매우 중요하다.

3) 인사고과의 목적

"인사고과 제도의 목적"은 종업원의 일정기간의 업무성적이나 능력을 평가해서 이에 의거하여 승급 · 상여 · 승격 · 배치 및 교육훈련의 적정화를 도모하고, 근무관리의 공정, 민주적인 운영을 촉진하여 효율화의 향상을 도모하는 데 있다. 그리고 인사고과는 "근무평정" 또는 "능력평가"라고 한다.

예전의 미용기업은 인사고과란 부분이 전무한 상태에서 운영을 하였다. 그러나 미용기업도 점점 세분화, 전문화 추세에 있으며 능력을 가진 우수 인력이 대거 영입되고 있는 상황에서 자신의 능력에 대한 객관적인 평가를 요구하게 될 것이다.

이런 객관적인 평가에 의한 인사고과는 능력에 대한 자기개발과 함께 임금의 공정한 처우를 이끌어 낼 수 있는 평가의 잣대가 될 것이다.

(1) 목적

(가) 적정배치

종업원의 적성, 능력 등을 가능한 한 정확히 평가하여 적재적소의 배치를 실시함으로써 종업원을 효과적으로 활용한다. 즉 미용기업에서 디자이너와 스텝이 한 팀을 이루는 경우 어떻게 적정배치를 하느냐에 따라 업무의 능률이 좌우된다.

(나) 능력개발

종업원의 현재능력 및 잠재능력을 평가하여 미용기업의 요구 및 종업원 각자의 성장기회를 촉진시킨다.

(다) 공정한 대우

종업원의 능력 및 업적을 평가하여 급여, 상여, 승격, 승진 등에 반영함으로써 보다 적당한 대우를 받을 수 있도록 하며, 사기를 북돋워 주고 동기부여를 통해 업무성적의 증진에 이바지한다.

미용기업은 공정한 대우 측면에서 상당히 열악한 환경에 처해 있으므로 조속히 처우를 개선하여 미용분야로 우수인력이 영입될 수 있는 환경을 만들어야 한다.

4) 인사고과의 평가내용

(1) 능력 - 미용기술, 전문적 지식, 이해력, 판단력, 창의력, 기획력, 리더십, 교섭력 등
(2) 업적 - 미용기업의 직무수행에서의 성과나 실적
(3) 업무태도 - 미용기업의 규율엄수, 근면성, 적극성, 강조성 등

5) 인사고과의 중요성

인사고과의 결과에 따라 어떤 처우에 반영할 것인가의 결정도 중요하지만, 이 결과를 가지고 경영자와 종업원과의 커뮤니케이션의 수단으로 이용될 수도 있으며 임금체계를 결정하는 종합적인 판단의 자료로 사용된다.

6) 인사고과의 주의사항

(1) 정해져 있는 기간 내의 평정항목만을 평가하되 기간·항목 이외의 것에 대해서는 평정하지 않는다.
(2) 공정하게 행하되 개인적인 감정을 개입시키지 않는다.
(3) 평가자 자신이 확인한 사실이나 신뢰할 수 있는 확실한 보고에 입각하여 행한다.
(4) 피평가자의 상호 비교가 아니라 직무의 수행요건을 기준으로 평가한다.
(5) 신입 사원의 경우는 평소에 그날 그날을 주의 깊게 관찰한다.

7) 인사고과표의 실례

〈표 8-7〉 인사고과표(점장 · 매니저)

성명 :　　　　　　　　　　　　직책 :　　　　　　년　　월　　일

항목	평가요소	평가 착안점	평 가 척 도	1차	2차
업적평가	목표 달성도 (40)	· 담당하는 그룹에 부여한 업무목표는 요구한대로 달성하고 있는가?	A. 항상 그룹전체의 사기를 높이고 인력 한사람 한사람을 지휘함에 있어서 기대이상의 성적을 올린다. B. 기대이상의 성적이다. C. 때때로 문제를 일으키지만 성적은 기대한 대로 달성한다. D. 기대에 어긋나는 일이 있고 안심하고 임무를 맡기지 못한다. E. 자주 목표가 달성되지 못하고 기대를 저버린다.		
태도평가	판단력 (10)	· 과제달성에 관하여 효과나 장래의 전망 등을 정확히 판단하고 적절하게 대처할 수 있는가?	A. 전문지식 및 판단에 기초하여 복잡 곤란한 과제에 대하여도 적절한 판단을 내리며 대응할 수 있다. B. 임기응변으로 정확한 판단을 할 수 있고 기대한 대로의 대응을 할 수 있다. C. 일상적인 일은 판단할 수 있지만 돌발적 사항의 판단은 할 수 없다. D. 지시를 받지 않으면 판단할 수 없는 일이 많다. E. 판단을 잘못하는 일이 많다.		
	통솔력 (30)	· 부하 · 그룹의 멤버를 장악하고 의욕을 높여 목표달성을 향하여 일치단결하여 협력할 수 있는가?	A. 내부의 의견을 한곳으로 모아 부하가 힘을 발휘할 수 있는 환경을 만들기에 노력하고 예상 이상의 결과를 낳으며 다른 목표도 달성한다. B. 그룹 전체의 사기양양에 노력하고 일치협력체제를 만든다. C. 불충분하지만 사기양양에 노력하고 있다. D. 부하를 장악하고 목표달성을 위한 지도력을 발휘하지 못한 일이 자주 있다. E. 통솔력이 부족한 경우가 많다.		
	육성력 (10)	· 부하의 수준에 맞는 필요한 지식 · 기술을 적절하게 지도 육성할 수 있는가? · 부하의 자기개발의 동기부여를 할 수 있는가?	A. 부하가 궁지에 몰릴 때 설득력을 가지고 적절한 어드바이스를 하고 타이밍에 맞게 "칭찬" "격려" "치하" 할 수 있으며 기술지도 육성에 힘을 다하고 결과는 예상이상으로 나타난다. B. 솔선하여 부하의 지도에 힘쓰고 유능한 기술자 육성에 노력하여 자기개발을 적극적으로 권장한다. C. 부하에게 모범 되는 행동을 취하고 육성에 노력하지만 지도방법에 배려가 부족한 면이 있다. D. 부하전원의 육성에 힘을 쓰지 않고 일부의 사람에게 편드는 경향이 있다. E. 부하의 육성에 열의가 부족하게 보이는 경우가 많다.		
	책임감 (10)	· 자기의 책임을 자각하여 주어진 일을 완수 할 수 있는 자세가 되어있는가?	A. 항상 책임을 자각하고 성심 성의껏 주어진 임무의 수행에 노력하여 부하의 모범이 되고 있다. B. 책임을 자각하고 진지하게 일을 계획하여 주어진 임무를 완전하게 달성한다. C. 책임을 자각하고 임무를 달성하기 위하여 노력한다. D. 때때로 책임을 회피하고 부하의 신뢰를 저버리는 일이 많다. E. 숨기는 것이 있고 책임을 타인에게 전가하는 경향이 있다.		

<표 8-8> 인사고과표(기술자)

성명 : 직책 : 년 월 일

항목	평가요소	평가 착안점	평가척도	1차	2차
업적평가	목표 달성도 (30)	· 일상의 부여한 업무나 목표는 요구한대로 달성하고 있는가? · 결과는 신뢰할만한가?	A. 항상 좋은 솜씨로 신속하게 기대 이상의 성적을 올린다. B. 기대이상의 성적을 올리는 경우가 많다. C. 항상 기대한대로의 성적을 올린다. D. 자주 기대에 어긋나는 일이 많다. E. 기대에 어긋나는 일이 많다.		
태도평가	근무(접객) 태도 (20)	· 살롱내의 정리정돈에 노력하고 모든 손님의 마음을 배려하며 활기찬 목소리로 점포에 활력을 불어넣는데 노력하고 있는가? · 지각이나 결근 등이 없는가?	A. 모든 손님의 마음을 배려하고 살롱내의 정리정돈과 활기를 불어넣는데 노력하며 주변에도 협력적인 분위기를 만들어간다. B. 결정한 일은 모두 지키고 지시명령에 순순히 따른다. C. 무단결근, 상사의 지시나 명령에 불복하는 태도를 보이는 등 질서유지에 악영향을 끼친다.		
	적극성 (10)	· 일에 대한 태도는 항상 의욕이 넘치고 일의 방법개선 등에 전향적인 자세를 갖는가?	A. 항상 주위의 일을 고려하며 적극적으로 일하는 자세를 갖는 한편, 건설적인 의견을 제안하고 작업에 대해서 개선을 도모한다. B. 자발적으로 일에 임하고 타의 모범이 되는 일이 많다. C. 주어진 일에는 적극적으로 임한다. D. 주어진 일에 소극적인 자세가 눈에 띄고 분발하는 모습이 보이지 않는다. E. 일에 대한 도전의욕이 전혀 보이지 않고 지시 받는 소극적 자세가 눈에 띈다.		
	책임감 (10)	· 자기의 책임을 자각하여 주어진 일을 달성하려는 태도가 보이는가?	A. 책임감이 매우 왕성하고 드러나지 않는 일에도 적극적인 자세를 취하고 신뢰에 어긋나는 일이 없다. B. 진면목으로 일에 임하고 책임 맡은 임무를 모두 완전하게 성취한다. C. 자기의 책임을 자각하고 주어진 일을 성취하려는 노력을 보이고 있다. D. 때때로 책임을 회피하려는 경우가 있고 후배의 신뢰를 잃는 일이 많다.		
능력평가	기능 지식 (20)	· 담당하는 일은 수행하는데 있어서 꼭 알아야 할 전문적 지식 및 기술을 갖고 있는가?	A. 커트, 셋트, 칼라 등에 관한 기술 수준이 높고 언제나 훌륭한 것을 창출해 낼 수 있다. B. 담당하는 일의 지식이나 기술이 충분하여 안심하고 일을 맡길 수 있다. C. 일의 기술에 대하여 기초가 필요하다. D. 대부분 기술에 관한 기량이 부족하여 기초가 필요하다. E. 지식이나 기술이 불충분하여 안심하고 작업을 맡길 수 없다.		

〈표8-9〉 인사고과표(인턴, 스텝)

성명 : 직책 : 년 월 일

항목	평가요소	평가 착안점	평가척도	1차	2차
태도평가	근무(접객) 태도 (10)	· 살롱내의 정리정돈에 노력하고 모든 손님의 마음을 배려하며 활기찬 목소리로 점포에 활력을 불어넣는데 노력하고 있는가? · 지각이나 결근은 없는가?	A. 일상의 일에 있어서 항상 살롱의 규칙과 규율을 지키고 복장이나 언어, 정리정돈, 활기찬 목소리로 활력을 불어넣는데 타의 모범이 되는 태도를 갖는다. B. 정리정돈, 활기를 불어넣는 등 성실한 태도를 갖는다. C. 무단결근, 상사에 대한 반항이 직장질서의 유지에 악영향을 끼치는 경우가 많다.		
	적극성 (30)	· 일에 대한 태도는 항상 의욕적으로 전향적인 자세를 갖는가? · 자기개발에 노력하는가?	A. 항상 의욕적으로 일을 바라보고 그에 대한 대처방안이나 개선안도 활발히 이행하며 또한 자기개발에도 열심히 노력하고 있다. B. 자발적으로 일에 임하고 다른 동료의 모범이 되는 일이 많다. C. 주어진 일은 지시한대로 틀림없이 수행하고 또한 자기개발에도 진면목으로 일한다. D. 주어진 일에 대하여 소극적 자세가 보이고 크게 분발하지 않는다. E. 일에 대한 도전의욕은 보이지 않고 지시 받은 일에만 임하는 자세가 보인다.		
	협조성 (20)	· 동료. 그 밖의 주위와의 인간관계에 노력하는 한편 자진해서 타인의 일을 도와주고 있는가?	A. 항상 주위의 일을 고려하고 적극적으로 타인을 도우며 또한 직장의 분위기를 밝게 하려고 노력한다. B. 힘써 타인의 일을 도우려고 노력한다. C. 협력적으로 타인과의 마찰을 일으키는 일이 없다. D. 자기본위인 경우가 있고 협조성이 부족하다. E. 팀워크나 협조적인 자세가 전혀 보이지 않는다.		
능력평가	기능 지식 (20)	· 자신이 담당하는 일에 대하여 기초지식이나 기술을 갖고 있는가?	A. ○○○, ○○○, ○○○ 등에 대한 지식이나 기술은 높은 수준에 있고 한층 높은 일을 담당할 수 있는 기술을 지니고 있다. B. 상기 기술을 담당하는 기량은 충분하며 안심하고 맡길 수 있는 수준이다. C. 담당한 일을 맡길 수 있는 수준이다. D. 지식이나 수준이 약간 낮고 때때로 조언을 들어야 한다. E. 기본이 되어 있지 않고 담당하는 일을 할 수 없다.		
	주의력 (20)	· 집중하여 일을 꾸려가는 자세를 갖고 실수 없이 일을 수행할 수 있는가?	A. 내점 중의 고객에게도 거침없이 마음의 배려를 하고 주어진 일은 세심한 주의를 기울여 실수 없이 수행하고 있다. B. 집중하여 일을 처리하고 미스 없이 항상 만족하게 일을 처리하는 편이다. C. 실수 없이 일을 하지만 집중력이 부족한 경우가 있다. D. 때때로 주의를 망각하고 실수를 범하는 때가 있다. E. 실수가 잦다.		

〈표 8-10〉 인사고과 체크리스트

성명	직책	근무태도			고객관리			기술평가			평가란
		지각	조퇴	결근	서비스	매상 신장	살롱 기여	기술 능력	교육 평가	노력 정도	

<표 8-11> 직능급 인사고과(기능심사항목)

등급 급	자격 호	어시스턴트	주니어	시니어	미들	스타일리스트	아티스트	디렉터
1	1~5	잡지 접객서비스 브러싱 핸드 마시지 린스 샴푸	어시스턴트 1급과 같은 수준의 일	어시스턴트 1급과 같은 수준의 일	시니어 5급과 같은 수준의 일. 원랭스커트는 노체크로 써 좋은 단계. 쇼트코움 아웃	미들4급과 같은 수준의 일	스타일리스트 4급 수준의 일을 완전히 할 수 있고 업스타일도 할 수 있다.	아티스트 4급 수준의 일을 완전히 할 수 있다.
2	6~10	1급의 일+ 트리트먼트 파마 와인딩 어시스트 칼라도포 칼라의 샴푸	어시스턴트 2급과 같은 수준의 일	어시스턴트 2급과 같은 수준의 일	미들1급의 일 +원랭스+ 레이어 동 디자인의 카운셀링	미들5급과 같은 수준의 일	스타일리스트 5급 수준의 일을 완전히 할 수 있다.	아티스트 5급 수준의 일을 완전히 할 수 있다.
3	11~15	2급의 일+ 파마 와인딩 기본(1인 말기) 헤어 쉬운 브로우	어시스턴트 3급의 일+ 파마 와인딩 디자인 A B패턴 브로우	주니어 3급과 같은 수준의 일	미들 2급의 같은 수준의일 +그래듀에이션 동 디자인의 카운셀링	스타일리스트 2급 수준의 일의 숙련도	아티스트 2급 수준의 일을 완전히 할 수 있고 롱 업스타일의 지도 가능, 지명고객은 적어도 100명 이상	디렉터 2급 수준의 일을 완전히 할 수 있고 점장수준의 리더십을 갖는다.
4	16~20	3급의 일 + 파마 와인딩 디자인 A B 패턴 브로우 메이크업	어시스턴트 5급과 같은 수준의 일	주니어 4급의 일+오리지널 셋트 아이롱	미들3급의 일 +그래듀에이션 +레이어 동 디자인의 카운셀링 쉬운 롱 업스타일	스타일리스트 3급수준의 일 커트의 원랭스의 지도를 할 수 있다.	아티스트 3급 수준의 일을 완전히 함. 크리에이티브한 디자인을 완전히 할 수 있고, 지명고객은 적어도 130명 이상	디렉터 2급 수준의 일을 완전히 할 수 있고 부하로부터 신뢰도 있다.
5	21~25	4급의 일+ 파마 와인딩 디자인 C D패턴 파마, 칼라-모발진단, 약액선정 위빙	주니어 4급의 일+오리지널 셋트 아이롱	시니어 4급의 일+원랭스 커트 동 디자인의 카운셀링	미들4급과 같은 수준의일 +모든 커트 디자인 롱업스타일 모든 커트 디자인의 카운셀링	스타일리스트 4급수준으로 써 모든 커트 디자인의 지도를 할 수 있다.	아티스트 4급수준의 일을 완전하게 할 수 있고 살롱워크에 있어서 부하의 지도가 가능하다.	기술 및 관리면에 있어서 점주와 같은 직무능력을 발휘할 수 있다.

5. 아침조회 및 의사결정

1) 아침조회

"아침조회"는 미용기업의 종업원들이 아침 일찍 기분 좋은 인사를 주고받는 자리를 마련함으로 하루를 활기차게 시작하는 데 그 목적이 있다.

종업원 모두가 같은 시간에 모였어도 아침의 기분은 10인 10색이다. 기분 좋은 아침으로 힘이 넘치는 사람, 잠자리가 나빠서 기분이 나쁜 사람 등 여러 가지이다. 이런 흩어진 상태에서 하루의 일을 시작하는 것은 고객에게 좋은 느낌을 주는 밝은 이미지의 미용기업이 되지 못한다.

(1) 내부조회

서로 어깨를 만져주며 체조(국민체조, 도수체조, 에어로빅 등)를 하는 곳, 스피치 연습(발성연습)을 하는 곳, 서비스 훈련(인사하는 법, 손님 안내하는 법)을 하는 곳이 있다.

(2) 외부조회

외부에서 자신의 미용기업을 알리는 휘장을 두르고 조회를 함으로써 대담성과 자신감 또한 미용기업의 홍보효과를 거둘 수 있다.

(3) 조회방법

(가) 강의식 방법(전달법)

대부분의 미용기업에서 하는 방법으로 경영자(원장)이나 매니저가 일방적으로 이야기하는 경우가 많으므로 피해야 하는 방법 중의 하나로서 만약 할 경우에는 조회 전에 연구하는 자세가 필수이다.

(나) 롤 플레잉을 통한 실습 위주의 방법

서비스 기본 매너를 익힐 때 참여도를 높일 수 있는 방법으로 미용기업에서 활용할 경우 인성교육이나 서비스교육 때 효과가 크다.

(다) 단체 행동화 교육

행동지식을 빠른 시일동안 집중적, 효과적으로 익힐 수 있다.

(라) 사례발표

발표력과 자신감을 길러주며 평소 대인 공포증을 없애는 방법이 될 수 있고 인간관계에도 자신감을 갖게 할 수 있다. 서비스 성공사례, 실패사례 또는 개인적 경험 및 체험사례 위주로 진행하면 효과적이다.

(마) 조회 진행자를 바꾸어 조회를 하는 경우

직접 조회를 진행하므로 책임감과 소속감을 강하게 느낄 수 있게 할 수 있다.

2) 미용기업의 회의

(1) 미용사 회의

월 2~3회 정도 새로운 유행스타일 제시 및 뉴모드 유행의 흐름 분석, 이벤트 행사 및 사은품에 대한 의견제시, 미용기업의 문제점 해결을 모색한다. 모든 회의는 적극적인 참여를 유도하기 위해 사전에 회의 주제를 먼저 공포하고 토론식으로 진행하는 방식이 좋다.

(2) 스텝회의

월 2~3회 정도 고객관리와 기술적인 서비스에 대한 전반적인 평가, 이벤트 행사에 대한 의견교환, 경영자 · 매니저(관리자) 및 디자이너에 대한 건의사항을 중심으로 진행한다.

3) 미용기업의 의사결정

미용기업에서는 경영상의 문제를 해결해야 할 경우 모든 결정은 경영자가 주관하되 직원들의 의사를 충분히 수용한 후 반영하여 경영자와 직원이 하나가 되어 일을 처리할 수 있도록 하여야 한다. 경영자는 의사결정시 우유부단한 성격보다도 결단력 있는 과감하고 적극적인 사고로 일을 결정해야 한다.

6. 시상제도

전문화된 교육과 시스템을 통해 체계적인 미용기업을 이룩하므로 직원들의 사기 진작 및 효과를 보다 증대시키기 위한 제도이다.

1) 시상종목

① 베스트 스텝상
② 우수서비스상
③ 매출신장률 1위
④ 신규고객확보율 1위
⑤ 이론, 실기시험 1등
⑥ 제품판매 1위
⑦ 디스플레이 우승팀
⑧ 미소상
⑨ 발견상
⑩ 인기상
⑪ 노력상
⑫ 목표 달성상

2) 시상기간

(1) 월별
(2) 분기별
(3) 반기별
(4) 연간

3) 시상방법

(1) 유급휴무, 휴가제도 방법
(2) 시상금 제도

(3) 국내외 미용연수

(4) 시상상품 제도

Chapter 9

미용임금관리

1. 임금관리의 정의

"임금"이란 사용자 입장에서 보면 근로자가 기업에 제공된 노동에 대해 지불하는 대가인 비용요인으로 경비절감의 차원에서 저임금수준의 지불을 원하며, 근로자 입장에서 보면 생활의 원천이 되는 소득으로 생계유지 및 사회적 위신을 표시하며 노동력 재생산비로서 고임금 수준의 보장을 요구한다. 즉, 임금이라는 것은 노사 쌍방에 있어서 가장 관심이 높은 것이다.

따라서 임금관리는 이와 같이 상반되는 이해관계를 조정하여 상호이익에 의한 기업의 생산성 증진과 근로자들의 생활향상을 달성하는 데 목적이 있다.

1) 효율적인 임금관리

(1) 임금수준(적정성)

임금수준의 결정요인 - 생계비 수준, 기업의 지불능력, 사회일반임금 수준, 최저임금제 등

(2) 임금체계 (공정성)

(가) 결정요인: 필요기준, 담당직무기준, 능력기준, 성과기준

(나) 종류: 직능급, 직무급, 제수당, 상여금, 퇴직금, 복리후생비, 기타

(3) 임금형태 (합리성)

(가) 지급제도

① 월급제도
② 기본급(월급)+수당제도(%)
③ 커미션제도(수당제도(%))
④ 주급제도(유럽, 미국 - 일주일마다 지급)
⑤ 분양제도(보증금, 전세, 월세 - 미용기업 내에 셋트 의자를 분양하는 제도)

2) 임금의 지급에 대한 일반적인 조건

① 직원의 노력에 상응하는 적정한 보수
② 기업의 업적에 따라 임금을 공정히 산정
③ 직원의 능률향상을 통하여 임금액을 증가
④ 직원의 생활과 노동력의 재생산을 고려

3) 임금에 관한 4가지 원칙

종업원에게 지불하는 임금에 관한 4가지 원칙이 있다.
① 주는 쪽의 능력에 맞을 것
② 받는 쪽에서의 최저 생활이 보장될 것
③ 일반사회 즉 주변과 균형이 맞을 것
④ 그 액수가 납득할 수 있는 근거가 있을 것

일반적인 미용기업에서 지불하는 임금이나 보너스는 이 4가지 조건을 충족하고 있는 것일까?

미용기업에서 지불하고 있는 임금이 이 원칙에서 동떨어진 경우가 허다한 것이 실정이다.

①은 "주는 쪽의 능력"이라고 되어 있다.

주는 쪽의 능력이라는 의미에서 가장 중요한 것은 임금을 지불하는데 안정적으로 계속적으로 사정과는 전혀 관계없이 엄격하게 정해진 원칙에 따라 지불하지 않으면 안 된다.

그 원칙이 지켜지지 않으면 사람을 고용해서 임금을 지불한 자격이 없는 것이다.

②나 ③도 당연한 말이지만 강력한 경영을 바란다면 ③의 주변의 균형을 맞출 필요는 없고 그 이상을 생각해야 되는 것이다. 다른 미용기업보다 경영이 잘 되길 바란다면 임금수준도 다른 미용기업보다 높아야 한다는 뜻이다.

④에 관해서도 대부분의 경영자들이 부끄러움을 느낄 것이다. 거의가 경영자의 독단에 의한 임금이 결정되기 때문이다.

다시 말하면, 부가급 기준의 단계제도를 채택했다고 보자.

예를 들어 1급이 1000원, 2급은 1500원, 3급은 2000원…이라고 보면, 이때에 왜 1급이 1000원인지 분명하게 대답을 하지 못하더라도 경영자 독단으로 손에 잡히는 대로 주는 것보다는 원칙이라는 형식을 취했다는 것이 중요한 것이다.

어떤 직원은 가능하면 한 곳에 계속해서 오래 근무하는 것을 선호하기도 할 것이다. 그렇다고 해서 직원의 입장이나 안색을 보아가면서 얼굴에 분칠하듯 주는 비논리적 급여체제는 안 된다.

아무리 적은 미용기업이라도 급여체계는 명확하게 정하고, 또 그것이 납득할 수 있는 것이어야 한다. 예컨대 야근이나, 잔업, 휴일근무 같은 경우에도 엄격하게 근무수당 원칙을 정하여 산정 하는 것을 잊지 말아야 한다.

4) 임금 지급시 고려사항

(1) 동일지역이나 동일규모의 미용기업과 동등하게 지불하는 습관을 지닐 것이다.

한번 정한 원칙은 계속 지켜 나가는 것이 원칙이기는 하지만 이것들은 어찌 보면 참 훌륭한 것 같지만 경직된 사고방식이다. 일년에 한번 정도는 정해진 원칙을 고쳐 보는 유연성을 지녀야 한다.

(2) 주변 미용기업보다 반드시 한 단계 높게 생각할 것

다른 곳과 같은 수준이 아니라 다른 미용기업보다 특별히 우대하고 있다는 부분을 만들어야 하는 것이다. 직원은 이것을 예민하게 받아들인다.

(3) 반드시 구체적으로 보답할 것

"언젠가는 잊지 말고 무엇인가 생각해 주어야지…"라고 하는 것은 안 된다. 열심히 하면 그에 상응하는 보답을 그때그때 룰에 의하여 해 주어야 한다.

(4) 독선이 아닌 납득주의로 지급하라.

1년에 한번은 임금에 대해서 타협을 하고 요망하는 것이 무엇인지 알아보아야 한다. 나의 생각이 옳다고 여겼는데 역효과가 있을지도 모르므로, 주는 쪽과 받는 쪽의 생각하는 차이를 비교해 보고 납득이 가는 임금을 지급하도록 해야 한다.

(5) 보이지 않는 능력에도 보답할 것

미용기술에 대한 매출고나 점두판매의 수치 등 성과가 확연히 드러나는 것은 당연하지만 구체적 수치로 환산이 불가능한 노력에 대해서도 금전의 다소를 불문하고 무엇인가 보답해 주는 것이 중요하다.

2. 미용기업 임금의 재평가

임금이라는 것은 미용기업의 경영자와 종업원에게 상당한 관심의 대상이다. 종업원의 입장에서는 현재 자신의 생활을 영위할 수 있는 원천이며 장래의 자신의 꿈을 위한 재원이다. 경영자의 입장에서는 경영원가에서 가장 구성비가 높은 항목이어서 그것의 조정여하에 따라 경영성과에 영향을 크게 미치는 요소라고 볼 수 있다.

요즘에는 미용관련대학과 미용학원에서 배출된 학생들에 대한 임금 기준 마련에 대한 문제와, 최저 생활에 대한 보장문제로 미용기업의 임금 결정방법에 관해 재평가하려는 움직임이 활발하게 진행되고 있는 상황이다.

특히 매출의 반 이상이 인건비로 나가는 경우가 생기는 미용기업이 증가하므로 경영에 어려움을 겪는 미용기업이 많이 생겨나고 있는 경우도 있으며 이런 이유로 어떻게 임금을 결정하는 것이 합리적인 임금의 형태인가에 고심을 하고 있는 것이 현 미용업계의 현실이다.

"종업원 평가의 척도로서의 임금의 형태"를 탐색하므로 미용기업에서 일하는 종업원 개개인의 의욕을 일깨우고 업적 향상에 기여하는 임금의 결정방법을 연구해야 한다.

3. 임금체계의 올바른 이해

1) 임금의 체계

종업원 자신이 매월 자신의 노동의 대가로 받는 임금은 어떤 요소로 구성되어 있는가?

임금체계의 올바른 이해를 위해서는 먼저 임금의 구성요소를 명확히 해 둘 필요가 있다. 각 미용기업은 자신의 실정과 손익분기점을 고려하여 경상이익이 나도록 합리적으로 임금수준을 결정하도록 해야 한다. 임금의 중심형태를 "임금 체계"라고 하는데 임금체계의 모델을 보면 다음과 같다.

<그림 9-1> 임금의 체계

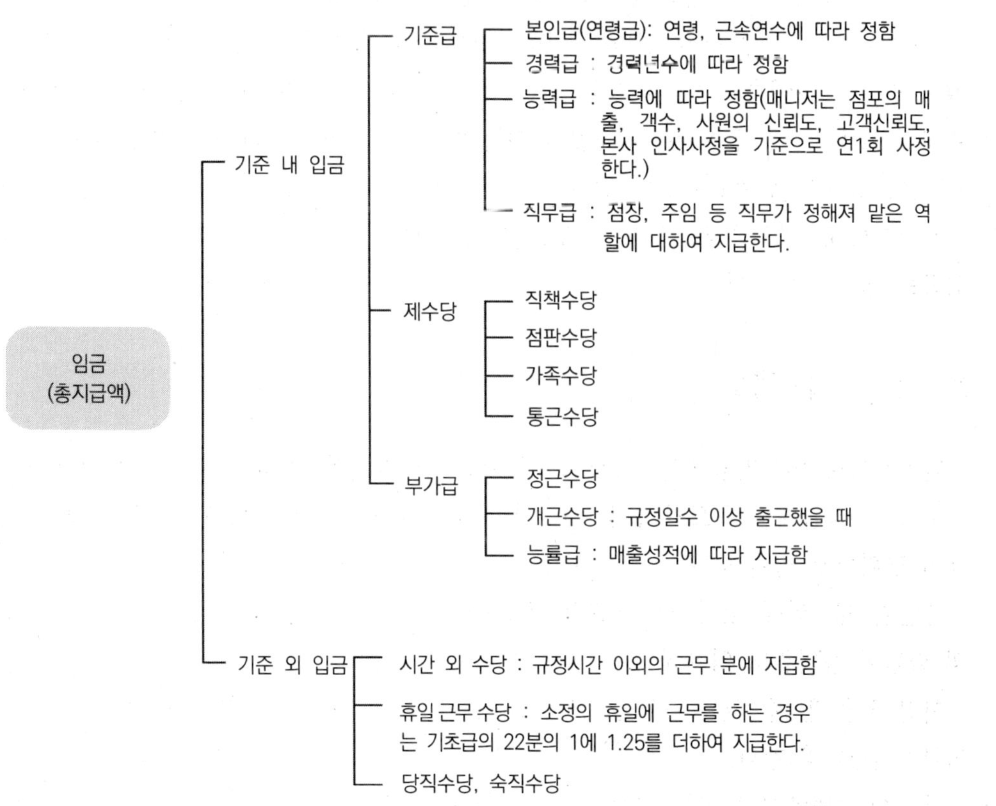

〈그림 9-1〉 임금의 체계(계속)

상여(실적급)

1. 개인 매출의 5%+2%를 지급한다. (예산목표 달성은 6%+2%)
2. 상여는 연3회(2월, 8월, 12월) 지급한다.
3. 포인트제를 채택하여 각점의 매출을 그 기준으로 한다.
4. 점장, 주임에 관해서는 점포실적의 평가를 가미하고 있다.
5. 지명객수를 평가의 대상으로 한다.
6. 점포매출의 5%+2%(예산목표달성 6%+2%)로 하고 그것을 점포 총 할당점으로 나누고 자기 할당점에서 더하여서 산출한다.
7. 상여로서 점포매출의 3%를 지급한다. 단, 영업부문의 실적으로 한다.

여기서 "본인급(연령급)"이란 연령이나 근속연수에 따라 자동적으로 산출되는 것을 말하며, "경력급" 이란 경력연수에 따라 지급하는 제도를 말한다.

"능력급"은 능력에 따라 정하는 것을 말하며 "직무급"은 점장, 주임 등 직무가 정해져 맡은 역할에 대하여 지급한다. 이 네 가지를 주축으로 하여 임금의 체계가 구축되고 그밖에 부가급으로는 매월 올리는 자신의 실적에 따라 지급되는 것이 "능률급"이며 정근수당, 개근수당이 있다.

제수당으로 "직책수당", "점판수당", "가족수당", "통근수당" 등을 지급하여 전체의 임금을 결정하게 된다.

2) 커미션급 제도

일반적으로 미용기업에서 목표라고 하는 경우 기술매출목표라든가, 상품판매 목표라든가, 숫자관계로 목표가 설정되는 것이 보통이다. 분명히 목표는 숫자로 표현되는 것이 명확하고 알기 쉽다.

종업원 개개인에 있어 개별적으로 정밀화된 목표설정과 목표달성을 위한 지원제도의 확립이 종업원의 의욕에 불을 붙여 타오르게 하는 것이다.

어떤 일을 할 수 있는 능력을 "직무수행능력"이라고 하고 그 능력에 알맞은 급여를 직무자격급이라 한다.

각 미용기업에서의 직무수행능력과는 별도로 직무를 수행한 실적을 평가할 평가표가 필요한 것이다. 그것이 "커미션급"인 것이다.

"커미션"이란 "능률급"을 말한다. 즉 미용기업에서 이야기하는 "%제" "매출능률급제"등이 여기에서 말하는 "커미션급 제도"이다.

예컨대 같은 직능수준인 두 사람의 기술자가 한쪽은 매출실적이 50만원, 다른 한쪽은 30만원이었다고 하자. 이 두 사람에 대해서 똑같은 임금을 지급한다고 하는 것은 결코 공평치 못한 것이다.

많은 미용기업에서는 아직 고정급 형태를 택하고 있는 곳이 많다. 능률급제를 택하고 있는 미용기업에서도 지급액 전체의 10~30%를 적용시키고 있는 것이 대부분이다.

그러나, 갈수록 미용업계에서는 인건비가 경영압박 요인의 주요요소가 되는 것은 거의 틀림없다.

그 이유중의 첫째는, 미용사 자신의 대우가 다른 업계와 비교해서 무척 낮다는 점이다.

두 번째는, 종업원의 임금을 업적과 연동시키지 않고 계속 올리고 있다는 점이다.

세 번째는, 중장기적으로 보면 미용업계는 종업원 부족의 시대를 맞이할 것이 틀림없기 때문이다.

그러므로, 될 수 있는 한 빠른 시일 내에 임금의 변동비화 즉 커미션 제도를 도입하는 것이 바람직하다. 이상적인 것은 지급액의 50%이상을 커미션급으로 하는 것이 바람직할 것이다.

커미션 제도는 경영적 관점에서만 바람직한 것이 아니다. 일하는 종업원에게 있어서도 운용에 따라서는 크나큰 동기부여의 역할을 할 것이란 사실은 이미 앞서가는 미용기업에서 실증되고 있다.

〈그림 9-2〉 직무수행 능력 전개도

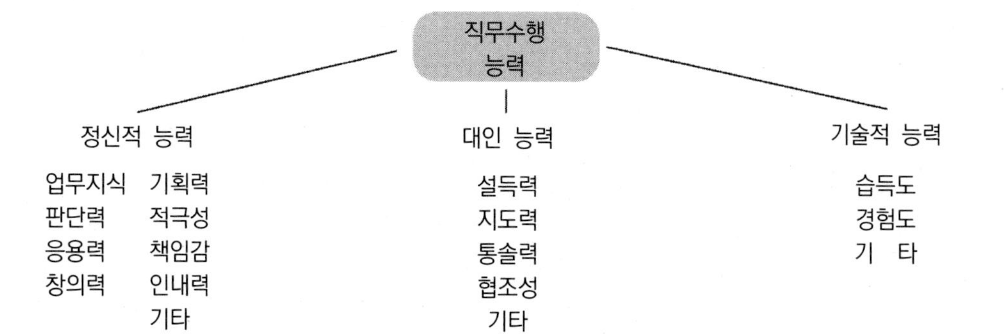

3) WIN-WIN형

임금은 일하는 사람의 생활을 뒷받침해 주는 원자본이다. 따라서 받는 쪽은 총액으로 상승을 기대한다. 앞서 말한 커미션급의 도입으로 손에 들어오는 임금이 줄어들었다고 한다면 종업원 입장에서는 도저히 받아들이려 하지 않을 것이다.

즉 경영자측의 일반적인 논리로 커미션 제도를 도입할 수는 없다는 것이다. 종업원이 제도에 매력을 느끼고 그것을 향해서 지금까지 이상의 의욕으로 매진하도록 하는 것이 대전제이다.

그러나, 누군가가 얻는 것이 있으면 다른 한 쪽에서는 누군가가 잃는 것이 있다는 제도라면 그 제도는 오래 갈 수가 없을 것이다. 승자와 패자의 관계에서는 조직의 활성화는 있을 수 없다.

"WIN-WIN(누구나 승자)"관계를 창출해 내지 않으면 안 된다.

4. 임금시스템의 실례 : 미용실의 경우

1) 임금규정 사례1

제1장 총칙

(적용범위)

제1조

이 규정은 취업규칙 제○조에 근거해 종업원 임금 등에 대해서 정한 것이다. 단 파트타임 등 취업 형태가 특수한 일에 종사하는 사람에게 적용되는 특별규정을 한 경우는 그 규정에 따른다.

(임금의 구성)

제2조

임금의 구성은 다음과 같다.

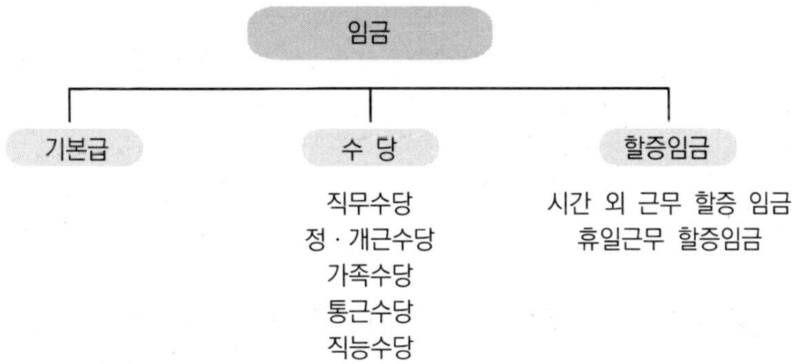

(임금의 결재일과 지불일)

제3조

1. 임금은 전날 ○일을 기준으로 당월에 마감해서 계산하고 ○일(지불이 휴일일 경우는 그 전날)에 지불한다.
2. 전항의 규정에 관계없이 다음의 각 항에 해당할 때는 종업원(종업원이 사망했을 때는 그 유족)의 청구에 따라 임금 지불일 전날이라도 노동에 대한 임금을 지불한다.
   ① 종업원의 사망, 퇴직, 해고시

② 종업원 또는 그 수입에 의해 생계를 유지하는 사람이 결혼하고, 출산, 병에 걸리거나 재해를 입거나 또는 종업원의 수입에 의해 생계를 유지하고 있는 사람이 사망해서 비용이 필요한 때
③ 종업원 또는 그 수입에 의해 생계를 유지하고 있는 사람이 어쩔 수 없는 사유에 의해 ○주간 이상 귀향일 때

(임금의 계산 방법)
제4조
1. 지각, 조퇴, 결근 등에 따라 소정 근무시간 또는 일부를 휴업할 경우에 있어서는 그 휴업한 시간에 대응하는 기본급을 지급하지 않는다. 단 이 규정 또는 취업규칙에 별도의 규정에 있는 경우는 이 범위에 들지 않는다.
2. 전항의 경우에 있어서 휴업한 시간의 계산은 해당 임금 마감 기간의 말일에 합계하고 ○분 미만은 제외시키는 것으로 한다.
3. 임금 마감 기간에 관한 임금의 총액에 ○원 미만의 끝자리 금액이 생긴 경우에 있어서는 이것을 ○원으로 반올림하는 것으로 한다.
4. 임금 마감 기간 중도에 있어서 입사 또는 퇴사한 사람에 대한 해당 마감 기간에 관한 임금은 일당으로 계산해서 지급하는 것으로 한다.

(임금지불방법)
제5조
1. 임금은 현금으로 직접 종업원에게 그 전액을 지불한다.
2. 전항의 규정에 관계없이 다음에 게재한 것은 지불할 때 공제한다.

   단 아래 외에 대해서는 종업원의 대표자와 서면에 따른 공제협정에 근거해서 행하는 것으로 한다.

   ① 급여 소득세
   ② 주민세
   ③ 의료보험료
   ④ 고용보험료
   ⑤ 국민 연금 보험료

제2장 기본급

(기본급)

제6조

기본급은 ○제로 한다.

(기본급의 결정)

제7조

기본급은 본인의 학력, 능력, 경험, 기능, 작업내용 등을 감안해서 각 사람에 맞게 결정한다.

(승급)

제8조

승급은 기본급에 대해서 실시하는 것으로 하고 회사의 업적 등도 감안해서 ○월에 기능, 근무성적이 양호한 사람에 대해서 실시한다.

제3장 수당

(시간외 근무 할증 임금, 휴일근무 할증 임금)

제9조

1. 소정 근무시간을 넘는 경우 또는 휴일에 근무한 경우에는 시간외 근무 할증 임금 또는 휴일근무 할증 임금을 각각 다음 계산에 따라 지급한다.

① 일당인 경우

시간외 근무 할증 임금	(소정일수 ÷ 1일 소정근무시간) × 1.25 × 시간외 근무시간 수
휴일 근무 할증 임금	(소정일수 ÷ 1일 소정근무시간) × 1.50 × 휴일 근무시간 수

② 월급인 경우

시간외 근무 할증 임금	(기본급+직무수당+정 · 개근수당÷한달 평균소정근무시간) × 1.25 × 시간
휴일 근무 할증 임금	(기본급+직무수당+정근수당÷한달 평균소정근무시간) × 1.50 × 휴일 근무시간 수

2. 휴일의 시간외 근무에 대해서는 휴일근무 할증 임금을 지불한다.

(직무수당)

제10조

직무수당은 직무상 책임이 무거운 관리직 지위에 있는 사람에 대해 다음 액을 지급한다.

직　명	주　임	점　장	매니저
지급액	월○○원 이상	월○○원 이상	월○○원 이상

(직능수당)

제11조

각 기술에 도달했다고 인정된 사람(기술지도 담당자의 체크에 합격한 사람)에 대해서 기술 수당을 지급한다. 기술수당의 종류, 지급액은 〈별표1〉에 나타낸 것으로 한다.

〈별표1〉 기술수당 지급 기준

기술 구분	샴푸	파마	칼라링	업스타일	브로우			커트		
					원랭스	그래듀에이션	레이어	원랭스	그래듀에이션	레이어
기술 금액	5,000원	5,000원	10,000원	30,000원	10,000원	10,000원	10,000원	25,000원	25,000원	25,000원

(정 · 개근 수당)

제12조

정 · 개근 수당은 매 임금 마감기간 중의 결근 또는 조퇴 날수에 응해서 다음에 정한 것에 따라 지급한다.

1. 결근 · 지각 · 조퇴가 없는 사람 : 월○○원
2. 결근 · 지각 · 조퇴 1일인 사람 : 월○○원

(가족수당)

제13조

가족수당은 종업원이 부양하는 다음의 사람이 있는 경우에 그 종업원에게 지급한다. 단 아이에 대해서는 ○명까지로 한다.

18세 미만의 미성년 1명에	배우자
월○○원	월○○원

(통근 수당)

제14조

통근 수당은 매월 통근하는 사람으로 정기권을 구입하는 사람에 대해서 정기권 구입비에

상당하는 금액을 지급한다. 단 구입비가 월○○원을 넘는 경우에는 ○○원으로 한정하는 것으로 한다.

(특별휴가 등의 임금)

제15조

취업규칙 제○조에서 제○조까지의 특별휴가 등에 따라 근무하지 않는 시간 또는 날의 임금에 대해서는 지급하지 않는 것으로 한다.

(휴직기간 중의 임금)

제16조

취업규칙 제○조의 휴직기간 중의 임금에 대해서는 지급하지 않는 것으로 한다.

(임시 휴업의 임금)

제17조

회사의 사정에 따라 종업원을 임시로 휴업시키는 경우에는 휴업수당으로서 휴업1일에 따른 평균임금의 ○분의 ○을 지급한다.

제4장 상여

(상여)

제18조

상여는 매년 ○월과 ○월의 상여 지급일에 재직하는 종업원에 대해서 회사 업적, 종업원의 근무성적 등을 감안해서 지급한다. 단 영업 성적의 현저한 저하 그 외에 어쩔 수 없는 사유가 있는 경우에는 지급일을 변경, 또는 지급하지 않는 일이 있다.

제5장 여비 및 일당

(여비)

제19조

회사 일로 출장하는 경우는 여비 또는 숙박비를 포함한 그 실비를 지급한다. 단, 숙박비에 있어서 1박 ○원을 한도로 한다.

(일당)

제20조

1. 1일 이상의 출장일 경우는 일당을 지급하는 것으로 하고 그 액수는 다음에 정한대로 한다.

직 명	준사원	정사원
일 당	○○원	○○원

2. 왕복○㎞미만의 가까운 거리의 출장에 대해서는 전날 일당의 반액으로 한다.

(부칙)

제21조

이 규정은 ○년 ○월 ○일부터 실시한다. 이 규정을 수정 또는 보완할 경우에는 종업원 대표의 의견을 들어서 실시한다.

2) 임금규정 사례2

(1) 임금규정사항

(가) 임금 계산방법은 원칙적으로 고정급, 기술급, 능률급을 병행한다.

(나) 임금은 연 30% 이상이 신장한다.

(다) 보너스(상여금) 제도

1년 이상 근무한 사원에 대해 1년을 3회로 나누어(설날 휴가 전, 여름 휴가 전, 추석 휴가 전)

연차 기본급에 대해 연간 100%의 보너스를 지급한다.

예) 디자이너와 스페셜 디자이너는 보너스 제도에서 제외된다.

(라) 퇴직금제도

① 디자이너

매월 3만원을 퇴직금으로 미용기업에서 관리하며 퇴직시 지급을 원칙으로 하나, 근로계약 위반시 일체 지급하지 않는다.

② 스텝

연간 보너스 중 20%를 퇴직금으로 미용기업에서 관리하며 퇴직시 지급을 원칙으로 하나, 근로 계약 위반시 일체 지급하지 않는다.

(마) 다른 업소에서의 경력은 본 미용기업의 규정에 따라 인정하고, 기술급에 대한 평가는 1달간의 수습기간동안 본 미용기업에서 자체평가를 실시한다.

(바) 임금인상 및 승급은 직원교육 시스템 이수 후 자체기술 평가 및 시험 후 기술향상이 인정될 시 승급이 이뤄진다.(직원 기술평가 및 시험 : 직원 교육 프로그램 참조)

(사) 임금인상 및 승급에 대한 자체 기술 평가는 사원 채용 후 6개월을 주기로 실시하며, 기술향상이 인정되는 경우에만 승급이 이뤄진다.

(아) 지각, 조퇴, 결근 등에 의해 소정 취업시간의 전부 또는 일부를 휴업했을 경우 그 시간에 대한 기본급은 지급하지 않는다.

① 지각, 조퇴, 결근은 철저하게 적용한다. : 사전 통보시 정상 참조

② 지각, 조퇴 : 시간당으로 환산, 한달 3회 지각·조퇴시 1번 결근으로 적용한다.

③ 지각, 조퇴 1~2회차 : 허용가능, 3회차 이상 : 적용범위

④ 12시 이후 출근 : 조퇴와 동일하다.
3시 이후 출근 : 결근과 동일하다.

(자) 임금인상 및 승급에는 종업원의 능력 사정표를 적용하여 각 개인에 대한 근무태도 및 고객관리, 기술평가를 한다.

(차) 정기승급은 근속연수, 공헌태도, 기술, 출근상황 등을 평가해서 행한다.

(2) 임금 규정

(가) 단계별 임금 규정표

단계 / 승급	스텝	중간 스텝	인턴	디자이너	스페셜 디자이너
기본급	150만원+수당	160만원+수당	170만원+수당	180만원+수당	200만원+수당
6개월	155만원+수당	165만원+수당	175만원+수당	185만원+수당	능률 급여
12개월	160만원+수당	170만원+수당	180만원+수당	190만원+수당	기준표 참조

(나) 디자이너 임금

① 디자이너 임금은 고정급과 능률급을 병행하는 것을 원칙으로 한다.

② 능률급여 기준은 아래와 같다.

능률급여 기준표

기본급(200만원) + (매출액 - 600만원) X 35%

1. 600만원 매출시까지 200만원을 지급하고, 그 이상의 매출시 35%의 능률급을 지급한다.
2. 근무연차에 따라 1%씩 추가 지급한다.
3. 1000만원 이상 매출을 올리는 디자이너는 고정고객에게 최선을 다해야 하므로, 프리고객은 배정하지 않는다.
4. 디자이너 승급 후 3년 후부터는 프리고객은 배정하지 않는다.
5. 고정 급여는 200만원 내외에서 상호협의 하에 정하고, 그 기간도 3-6개월간 고정급을 지급하며, 그 이후 상호협의를 거쳐 능률급을 지급한다.

(다) 스텝 급여

① 스텝 급여는 단계별로 월 정기급여를 지급한다.

② 수당

(a) 제품 점판 및 훼밀리 카드 수당은 순이익의 50%를 판매직원에게 추가 지급한다.

(b) 특별수당은 경영진의 평가기준으로 부정기적으로 지급하며, 기타 직책수당은 경영진의 판단에 따라 추가 지급할 수 있다.

(c) 월차일 근무수당(특근수당)은 (월 정기급여 × 1/30) × 1.5를 산정하여 추가 지급한다.

(d) 경영주의 요구에 의해 근무할 경우 특근수당을 지급하며 본인의 요구에 의해 급여에 반영한다.

(라) 보너스(상여금) 제도

① 보너스는 연간 기본급의 100%를 연간 3회로 나누어(설날 휴가 전, 여름 휴가 전, 추석 휴가 전) 30%씩 지급한다. (참고 : 나머지 10%는 퇴직금으로 적립한다.)

② 보너스는 1년 이상 근무자에 해당된다.

③ 헤어 디자이너는 능률급 기준이므로 보너스를 지급하지 않는 것을 원칙으로 한다.

Chapter 10 미용 운영관리

1. 미용기업의 생산성 향상

1) 생산성 향상에 대한 이해

미용기업에 있어서 "생산성 향상"이란 도대체 무엇이며 어떤 것을 가리키는 것인가?

① 조직(관리, 스템의 자질, 도덕적 인간적 측면)
② 입지, 상권(지리적 조건, 상권의 범위와 수준)
③ 생산수단(기술이나 설비)

①②③이란 경영실태를 나타내는 숫자의 분석을 바탕으로 한 인재양성이나 살롱 꾸미기의 경영행위라는 것은 틀림없지만, 미용기업의 규모나 지향성에 따라 계획수립에는 커다란 차이가 생긴다.

생산성 향상의 측면에서 보면

① 고용을 증대시켜 실업, 퇴직을 방지한다.(과도적 잉여 인원은 배치전환)
② 구체적인 방책은 노사가 협력하여 연구, 협의한다.
③ 성과는 경영자, 종업원, 고객이 실정에 따라 공정하게 배분한다.

라는 3가지 원칙을 제시할 수 있으며 여기에 주목해야 할 것이다.

한편 미용기업에서도 고전을 면치 못하는 살롱이 있는가 하면 20~30%이상의 향상을 하는 미용기업도 있다. 이런 성장살롱에 공통되는 점은

① 경기침체 때부터 계속해서 하고 있는 정기적 신규 채용
② 교육시스템의 개선, 강화
③ 종업원의 대우개선, 높은 정착율

의 3가지 점이며 이것을 핵으로 한 미용기업 만들기를 해서 고객의 지지를 모았다는 것이다.

앞으로의 미용경영 상황이 더욱 어려워질 것이라는 것은 기정사실이므로 생산성 향상을 "고객단가, 고객수"의 향상이라고 생각할 것이 아니라 앞으로는 "가치 있는 기술자×고객수"로 하여 고객의 요망에 부응할 수 있는 진용확립에 주안점을 두어 중기적인 전략으로써 구체적인 계획수립이 바람직하다.

생산성 향상을 위한 긴급과제인 기존 내점고객의 고정화 전략과 타점포 실망고객(자점의 신규고객)을 획득하기 위해서는 가치 있는 기술자의 질량이 성과를 좌우하리라 확신한다.

2) 미용기업 만들기의 포인트

새로운 각도에서 생산성 향상을 계획하는데 있어서 발전하는 미용기업 만들기의 포인트는 다음 8가지에 집약된다.

〈표 10-1〉 미용기업 만들기 8포인트

1. 경영자에게 직업에 대한 열의가 있는가?
2. 그 열의가 살롱 내 전체의 분위기에 반영되고 있는가?
3. 전향적인 연구, 노력을 따뜻하게 포용할 인간관계는 형성되어 있는가?
4. 매니저 이하의 종업원 중에 중심이 되어, 생각하고 노력하는 인재가 있는가?
5. 매니저 또는 기술자급 중에 위 4의 사람에게 존경받을 요소가 있는가?
6. 한가한 시간, 폐점 후, 휴일에 살롱이나 외부에서의 연구개발에 임하는 의욕적인 인원은 몇이나 되는가?
7. 중심이 되는 인재의 사생활은 멋있는가? 지식은 깊은지 또는 다른 사람으로부터 인정받을 만한 수준인가?
8. 정확한 테마설정을 할 수 있는가?

생산성 향상의 한가지 요소인 교육면에서도 이 8가지는 활용된다.

미용업계의 일반적인 기술연습의 중심을 차지하고 있는 것은 "할 수 없는 기술"을 습득하기 위해서 하는 반복훈련이다. 그러나 그것만으로는 고객에 대해서 우위의 미용기업 창조는 할 수 없으며 가치 있는 기술자는 육성되지 않는다.

"익힌 기술"을 활용해서 무엇을 표현할 수 있는가? 오늘의 표현은 최선인가? 다른 표현을 할 수는 없는 것일까? 를 종업원이 협력해서 연구, 개발하는 토의를 거친 창작 미팅의 설정과 내용의 강화야말로 미용기업 내부의 질적 향상에는 불가결한 것이다.

그 창작 미팅의 중심이 경험 풍부한 경영자일 필요는 없다. 창작 미팅은 종업원이 중심이 되어야 한다. 미용기업이라는 관리된 조직 속에서 목표를 공유하면서 자주성을 가지고 움직이는 주체적이 사람이 해야 한다.

생산성향상이란 경영의 확대 발전을 수반하는 만큼, 입사해 들어오는 젊고 새로운 힘을 유효하게 발휘하도록 하지 않으면 생산성은 저하되고 경영적인 정체가 시작되는 것이다.

2. 생산성 향상의 사고방식과 내용

1) 미용기업의 생산성

일반적으로 생산성이라 할 경우, 투입에 대한 산출의 크기를 측정하는 수단으로써 생각되고 있다. 투입요소로써는 돈(자금)이기도 하고, 사람이기도 하고, 시간이기도 하고, 그 몇 가지의 집합체이기도 하다.

투입에 대한 산출을 측정하는 수단이므로 도출되는 결과는 클수록 생산성이 높다고 하게 된다.

그런데 미용기업에서 생산성을 생각할 때, 무엇을 해서 생산성을 측정하는 척도로 삼을 것이냐가 중요하게 된다.

<표 10-2> 생산성을 측정하는 기준

항 목	계 산 식	단 위
종업원 1인당 기술 매출고	기술매출고 / 종업원수	₩ / 인
셋트대당 기술 매출고	기술매출고 / 셋트대수	₩ / 대
인시 생산성 (人時 生産性)	기술매출고 / 종업원수 ÷ 영업시간	₩ / 인, 시
영업 면적당 기술 매출고	기술매출고 / 총영업면적	₩ / 평
종업원 1인당 기술 매출고	내점객총수 / 종업원총수	인 / 인
셋트면 회전수	내점객총수 / 셋트면총수	회전 / 면
시술 항목별 처리 시간수	기술별총정리시간수 / 기술별총고객총수	분 / 인
노동 생산성	총부가가치액 / 종업원총수	₩ / 인

〈표 10-2〉는 미용기업에서 생산성을 측정하기 위한 생산성 계산식의 예이다. 〈표 10-2〉에서 알 수 있듯이 생산성 요소로써 매출고, 부가가치액, 종업원수, 시간, 미용기업 시설, 고객수 등이 조합되어 계산되어지고 있다.

이들 각 계산에서 산출된 생산성이 의미하는 바는 "무엇을 알고 싶은가?"의 해답의 역할을 지닌다. 즉 종업원의 가동 효율을 알기 위해서는 종업원 1시간당 생산성(人時生産性)을 보는 것이 가장 알맞다. 미용기업 시설과 고객수의 균형을 보려면 셋트대당의 매출고나 처리 고객수를 계산하면 명확해진다. 이와 같이 생산성은 미용기업의 경영결과를 "효율"의 측면에서 판단하는데 적합한 지표가 되는 것이다.

생산성이 효율을 측정하는 지표일지라도 관점을 약간 길게 잡으면 효과(고객만족도)의 측면도 내포하는 지표로 포착할 수도 있다. 즉 예컨대 효율을 추구한 나머지 투입요소를 작게, 산출을 크게 하려고 하면 그 순간은 생산성이 올라가지만 그 손님은 두 번 다시 오지 않을 것이라고 예측하면 결과적으로는 생산성이 낮아지고 마는 결과가 되는 것이다.

즉 고객만족이 계속되지 않는 한 결과적으로는 미용기업의 생산성을 저하시키고 마는 것이다.

생산성은 효율을 측정하는 지표이지만 투입요소와 산출과의 적당한 균형 위에서 성립되는 것이며 거기에는 각 요소의 유기적 관계가 존재하는 것이다.

〈그림 10-1〉 고객수와 생산성에 따른 테마

	메 뉴	시스템	미용사
15명 이상	• 몇 사람의 손님으로부터 아는 사람을 소개, 선전해 주는 듯한 단골화된 메뉴가 있다. • 시간단축을 고려한 메뉴 작성을 하고 있다. • 계속해서 스타일 계획이 짜여지는 메뉴가 갖추어져 있다.	• 카운셀링을 단축하기 위한 도구와 노하우가 있다. • 잡지 등에 게재할 접근을 하고 있다. • 예약 우선의 시스템이 되어 있다. • 커트 이외는 스텝에게 맡길 수 있는 교육시스템이 있다.	• 카운셀링 전에도 손님의 복장, 얼굴, 분위기, 태도 등을 보고 어울리는 스타일을 제안할 수 있다. • 하루의 담당고객의 예약상황을 모두 파악하고 있다. 시술시간 단축에 노력하고 있다. • 담당객의 거의가 지명객이다. • 최신기술 테크닉을 마스터해서 손님에게 항상 제공하고 있다. • 스타일 북은 어시스턴트와 공유화된다. • 손님에게서 질문을 받거나 상담을 요청받는 경우가 많다. • 신뢰하고 '맡기고' 대응해 주는 손님이 많다.
5명 ~ 14명	• 정기적으로 메뉴의 수정이나 새로운 것의 개발을 하고 있다. • 점포에 '이 메뉴에는 자신 있습니다.'라는 특유의 메뉴가 있다. • 다른 점포에는 없는 효과를 수반한 메뉴가 있다. • 스타일에 맞춘 복합 메뉴 제안이 가능하다.	• 소개손님을 늘리기 위한 캠페인이나 짜임새가 있다. • 종례 때 기술자 개인의 매출이 명확히 나타난다. • 담당자는 카드를 확인하고서 손님을 맞이한다. • 월간, 연간 매출목표를 전원이 항상 인식하고 있다. • 기술자와 보조의 작업의 분업화가 되고 있다. • 미용기업의 연간 계획서가 있다. 지명제가 확립되어 있다. • 보조가 바로 정확하게 움직이도록 지시하고 있다.	• 어시스턴트 한사람 한사람의 기술수준, 시술시간, 대화력 등을 파악하고 있다. • 자기자신의 가장 많은 실객층을 파악하고 있다. • 영업시간 이외에도 어시스턴트와 일에 대한 대화를 하고 있다. • 신규객 중 30%는 60일 이내에 재내점한다. • 어시스턴트에게 맡긴 일의 최종체크, 수정은 완벽하게 하고 있다. • 기술별 시술시간을 파악하고 있다. • 오늘의 스타일 분 아니라 '장래 어떻게 하고 싶은 스타일인지'를 파악/대응한다. • 내점 주기에 맞추어 재내점을 제안 • 스타일링 방법의 문제점을 해결 할 수 있도록 어드바이스 해준다.
1명 ~ 4명	• 메뉴는 기술별로 손님이 선택할 만한 것이 있다. • 손님이 보면 메뉴의 특징을 알 수 있다. • 밖으로 메뉴를 알리고 있다(메뉴표 게시, 전단)	• 신규고객에게 내점하도록 하는 조직과 재료가 있다. • 항상 청결하고 밝은 미용기업이다. • 캠페인 등 선전 안내를 하고 있다. • 조회, 종례를 꼭 하고 있다. • 손님의 영접, 전송을 잘 하고 있다. • 연간 캠페인 계획을 세워 그대로 하고 있다. • 손님의 카드가 갖추어져 있다. • 월별 매출목표가 명확하다. • 메뉴북이 준비되어 있다. • 수정이나 클레임을 대처하는 짜임새가 있다.	• 자기의 스타일북을 만들어 카운셀링에 활용한다. • 모든 메뉴의 작업공정과 요금을 완전 파악하고 있다. • 카운셀링에서 최종스타일의 이미지가 완벽하게 떠오른다. • 기술향상을 위한 연습시간을 많이 갖는다. • 월별 매출을 파악하고 있다. • 미리 요금을 알려주고 시술에 들어간다. • 재내점을 제안하고 있다. • 손님의 이름을 외우려고 노력하고 있다. • 반드시 샴푸 전에 스타일 카운셀링을 한다. • 개개인의 접객방법을 항상 의식하고 있다. • 매일 목표 담당수를 정하고 있다. • 처음 맛보는 기술은 안심하도록 시술할 때 반드시 설명해 주고 있다.

(1) 매상과의 함수관계

미용기업 중 미용실의 매상을 예상하는데는 몇 가지 도구가 있다.

① 공간(평수)으로 매상 산출
② 미용대 숫자로 매상 산출
③ 미용사 고용수로 매상 산출

위 3가지 산출방안은 단독 산출기능을 갖고 있지만 개업시에는 종합적으로 평가를 하여야 한다.

평수는 큰 데, 미용대 수가 적다거나, 미용대 수는 많은데, 미용사 수가 적다거나 할 때는 적은 숫자에 산출 기준을 두고 계산한다.

〈표 10-3〉 매상 산출 기준

도구 \ 일 매상	보통	잘됨	아주 잘됨	비고
1평	25,000원	35,000원	45,000원	위치에 관계
미용대 1대	70,000원	90,000원	110,000원	합리적 설계
미용사 1인	80,000원	90,000원	100,000원	평균급여에 관계

※ 보통이하와 아주 잘됨 이상은 특이한 살롱의 경우로 간주할 수 있다.

〈표 10-3〉를 설명해 보면

① 평수(1평 기준) : 평당 매상은 25,000~45,000원 이상 매상
② 미용대(1대 기준) : 미용대 1대당 매상은 70,000~110,000원
③ 미용사(1인 기준) : 미용사 1인 매상은 미용실 평균 급여의 3배를 25일로 나눈 금액이 1일 최소 매상이 되어야 한다.

물론 미용요금을 얼마 받는가의 문제와 고객이 얼마나 많은가의 문제는 각 살롱의 상황이나, 특이한 살롱의 경우가 아니면 타당성 있게 나타난다.

2) 생산성의 결과

생산성이 계속 오르는 미용기업을 "성공하는 미용기업 또는 번영하는 미용기업"이라고 부른다. 그러면 "성공하는 미용기업 또는 번영하는 미용기업"의 공통점은 무엇일까?

① 미용기업의 개념이 명확하다.
② 고객관리가 철저하다.
③ 기본기술을 중시한다.
④ 항상 변화를 제안하고 있다.
⑤ 종업원의 대우가 좋다.
등을 들 수 있다.

이들 각 요소가 생산성 향상의 초석이 되고 있다. 그러면 생산성 향상의 결과는 무엇일까? 정리해 보도록 하자.

(1) 이익이 증가한다.

"생산성 = 부가가치 창조의 비율"이라고 할 수 있다. 생산성이 향상되었다고 하는 말은 부가가치(이익)가 증가했다는 말이다. 같은 금액을 저금하더라도 금리가 다름에 따라 얻는 이자는 달라진다. 생산성이 높다고 하는 것은 고금리의 이자를 손에 넣은 것과 같다.

(2) 종업원의 분배 몫이 증가한다.

이익이 증가했다고 하는 것은 거기에서 종업원에게 분배하는 몫(임금 등)을 증가시킬 가능성이 있다는 것이다. 미용기업에서의 생산성을 측정할 때 종업원 1인당의 매출고를 기준으로 삼을 때가 많다.

(3) 경영철학을 실현할 수 있다.

경영자는 항상 미용기업에 새로운 것을 추구하고 싶어한다. 가령 인테리어를 바꾸고 싶다든지, 완전 주 휴일제를 실현하고 싶다든지, 교육장을 갖고 싶다든지 등등.

생산성이 높아지면 그 수준에 따라 그 꿈이 실현된다. 실현하는 순서는 먼저 종업원, 다음에 고객, 그리고 마지막으로 경영자 자신이다.

생산성을 높이는 원동력은 미용기업에서 일하는 종업원이다. 미용업계에서 다른 산업과 같은 대우가 실현되기까지는 생산성 향상의 성과는 분명히 먼저 종업원이 누려야 한다. 고객 우선은 그 다음이다.

즐거움에 넘쳐 일하는 종업원이 없는 미용기업의 내일은 없다. 고객만족은 종업원 만족의 연장선상에 있다. 잘못하여 생산성 향상이 종업원의 노동강화로 연결되어서는 안 된다. 그러므로 순서를 잘못해서는 안 된다.

3) 생산성 향상은 경영력 향상

생산성이 계속 오르고 있는 미용기업을 "성공하는 미용기업 또는 번영하는 미용기업"이라고 부르는 것을 알았다. 그리면 생산성 향상을 높이는 힘의 원천은 무엇인지에 대해 알아보도록 하겠다.

다음 7가지 요소는 그 힘의 원천이다.

<그림 10-2> 생산성 향상의 7가지 포인트

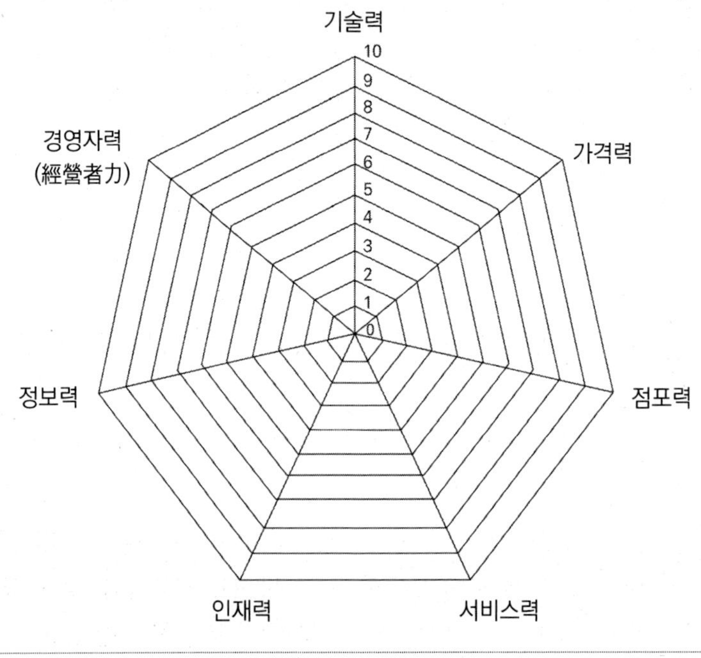

이들 각 요소가 잘 맞물림으로써 “성공하는 미용기업 또는 번영하는 미용기업”의 공통점이 살아나는 것이다. 힘이란 경쟁력이다. 다른 미용기업보다 기술면에서 이기고 있다면 기술경쟁에서 이긴다. 가격경쟁력도, 미용기업의 서비스 경쟁력도 모두 경쟁미용기업과의 비교의 강약으로 결정된다. 모든 항목에서 이기고 있다면 그 미용기업은 그 지역 최강의 미용기업이라 할 수 있다.

생산성을 계속 높이고 있는 미용기업이란, 경쟁에서 계속 이기고 있는 미용기업인 것이다. 즉 〈그림 10-2〉의 7가지 항목의 수준을 높여 간다는 것은 고객의 기대에 응해서 그 만족도를 높이려고 노력하는 일과 다름이 없다.

“생산성 향상 = 경영력의 향상”이다.

각 항목과 생산성과의 관계를 보자.

(1) 기술력

생산성 향상을 위한 구체적인 수단은 기술이란 것은 말할 것도 없다. 생산성이란 관점에서 보면 기술력은 그 테크닉 측면보다 부가가치의 측면이 보다 중요하다. 부가가치는 그 기술의 원가에 대해서 어느 정도의 가치를 고객이 인정하느냐로 결정된다. 즉 고객만족과의 관련으로 기술의 부가가치를 판단한다는 생각이다.

미용경연대회에서 우승한 기술(스타일)이 고객이란 매개체를 통과했을 때, 꼭 평가가 높다고는 할 수 없다. 미용기업의 생산성은 미용기업의 고객에게 지지를 받아야 비로소 향상되는 것이다.

(2) 가격력

할인가격이란 뜻이 아니라 여기서의 가격경쟁력이라고 할 경우 두 가지 의미가 있다.

① 어느 곳 보다 싸게 판매한다고 하는 문자 그대로의 가격경쟁이다.

② 제공하는 가치와 가격의 관계로써 가치〉가격의 부등식을 추구하는 경쟁인 것이다.

전자는 제공하는 것의 가치가 일정할 때 유효하다. 술이나 가전제품이 할인 품목의 대상이 되는 것은 그 브랜드의 가치는 어느 곳에서 사더라도 같다는 것을 소비자가 알고 있기 때문이다. 이러한 업체는 가격파괴형 경쟁에 휘말리는 것은 필연이다.

다행스럽게도 미용업계는 미용기업마다 제공하는 가치가 다르다. 때로는 싸구려 판매 미용기업이 출현하기도 하지만 오래 계속하지 않는다고 보는 것이 옳다.

목표는 가치 〉 가격의 부등식을 높은 수준에서 지키는 것이다. 가치와의 상관관계로 가격이 결정된다. 높은 수준이라고 하는 것은 고객의 요구를 충분히 만족시켜 주는 수준이다. 고객의 요구 수준이 높으면 높을수록, 그것을 만족시켜 주는 가치 수준이 높으면 높을수록, 그 기술은 높은 가격이 된다. 그것으로 충분하다. 이러한 경우 고객은 비싸더라도 비싸다고 생각하지 않는 것이다.

(3) 점포력

점포라고 하는 물리적 존재도 미용기업의 생산성에 크게 관계되고 있다. 즉 미용기업의 생산성을 시설면에서 향상시키고자 하는 데 있다.

구체적으로는 시각성, 레이아웃 등의 하드측면과 청결도, CI수준, 친절도 등의 소프트측면으로 나뉜다. 하드측면은 효율과 연관되고 소프트측면은 효과와 연관된다.

(4) 서비스력

서비스라는 표현은 극히 애매한 것이지만 여기에서는 대가를 수반하지 않는 부가적 서비스를 염두에 두기 바란다.

구체적으로는 종업원의 웃는 얼굴이나 예의, 말씨, 전화상담이나 홈케어 어드바이스 등 그 대상이 되는 범위는 넓다.

대가를 수반하는 서비스란 문자 그대로 미용기술이다.

기술의 결과로써의 스타일을 판매하고 있다고 인식하고 있는데 고객은 마찬가지로 스타일에 돈을 지불하고 있는지, 어떤지는 의심스럽다.

미용요금은 스타일이라는 완성품의 대가로 생각하느냐, 스타일을 창조하는 프로세스(수단)에 대한 수고비로 생각하느냐는 사실 중요한 주제이지만, 대가를 요구하지 않는 서비스의 충실함이 결과적으로 미용기업의 생산성을 높이는 효과가 크다는 것을 알 수 있다.

돈을 지불하는 대상에는 당연히 그에 상응하는 가치를 요구하는 것이다. 따라서 기술이 뛰어나다는 것은 당연한 것이라고 생각한다. 서투르면 불만이 생긴다는 것이다.

반면 돈을 지불하지 않고 따라서 크게 기대하지도 않은 요소로 생각지도 않은 서비스를 받았을 때의 기쁨은 의외로 큰 것이다. 이런 고객심리의 내면이 생산성에 미묘하게 영향을 끼치는 것이다.

(5) 인재력

생산성 향상을 담당하는 사람이 종업원이란 사실은 분명하다. 다른 요소의 어떤 것보다 늘리면 중요한 요소가 된다. 인재력을 구성하는 요소로서는 기능, 지식, 의욕이 중심이 되겠지만 기획력, 창조력, 관리능력 등이 그 주변을 구성하는 요소이다.

미용기업이 생산성을 높이기 위해서는 첫째로 목표설정, 둘째로 그것을 달성할 의욕이 불가결하다. 어느 것이나 인재가 있고서야 비로소 가능해지는 것이다.

(6) 정보력

현재의 미용기업의 성공 열쇠는 "정보화"이다. 정보는 앞으로 모든 면에서 중요한 역할을 하게 될 것이다.

고객과의 커뮤니케이션도 쌍방향의 정보유통이고 메이커로부터의 제품정보나 세계의 패션정보도 미용기업 경영에 있어서 불가결한 요소이다.

특히 고객관리를 위한 정보 무장화가 지금 가장 긴급한 과제일 것이다.

(7) 경영자력

경영력이란 말은 있지만 경영자력이란 말은 최근에 언급되는 새로운 개념이다.

"경영자력"이라고 하는 것은 미용기업 경영의 모든 면에서 경영자의 개성(인격)이 반영된다고 생각되기 때문이다.

각각의 미용기업은 개성을 지니고 있다. 미용기업에 따라 장점이 다른가 하면 약점도 다르다. 그들 장점이나 약점은 모두 경영자의 개성에서 연출되어지는 것이다.

소규모, 영세규모인 미용업계는 규모가 작은 만큼 반영되는 비율도 높다. 경영력이라 하면 과학적인 느낌이 강하고, 경영자력이란 경영자의 사상이라든가 철학을 포함한 것이라고 생각하면 될 것이다.

3. 생산성 향상과 조직관리의 추진방법

1) 생산성이 오르지 않는 이유

미용기업의 성공을 위한 공통적인 요소는 존재하지 않는다고 볼 수 있으며 생산성 향상의 방법도 역시 개별 대응적이라고 할 수밖에 없다. 즉 병의 소재와 원인을 찾아 그에 알맞은 약을 조제하는 것과 같다.

우선은 미용기업에서 생산성에 대한 실제를 명확히 파악하는 것이 선결과제이다. 거기서부터 그 생산성이 오르지 않는 이유, 오르도록 하는 방책을 생각할 수밖에 없다.

생산성이 투입과 산출의 관련수치라고 생각한다면 생산성이 오르지 않는다는 것은 생산에 비하여 투입요소가 과대하다는 것을 뜻한다. 투입요소가 과대해진 이유로는 무리하게 투입한다던가, 불균형하게 투입된 것을 의미한다.

〈표 10-4〉 생산성이 오르지 않는 이유

요 인	대 책
종업원간에 매출고에 틈이 있다.	* 종업원 단위의 목표관리 철저 * 종업원의 서툰 기술의 극복
시술에 시간이 너무 걸린다.	* 기술별 표준시간 설정 (예: 파마2시간) * 시간 단축을 위한 기술 개발
분주할 때와 한가할 때가 극단적이다.	* 한가한 요일이나 시간대로 고객유도 * 고객 내점 사이클 관리의 철저
고객 단가가 낮다.	* 메뉴의 수정 * 복합기술 제안, 접근
종업원의 이직율이 높다.	* 다른 미용기업과의 대우 비교 * 종업원의 도덕성 제고
미용 기술자와 스텝의 구성비 불균형	* 요원 계획의 수정 * 스텝의 유효활용과 조기육성
손님을 기다리게 하는 일이 많다.	* 살롱 활용의 수정 * 팀워크 조직의 수정
생산성을 향상하려는 의욕이 약하다.	* 수당제 도입 * 성과 배분주의의 철저와 주지

〈표 10-4〉는 미용기업의 현장에서의 생산성의 저해 요인과 그 대책의 예이다. 이것들은 개별 대응적인 처방전은 아니지만 어느 정도의 대처 요법 역할은 할 것이다.

생산성 향상을 저해하는 요인의 대표적인 경우를 찾아내어 그에 대한 대응책으로써 효과가 있었던 것을 유형화 한 것이다. 대책에 대한 상세한 전략은 아니지만 무엇을 해야 하느냐? 의 지침은 될 것이다.

본래 중요한 것은 대처요법을 배우는 것이 아니라 생산성 향상을 구조적으로 개선시키는 조직을 만드는 일이다. 두통이나 복통을 치료하는 것도 중요하지만 병에 걸리지 않는 건강한 몸을 만드는 일은 더욱 중요하다.

한 번 올린 생산성은 두 번 다시 내려가지 않도록 해야 한다. 그것이 생산성 향상을 위한 조직화이다. 다음에는 그 방법과 추진방법을 보기로 하자.

2) 생산성 향상은 경영계획이다.

"경영계획"이란 경영자의 경영이념을 자기 회사의 경영자원과 자기 회사를 둘러싼 경영환경을 감안해서 계획화하는 것을 의미한다.

경영계획은 나아가서 재무, 조직, 마케팅, 기술 등의 각 부문으로 분류되어 각기 전략화 한다. 각 전략은 단기계획과 장기계획으로 기간 설정을 해서 각기 고유의 전개를 생각해 나간다. 이것을 "개별계획"이라 한다.

생산성 향상에 대한 프로그램은 경영계획을 책정하여 그것을 실현하는 도중에 깊이 관계되어지는 것이다.

〈그림 10-3〉 생산성 향상은 계획적 전략과정

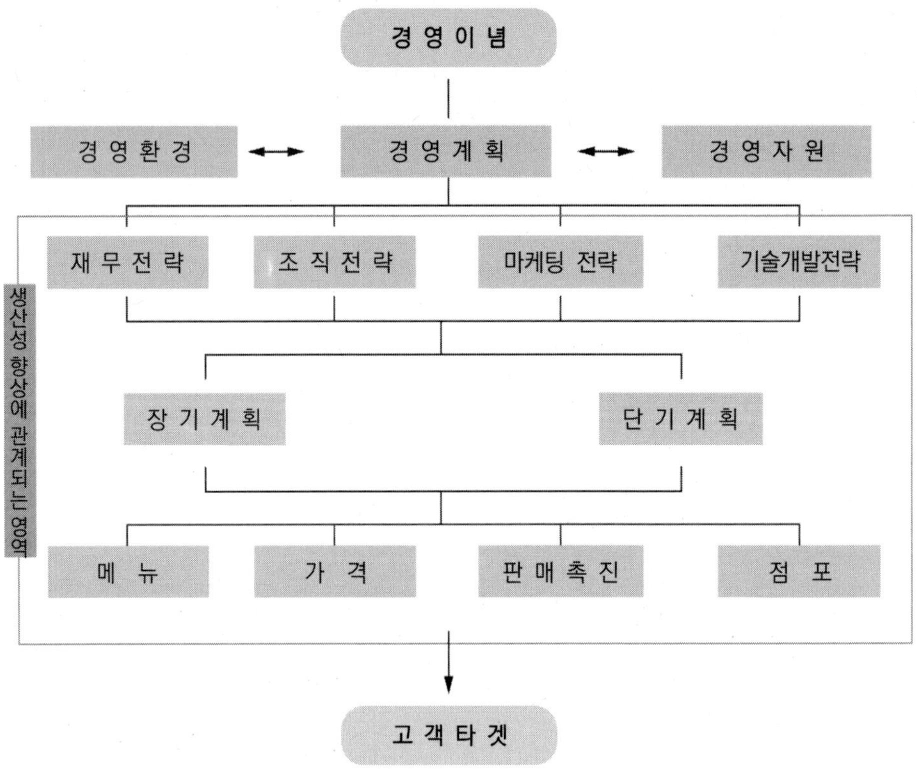

3) 생산성 향상은 PDC사이클로

기업경영의 기본은 경영사이클을 회전시키는 일이다. "경영사이클"은 다른 말로 "PDC사이클"이라고도 한다. P(Plan = 계획), D(Do = 실천), C(Check = 검증)를 빙빙 돌린다는 뜻이다.

생산성 향상에 대한 프로그램도 기본적으로는 PDC사이클의 응용으로 생각하면 된다. 먼저 생산성 행상을 위한 목적을 명확히 한다.

"목표"가 아니라 "목적"이란 무엇 때문에 하는 것이냐? 인 것이다. "생산성을 높여 종업원의 임금을 높이자." 라든지 "생산성을 높여 완전 주 휴일제로 하자" 등을 목적이라 한다.

반면에 1인당 시간당 생산성 5만원이라든가 노동생산성 500만원 따위는 목표라고 한다.

목표는 목적을 달성하기 위한 수단이다. 이 수단을 목적화 해 버리면 비극이 생기는데 그 전형이 노동강화이다. 목적이 없는 생산성 향상은 확실히 종업원의 반감을 사게 된다. 목적에 대한 합리성의 이해야말로 모든 것에 앞서서 꾀해야 하는 것이다.

다음은 현상파악이 중요하다. 〈그림 10-4〉의 기준에서 각종 생산성의 현상을 측정해 둔다. 거기에서 "어디까지 높일 것인가?"의 기준을 설정한다. 기준은 어디까지나 소기의 목적을 달성할 수 있는 수준이어야 한다.

목적에 적합한 생산성 기준을 설정하는 것이 중요하다. 여기까지가 P(계획)단계이다.

다음은 계획에 따라 실천(D)단계이다. "검증"이란 계획과 실천의 결과에 대한 어긋남의 원인을 찾는 것이다. "왜 이렇게 되었느냐?"라든가 "조건을 바꾸면 어찌될까?" 등을 검토하는 것이다. 즉 결과의 분석, 원인의 규명, 대응책 고안의 과정이다.

그리고 다시 실천에 들어간다. 새로운 실천(D)으로의 되돌림이다. 경영사이클은 P로 시작하지만 2사이클째 이후는 1사이클째의 C단계에 P가 포함되어 있다는 것을 알 수 있을 것이다. 이렇게 해서 생산성 향상에 대한 끝없는 경영사이클의 회전이 시작되는 것이다.

〈그림 10-4〉 생산성 향상 프로세스

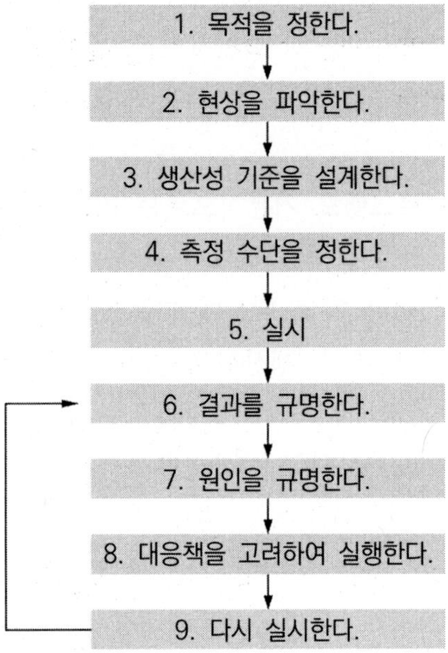

4) 세 가지 움직임(動)이 열쇠이다.

생산성 향상에 대한 "사고방식"에 대해 정리해 보자. 열쇠로써 세 가지 움직임을 들고 싶은 데 그것은 행동(行動), 고동(考動), 효동(孝動)의 세 가지이다.

(1) 행동(行動)

"행동"이란 글자 그대로 몸을 움직이는 것이다. 노동집약적 업무인 많은 미용작업에서는 행동력의 우열이 생산성에 크게 영향을 준다. 행동은 미용기업 공간 효율화를 위한 최대의 요소이다.

(가) 목표관리

목표가 없는 곳에 정확한 행동은 기대할 수 없다. "무엇을", "언제까지", "얼마만큼"이라는 목표수치를 명확히 밝히는 것이 필요하다. 목표는 할당하는 것보다는 자기 스스로 신고토록 하는 것이 바람직하다. 인간은 강제되는 것보다는 자주적으로 움직이는 경우가 수십 배의 힘을 발휘하는 것이다. 인간의 심리나 잠재 능력을 자극하는 것도 행동력 강화에 유효한 것이다.

(나) 제안형 미용기업 작업

미용기업 안에서는 고객 접점의 모든 것이 생산성을 향해서 정형화해 두는 것도 효과적이다. 말하자면 매뉴얼화이다. 매뉴얼을 싫어하는 경향이 있다는 것은 매뉴얼의 진정한 의미를 모르는 경우이다.

"매뉴얼"이란 행동의 표준을 정하는 것이다. 미용기업에서의 최저한의 허용 행동 기준이라 해도 무방하다. 따라서 매뉴얼에 기재되어 있는 내용에 따라 행동할 수 없는 사람은 미용기업에 있어서는 안 된다. 고객에게 괴로움을 주기 때문이다.

이 정도는 최소한 해야 한다고 생각해서 매뉴얼이 작성되는 것이다. "이 정도는"이란 부분에 "제안"이란 개념을 대입할 것을 권하고 싶다. 뉴 라인의 권장 등 변화의 제안, 고정고객의 정보를 다른 고객에게 제안하는 응용, 클레임에서 제안으로 역전시키는 발상 등이 메뉴얼화 되면 부가가치가 높은 미용공간이 기대된다.

(다) 신뢰를 얻을 것

미용기업 안에서의 행동의 기본은 신뢰받는 데 있다. 인간적으로 신뢰받는 것이 기본이기는 하지만 행동 면에서의 인상이 신뢰의 발판이 된다는 것을 잊어서는 안 된다. 밝은 모습, 작은 약속이라도 꼭 지킬 것, 재빠른 행동 등이 행동 면에서의 신뢰받는 조건이다.

(라) 효율적 행동과 효과적 행동의 양립

하루의 행동 스케줄을 사전에 확인하는 것이다. 효율적 행동과 효과적 행동은 양립해야만 의미가 있다는 것을 잊지 말아야 한다.

(2) 고동(考動)

"고동"이란 두뇌 플레이를 말한다. 말하자면 행동 효율성이나 효과성을 계획하는 일이다. 고동에는 치밀한 분석을 요하는 것과 풍부한 상상력이라는 상반되는 능력이 요구된다.

(가) 문제점을 발견한다.

이하 6W 4H에 대해서 문제점의 발견을 규칙화해야 한다.

What(무엇을), Where(어디서), When(언제), Who(누가), Whom(누구에게), Why(왜), How(어떻게), How much(얼마로), How many(얼마만큼), How so(왜 그랬느냐?)

(나) PDC사이클의 철저

계획(P)할 것, 실천(D)은 계획대로 할 것, 실천의 결과를 검증(C)할 것 이 세 가지를 확인해야 한다.

(다) 정보제공력(수집력)

고객과의 커뮤니케이션이 고도화되어짐에 따라 미용기업의 정보 무장은 필수적인 것이 된다. 개개의 종업원에 있어서도 마찬가지이다. 화제인 시사, 뉴스에 통달해야 하며 고객에 대응하는 대화를 할 수 있어야 한다.

책을 자주 읽고 신문은 반드시 통독해야 하며 메모하는 습관을 지녀야 한다.

(라) 상품 지식

여기에서의 상품의 개념을 미용기술이나 다른 미용기업까지 넓게 잡아보자. 고객이 상품(스타일)중에 어느 것을 가장 알고 싶은지 터득한다. 상품(스타일)의 세일즈 포인트를 교묘하게 어필시킬 수 있는 화술을 지녀야 하며 경쟁 미용기업에 대해서도 알아야 한다.

(3) 효동(孝動)

미용기업의 작업이 인간 대 인간의 영업인 이상 생산성 향상은 고객만족 위에서만 실현되는 것은 아니다. 따라서 궁극적으로는 미용기업의 친절성이 문제가 된다.

(가) 사명감

"사명감"이란 우리 미용기업이 고객에게 도움이 된다. 라는 신념에 바탕을 두는 것이다. 미용기업은 고객을 위해서 존재한다는 것을 입술로가 아니라 마음속으로 말할 수 있는 미용사이어야 한다. 나아가서 미용기업에서 일하는 종업원 전원이 경영자와 같은 수준으로 사명을 가질 수 있다면 더할 나위가 없다.

(나) CS정신

"CS"란 고객만족을 뜻한다. 고객 없이 미용기업의 생산성 향상 등은 있을 수 없다는 것을 자각해야 한다. 고객은 어떻게 하면 기뻐하는지 항상 생각해야 하며 고객의 관심사를 재빨리 터득해야 하며 마음속으로 감사해야 한다. 고객의 기대를 창출, 대응하며 클레임은 특별히 성실하며 민첩하게 대처해야 한다.

(다) 협동정신

미용작업은 팀플레이다. 종업원 상호간의 협동정신이 불가결하다. 팀웍의 소중함을 자각해야 하며 상사, 부하, 동료와의 협조가 소중하다. 전원이 또 같은 목표를 향해서 매진하며 항상 반성하고 최선을 다해야 한다.

4. 효율적인 미용기업 실현을 위한 운영시스템

미용기업에서는 손님으로부터 받은 앙케이트를 다각적으로 분석하고 보다 높은 고객만족을 실현하기 위한 시스템 구축을 해야 한다. 앙케이트의 수집부터 그것을 기초로 한 목표수립까지의 과정을 추적해 보자.

1) 앙케이트에 의한 과제추출

미용기업의 연도방침은 매년 1월에 발표하고 있는 사업계획에 집약되어 있어야 한다. 그것은 기업전체의 방침, 연도의 매출목표가 게재되어 있는 동시에 채용, 교육, 판촉, 출점 등 테마별로 각각의 구체적인 시책이 제시되고 있다. 또 그 사업계획서에 기초한 각 점포의 일, 예산안, 구체적인 행동계획, 개선 테마 등도 정리되어 있다.

이것을 작성함에 있어 기초 데이터가 되는 것이 매년 실시하고 있는 고객 앙케이트이다. 각 미용기업에서 배부하고 있는 앙케이트 엽서를 통계 처리하여 데이터 자료로 활용한다.

앙케이트의 내용은 기술, 접객, 시간, 내부시설 등 10항목에 A, B, C의 세 가지 선택에 답하게 하는 질문과 자유필기의 공란을 둔다.

그 결과를 집계하고 분석한 후 결과를 각 미용기업에 피드백하고 구체적인 대응책이 검토되는 구조로 시스템이 만들어지는 데 이것이 진정한 고객과의 쌍방향 커뮤니케이션일 것이다.

예를 들면 "시간이 길다", "기다리게 했다"라고 클레임이 있을 때에는 구체적인 시술시간의 단축, 공동작업에 의한 생산성 향상이 검토되어야 한다.

또 상품구성비로서 파마에 힘을 쏟아 넣어야 하는 경우에는 교육에서 그 분야에 힘을 불어넣어야 한다. 점포의 인테리어상의 문제 중 점포의 개수관 설비 면에서의 대책이 표출되는 경우 예산편성을 하게 된다.

이런 것은 전 종업원이 출석하는 미용기업의 정례회의에서 의견이 교환되고 그 대책도 현장 종업원으로부터 결정하도록 해야 한다.

〈표 10-5〉 미용기업의 차기목표 입안

미용기업명	타이틀	우선사항
A	부드럽고 강한 미용기업	기술 시간의 단축
B	목표 퍼펙트 살롱	기술 시간의 단축
C	"고객중심"을 생각하고 행동한다.	활기찬 점포 만들기
D	고객만족을 200%하기 위하여	기술 수준 향상을 도모한다.
E	또 한번 웃는 얼굴로 오도록	20분 이상 기다리게 하지 않는다.
F	시뮬레이션 기술의 향상	시뮬레이션의 충실
G	종업원 전원의 마음을 고객중심으로	고객중심을 항상 침투시킨다.
H	"고객 중심적 시스템을 확립한다."	쓸데없는 시간을 없앤다.
I	손님의 꿈, 희망에 따른다.	유행뿐만 아니라 그 사람에게 어울리는 스타일을 만든다.

↓

각 미용기업 현장에서 실천

- 매년 사업계획발표회를 개최하고, 연도의 목표를 발표한다. 미용기업의 가장 중요한 테마인 고객만족 실현을 기초로 하여 각 미용기업의 목표를 설정하여 현장에 적용하자.

〈표 10-6〉 연간예정표(2016년도)

1월	신년행사, 연도사업계획발표회
2월	봄 · 여름 스타일 연수회
3월	봄 · 여름 스타일 촬영회
4월	사원 여행
5월	헤어콘테스트, 헤어쇼
6월	헤어세미나 개최
7월	여름 페스티발, 여름휴가
8월	가을 · 겨울 스타일 연수회
9월	가을 · 겨울 스타일 촬영회
10월	입사전 연수(약 2주간)
11월	입사식, 촬영회
12월	사업결산, 크리스마스 축제

2) 고객의 소리가 미용기업을 성공시킨다.

미용기업의 목표가 모두 나오면 그것을 종합회의나 임원회의 등의 상급회의에서 검토되고 전체의 사업계획 입안을 위한 회의를 통해 의견 조정이 이뤄진 후 매년 1월에 공포하여야 한다.

만족과 클레임을 보면 클레임이 많은 것이 현실이다. 고객의 클레임 처리시 겸허하게 받아들이고 그 소리를 어떻게 영업에 활용할 것인가가 조직의 과제이다.

경영하는 입장에서는 자기 스스로가 지금 열심히 하고 있다는 것을 주장하겠지만 그것이 정말로 고객에게 바람직한 것인가 어떤가를 고려해야 한다.

3) 고객만족을 목표로 한다.

요금 기업의 최대목표로 내걸고 있는 "고객만족도"의 향상은 어떤 시스템 하에서 실현될 수 있을까? 미용기업에서 구체적인 방침 중에서 찾아보면 연중 완전 무휴의 영업체계를 들 수 있다.

미용영업시간과 휴일제도의 자율화가 이미 이뤄진 상태에서 고객의 상황을 고려한 무휴제도가 고객의 편리성을 높여줄 것이다. 정기 휴일이 있는 것보다는 생각이 나는 때에 이용할 수 있는 것이 더 편리하기 때문이다.

예를 들면 년간 365일로서 주1회의 정기휴일을 취하면 연간 52~53일, 월25일 영업으로서 계산하면 2개월 분의 실 가동 일수에 해당한다. 객수에 큰 변동이 없다고 가정하면 무휴(無休)하는 것만으로 연간 2개월 분의 수입증가에 연결된다는 것이다.

생산성에 눈을 돌려서 생각해 보면 세를 들고 있는 경우 쉬고 있는 날에도 집세가 발생하는 것이므로 가동률을 높이려면 고정비를 억제하도록 해야 한다.

한편 종업원의 대우에 있어, 교대제도를 잘 활용하여서 완전 주휴 2일, 연간으로 110일의 휴일을 실현하도록 하고 노동시간도 주60시간 달성을 이루도록 해야 한다.

조직의 규모를 어느 정도 크게 하면 이러한 운영을 할 수 있는 장점이 있다. 소규모 점에서 연간으로 110일 점포를 쉰다고 하면 틀림없이 고객은 다시 찾아오지 않을 것이다.

고객, 종업원 쌍방에 있어서 만족도가 높은 시스템이 되어야 한다.

4) 조직대응의 영업시스템

연중무휴의 경우 문제가 되는 것은 지명 고객의 응대이다. 여기에 관해서는 복수지명으로 대응하고 있어야 한다. 이 의미는 2인 지명, 3인 지명으로 개인이 맡는 것이 아니라 조직대응이라는 방침을 활용해야 한다.

여러 가지 환경을 경험하라는 의미로 이동도 빈번하게 일어나겠지만 사후관리 체제가 잘 될 수 있기 때문에 매출이 있는 종업원이 움직여도 숫자가 떨어지는 일은 없게 된다.

조직전체로 대응하는 체제가 궤도에 오르기 시작하면 영업시간을 1시간 늘리고 싶다는 목소리가 나오게 될 것이다.

5) 기업의 장래를 지탱하는 힘

교육시스템이 충실하며 작업을 효율화하도록 하고 손실을 없게 하여 생산성을 높여야 한다. 또한 이것을 반드시 시스템화하도록 해야 한다. 기존의 상태보다 한층 기능적이고 운영의 구조를 능률화시킬 수 있도록 해야 하며 교육, 이미지전략, 마케팅, 시스템화 등 각각이 협력하고 어울려 나가도록 구축해야 할 것이다.

또한 구축된 것을 충분히 활용하여 21C를 향한 새로운 전개만이 성공하는 미용기업으로 나가는 지름길이 된다.

5. 미용상품과 재료의 관리

미용기업에서의 매일매일 사용하는 상품과 재료는 중요한 관리대상이다. 사용약제·재료용품·제품의 선택·제품의 취급 방법을 고려해야 하며 상품과 재료의 관리 양식을 만들어 담당자를 정해 관리하도록 해야 한다.

정기점검 일자를 정해서 체크하도록 하며 개선사항이 발견되었을 시에는 빨리 시정조치를 취하도록 한다.

미용재료 현황판

○○년 ○○월분

제품명 일 자															
1															
2															
3															
4															
5															
6															
7															
8															
9															
10															
11															
12															
13															
14															
15															
16															
17															
18															
19															
20															
21															
22															
23															
24															
25															
26															
27															
28															
29															
30															
31															
전시품															
1주 계															
2주 계															
3주 계															
4주 계															
총 계															

사례 10-1

미용기업 점판대의 판매는 구경품인가?
미용기업 점판대를 이용하자.

규모에 따라서는 다르겠지만 대부분의 미용기업이 고객을 위한 다양한 헤어제품과 피부제품을 미용기업 내의 점판대에 진열을 해 놓고 있다. 벽면을 이용하여 진열을 해 놓은 곳도 있고 따로 제품들만 놓을 곳을 마련해 놓기도 하고 있다.

그러나 미용기업에서의 점판대 판매는 전반적으로 매우 부진한 편이다. 따라서 미용기업에서 점판대 판매로 경영에 도움을 받는다는 것은 현실성이 없는 이야기로 치부해 버린다. 아예 이런 진열을 없앤 곳도 있고 단지 장식목적으로 둔 곳도 있다. 인테리어 목적으로 만들어진 점판대는 먼지만 날리는 구경품일 뿐이다.

국내 제품들이 한참 판매에 적극적으로 뛰어들었다가 적자로 손을 놓은 코너인 점판대.

미용기업 점판대 판매성적을 올릴 수 있는 방법은 없는가?

점판대가 고객들에게 눈요기감 이상의 필요상품으로 존재하기 위해서는 미용기업 자체적인 노력과 다양한 제품으로 승부를 걸어야 할 것이다. 화장품 코너의 활성화 못지 않게 미용기업 내의 점판대는 또 하나의 중요한 수입원이 될 것이라고 전문가들은 보고 있다. 이는 미용기업만이 가지는 전문성으로 시중의 제품과 차별화 해서 진열하고 각기 개인에게 가장 필요한 제품을 선별하여 권할 때 판매전략은 적중할 것이다.

서비스업인 미용업에 판매적인 측면이 끼여들면서 미용기업의 기술자들은 적극적으로 장사를 하지 않으려는 경향이 있는데 이제는 경쟁력 시대이다. 남보다 더 많은 정보와 상품으로 고객에게 서비스하고 판매한다면 미용기업의 점판대도 경영에 있어서 중요한 코너가 될 것이다. 이를 위해서 꼭 필요한 조건이 있다. 그것은 미용기업의 경영자와 기술자는 미용제품에 대한 다양한 지식이다. 각 미용제품이 고객에게 왜 필요한가에 대한 정보 전달자 역할을 충분히 해낼 때 일반 화장품 코너와 다른 한 단계 높은 가격으로 경쟁력을 지닐 수 있을 것이다.

6. 미용기업의 데이터 베이스 시스템

1) 데이터 베이스 존재의 필요성

마케팅을 미용기업 경영전략으로 도입에 있어서 가장 기초적인 도구가 데이터 베이스라는 것은 말할 필요도 없다. 마케팅이란 소비자라는 개념적 존재를 "고객"이라는 고유의 존재로까지 구체화시켜 각 고객의 요구에 대응하는 수단을 제공한다는 일련의 진행과정이다.

따라서 그 원점이 되는 것은 미용기업의 고객에 대한

"어떤 손님이 내점하고 있는가?"

"무엇이 좋아서 내점 하는가?"

"내점하지 않게 된 손님은 무엇이 원인이었는가?"

등을 시사해 주는 구체적인 데이터인 것이다. 즉 이 데이터를 조망해 보면 고객 개개인의 얼굴이 무의식중에 떠오르고 과거에 있어서 미용기업과 고객과의 관계의 정도나 고객고유의 버릇(습관) 같은 것도 알 수 있다.

데이터의 전체를 보면(집계표 등) 강한 고객층, 약한 고객층이 일목요연하기도 하고 내점동기나 시술패턴도 그 특징을 포착할 수 있다.

개개 고객의 데이터에 관해서는 카르테의 기입이란 형태를 취하고 있는 미용기업이 많다. 카르테는 말할 것도 없이 훌륭한 고객데이터이다. 그전에는 미용 카르테라고 하면 모질에 관한 소견과 사용약액, 사용 롯드를 사용장소별로 기입하는 것과 같은 것이 많았다.

그러나, 지금은 거기에 더해서 내점동기나, 가족구성, 과거의 구매이력, 취미나 생활스타일까지 기입하는 말하자면 고객을 입체적으로 파악하기 위한 고객데이터로 진화되어 있는 것도 적지 않다. 선진적인 미용기업에 있어서 개개의 고객 데이터에 관해서는 다른 어떤 업계와 비교해서도 분명히 지지 않을 수준까지 도달했다고 해도 좋을 것이다.

문제는 마케팅의 도구로써 이 데이터를 활용하고자 하는 경우이다.

일반적으로 고객접근에는 세 개의 단계가 있다.

즉 "Before", "On", "After"이다. "Before"란 내점 해 주었으면 하는 고객에게 동기를 부여하는 과정을 말한다. "After"란 내점 후의 고객만족도를 확실히 하기 위한 일련의 과정이다. "On"이란 분명히 내점 하는 때, 그 때를 말한다.

미용기업 고객의 카르테가 On에 대한 유효한 데이터로 되어 있다는 것은 틀림없다. 그러나 Before에 대해서 유효한 데이터는 개개 고객의 고유 데이터로부터 발신되는 것이 아니라 전체에서 어느 종류의 동질적 속성을 찾아내어 거기에서부터 그러한 속성을 지니고 있는 "개인"에게로 유도되어질 수밖에 없기 때문이다. 즉 먼저 개인이 있는 것이 아니라 얽어 넣고 싶은 속성을 바탕으로 그런 속성을 지닌 개인을 도출해 나가는 것이다.

〈그림 10-5〉 데이터 베이스 전개도

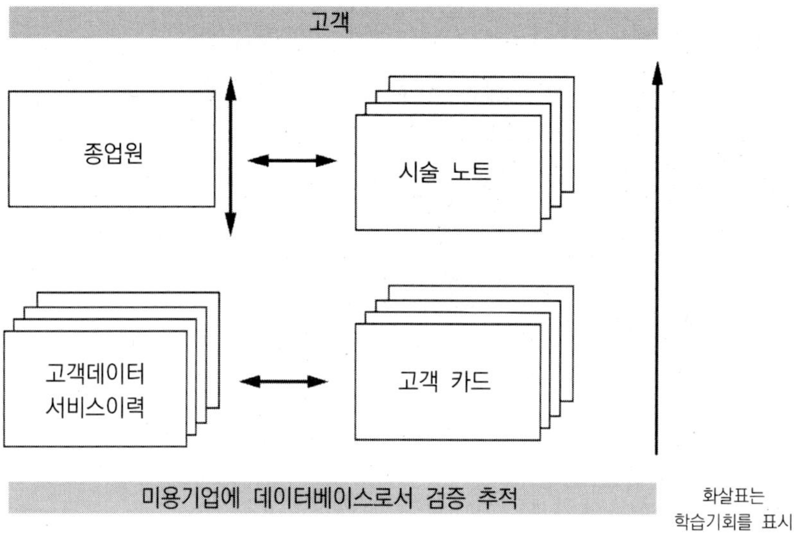

2) 데이터 베이스의 인출

다음의 경우를 생각해 보자.

"그 미용기업은 고객의 카르테를 개점할 때부터 작성하고 있다. 일년에 한번 모든 카르테를 수정하여 그사이 한번도 내점하지 않았던 고객의 카르테는 파기하고 있다. 따라서 지금 있는 카르테는 모두 "살아 있는" 카르테로서 캠페인의 판촉 DM의 허실이 없다고 생각하고 있다."

카르테의 정리는 그 미용기업과 같은 경우가 많다. 그러나 그것만으로는 “전체로부터 개인을 찾는다”는 요구에는 응해질 수 없다.

〈그림 10-6〉 데이터 베이스는 거꾸로 인출해서 사용한다.

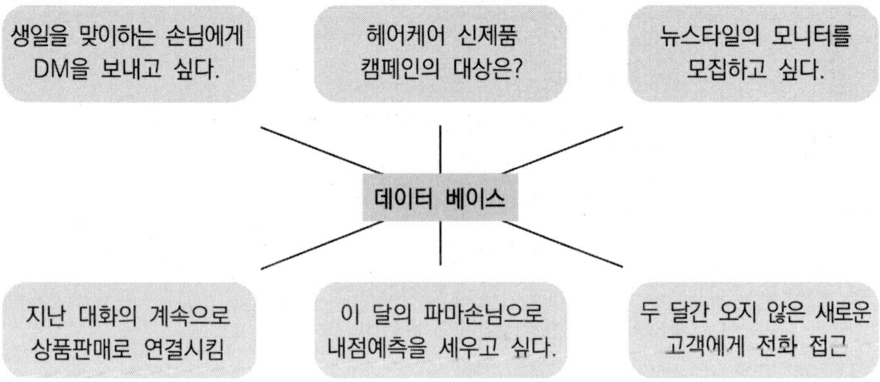

예컨대 가나다라 순으로 배열된 카르테에서 8월 1일부터 15일 사이에 생일을 맞이하는 고객을 찾아내는 방법은 한가지 밖에 없다. 모든 카르테의 생년월일란을 하나하나 보고 찾아낼 수밖에 없다. 하물며 뉴 스타일인 모니터 후보손님의 집어넣기 같은 것은 도저히 불가능하다. 과거의 내점 패턴에서 이 달의 파마손님의 내점예측을 세운다고 하는 통계적인 처리도 앞으로의 미용기업의 경영에는 필요하다.

데이터 베이스란 말하자면 “보물상자”와 같은 것이다. 그 속에는 여러 가지 보물이 들어있다. 그러나 그 상자 속에 정연하게 정리되어 있는 것은 아니다. 오히려 어지럽게 흐트러져 있다고 하는 편이 낫다. 그러므로 무턱대고 손을 집어넣더라도 탐나는 보물은 붙잡을 수 없다. 그래서 상자 속을 한 번 정리할 필요가 있는 것이다. 정리하는 목적은 “무엇이 갖고 싶은가? = 어떻게 하고 싶은가?”라는 목적의 명확화이다.

나아가서 그 상자 속에 어떠한 데이터가 흩어져 들어 있느냐는 점도 중요한 포인트이다. 〈표 10-7〉은 일반적인 데이터 베이스를 구분하는 기준을 나타낸 것이지만 이들 항목이 많으면 많을수록 그에 따라 정리가 어려운 경우도 있다.

필요하다고 생각되는 항목에 집어넣는 것도 중요하다. 물론 반대로 부족한 항목이 있다는 것도 충분히 알아둘 필요가 있다. 데이터 베이스에 집어넣을 데이터의 종류와 거기에서 인출한 데이터의 활용목적이 명확해지면 다음에는 그것들을 효율적, 효과적으로 도출해 내는 짜임새를 만들면 된다.

〈표 10-7〉 데이터 베이스를 구분하는 기준

기 준	기 준 항 목
내 점 경 력	
메 뉴	파마, 커트, 칼라링, 업스타일, 특수기술 등
모 질	양, 굵기, 탄력, 광택, 손상, 두피 등
내점빈도	15일 사이틀, 30일 사이클, 60일 사이클 등
구매금액	연간 이용액 ○○만원~○○만원까지 등
구매상품	화장품, 헤어케어제, 스타일링제 등
내점수단	도보, 자전거, 버스, 전철, 자가용 등
인구 통계적 요인	
연 령	15세 이하, 16~19세, 20세~25세 등
성별 · 기혼 · 미혼	남성 · 여성, 기혼 · 미혼 등
거주지	○○동, ○○통, ○○구 ○○동 등
가족구성	단신, 2인, 3~4인
가처분 소득	미용 가처분 소득 ○○만원 이상 등
직 업	사무직, 전문직, 관리직, 학생, 주부 등
정신 분석적 요인	
생활스타일	생활향수형, 자연회귀형, 순한국형 등
고객이익	경제성, 편의성, 우대성 등
성 격	사교형, 권위형, 야심형, 호기심 왕성형 등
이용률	가끔, 보통, 자주, 거의 날마다
취미, 기호	스포츠클럽, 클래식, 영화감상, 댄스, 낚시 등

3) 데이터 베이스 활용과정

데이터 베이스 활용의 열쇠가 "전체로부터 개인에게로 집어넣을 것"이라고 한다면 집어넣기 위한 "취사선택의 기준"은 항상 변화한다는 것이 전제가 된다. 그 기준에 따라 선택하는 속성이 다르기 때문이다. 연령으로 자르거나, 작업으로 자르거나, 내점 사이클로 자르거나 혹은 몇 가지의 복합요소로 자르기도 한다.

이런 것들을 종횡으로 행하려면 컴퓨터의 힘을 빌려야 한다. 데이터 베이스를 말할 때 컴퓨터는 필연적인 전제이다.

〈그림 10-7〉에 따른 데이터 베이스 활용과정을 보면 그림의 우측에는 실제로 데이터 베이스를 이용해서 미용기업이 파티를 개최한 예가 들어가 있다.

〈그림 10-7〉 데이터 베이스 활용과정

	사 례
목적의 명확화 ↓	미용기업의 주고객 층인 젊은 직장여성과 종업원과의 대화수준의 강화를 위한 파티 개최
속성결정 ↓	18세에서 29세까지의 직장여성 내점 사이클 60일 이내 내점경력 1년 이상
검색작업 ↓	데이터 베이스에서 상기 해당자를 검색
추 출 ↓	예산의 범위 내(몇 사람 초대할 수 있을까?)에 짜 넣는다.
실 행	파티의 내용, 접근방법, 목적의 확인 종업원에 대한 작업할당으로 준비와 운영

(1) 목적의 명확화

"무엇을 하고 싶은가?"를 확실히 할 필요가 있다. 생일이나 결혼기념일의 데이터 등은 극히 확실히 하고 있다. 예에서는 고객과 종업원의 대화수준의 강화가 목적이 되고 있다. 미용기업의 기본 입장은 "고객과 친구가 되자."는 것이다. 이번의 고객대상은 주고객 층인 젊은 직장여성이다.

(2) 속성결정

목적에 따른 필요한 기준을 정한다. 자르는 수단의 결정이다. 예에서는 연령, 직업의 유무, 내점 사이클, 내점연수라는 4가지 기준을 조합하였다. 기준의 조합이 많으면 그만큼 집어넣는 눈금은 세밀해진다.

이것은 핵이 되는 "핵심고객"에 한정하지 않고 접근하는 목적과 한편으로 예산이 한정되어 있다는 미용기업측의 사정도 있었다.

(3) 검색작업

기본적으로 컴퓨터로 한다. 조건을 설정하면 바로 일람표를 만드는 컴퓨터도 있으며, 필요에 따라 명찰라벨까지 인쇄해 주는 것도 있다.

(4) 추출

검색조건에 따라서는 대상이 너무 많거나 적거나 하기도 한다. 적을 때는 조건을 늦출 필요가 있다. 대상이 많을 때는 더욱 검색조건을 강화하는 등 어떤 방법으로라도 일정 수로 맞추어야 한다. 예를 든 미용기업에서는 거주지의 조건을 새로 추가해서 넣었다.

(5) 실행

마지막으로 처음의 목적한 대로 실행하는 것뿐이다. 그것은 목적에 따른 데이터 베이스에서 추출한 "의미 있는 데이터군"인 것이다. 즉흥적인 것과 비교해서 그 효과는 수십 배에 달할 것이다.

데이터 베이스를 유효하게 활용하여 고객의 요구에 맞는 전략을 세워주기 바란다.

Chapter 11 미용 재무관리

1. 미용기업의 요금관리

1) 미용기업 요금결정의 척도

모든 기업의 경영의 최종목적은 "어떻게 고객을 만족시키느냐"에 있다. "고객에게 만족을 드리자" "고객을 기쁘게 해드리자"라는 슬로건을 자주 듣게 되는데 그러면 도대체 무엇에 대해서 만족하며 무엇을 척도로 만족을 측정하는 것일까?

〈그림 11-1〉에서 보는 바와 같이 고객의 만족을 결정짓는 요인은 "가치"와 "가격"의 상관관계에 따라 결정된다고 생각할 수 있다.

〈그림 11-1〉 고객만족은 가치와 가격의 밸런스

불만족	……	고객이 인정하는 가치	〈	가격
▼				
보 통	……	고객이 인정하는 가치	=	가격
▼				
만 족	……	고객이 인정하는 가치	≧	가격
▼				
대만족	……	고객이 인정하는 가치	〉	가격

여기에서 “가치”란 미용기업 나름대로 제공하는 상품이나 서비스를 받은 소비자가 판단하는 극히 주관적인 효용에 대한 평가의 결과이다. 따라서 똑같은 것을 제공하더라도 어떤 손님은 크게 만족하고 다른 손님은 불만족의 결과로 끝난다는 것은 항상 있을 수 있다.

평가는 두 가지 척도에 의해서 결정된다. 하나는 절대적 요소인 “좋고 싫음”에 관한 척도이다. 사탕이 제아무리 고급이라 해도 쵸코렛을 먹은 후 만족하는 일은 없다. 단 것 그 자체에 가치를 인정할 요소가 없기 때문이다.

두 번째는 상대적 요소인 “싸다” “비싸다”를 느끼는 척도이다. 예를 들어 레스토랑에서의 식사나 분위기나 접객이 고급수준이라면 조금 요금이 비싸더라도 “싸게” 느껴지겠지만 반대로 손님을 손님으로도 생각지 않는 곳이라면 두 번 다시 가고 싶지 않을 것이다.

그런데 전자인 레스토랑의 접객 등을 “불필요한 서비스”라고 여겨서 그 가치를 인정하지 않는 손님도 있다. 그런 손님에게 있어서는 레스토랑의 요금은 비싸게 느껴질 것이 틀림없다.

그래서 알 수 있듯이 일반적으로 소비자는 상대적인 요소에 관해서는 “금전가치”로 바꾸어 측정하는 작업을 한다. 즉 “싸다”고 하는 것은 만족의 의사표시이기도 하고 “비싸다”는 경우에는 불만족이라는 사실로 뒤집어 생각할 수 있다.

미용기업에서의 기술서비스는 어느 정도의 예외를 제외하고는 상대적 요소에 속한다고 말할 수 있다. 즉 똑같은 기술일지라도 어떤 손님에게는 만족을 주고 어떤 손님에게는 불만족을 주어 버릴 가능성을 지니고 있다.

제공하는 기술의 요금을 척도로 손님은 만족도를 측정한다. 요금 이상의 가치를 거기에 내보인다면 만족은 높아진다. “요금만큼은 아니군”이라고 느낀다면 불만족이 남아 버린다.

이상에서 알 수 있듯이 요금에 관해서 생각할 때 “얼마에 할까?”보다는 “어떤 요망에 응할까?”를 우선시 하지 않으면 안 된다.

고객을 만족시킬 요망에 정확하게 대응할 수 있다면 만족도도 높은 것을 기대할 수 있다. 만족도가 높아지면 요금설정도 높은 곳에 자리잡게 될 수밖에 없다. 절대금액만으로 “싸다” “비싸다”라고 판단해서는 안 된다.

2) 요금결정의 다각적 접근

요금결정에 영향을 미치는 요인에 관해서 살펴보자.〈그림 11-2〉

〈그림 11-2〉 요금결정에 영향을 주는 요인

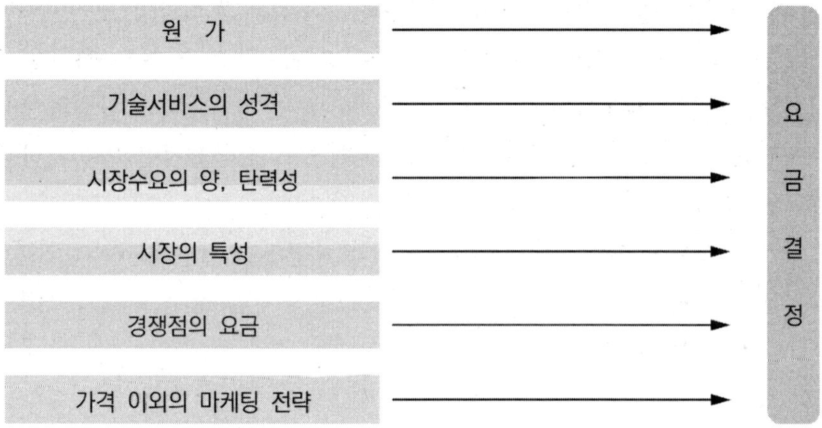

(1) 원가

여러 가지 요금 결정의 가장 중요한 요인은 원가라는 사실은 말할 필요가 없다. 기술별의 고객수와 기술요금의 곱한 것의 총매상에서 총원가를 빼고 남는 것이 이익이 되는 것이다.

원가를 상회하는 매상고를 실현하도록 하는 요금설정이 필요하다는 것은 말할 필요가 없다. 여기에서의 요점은 기술별 시술 고객수의 예측이다. 전체 메뉴에 있어서 기술별 구성비(파마비율, 칼라링 비율 등)와 각 기술의 개개 요금이란 상대적 관련성을 바탕으로 요금은 결정될 수박에 없는 것이다.

(2) 기술 · 서비스의 성격

제공하는 제품이나 서비스가 지닌 물리적 속성(예컨대 광택, 부드러움)이나 차별화의 정도(예컨대 일반적인 파마의 성숙도가 높다)등이 요금결정에 영향을 미친다. 앞서 말한 손님의 요망에 대한 대응에 깊이 관계되는 부분인데 물리적 속성이 손님의 요망에 합치하고(예컨대 전혀 모발이 손상시키지 않는 파마) 차별화에 성공(예컨대 독자적인 노하우에 의한 테크닉)하고 게다가 성숙도가 낮은 즉 성장기에 있는 기술에 속한 것이라면 요금은 높게 결정되어질 것이다.

(3) 시장수요의 양, 탄력성

"시장수요의 양"이란 상품 나름의 서비스를 요구하는 소비자의 크기이다. 시장수요의 양이 제공하는 양(공급량이라 함)을 상회하고 있을수록 가격은 제공자 우위로 결정된다. 그런 의미에서는 앞서의 차별화 정도의 높은 기술이나 신규성의 높은 서비스 등은 공급 부족을 형성하여 미용기업측의 배짱으로 요금설정이 가능해진다. 반대로 아무런 특징도 없는 기술은 점점 경쟁력을 잃게 된다.

수요의 탄력성이란 가격 오르내림의 정도와 수요 증감의 정도와의 연관성을 말한다. 가격을 내리면 그 내린 비율이상으로 수요가 증가할 경우 수요의 탄력성은 크다고 하고 가격의 오르내림에 움직이는 비율이 적은 경우 탄력성이 작다고 한다.

파마의 할인 캠페인 등이 실시되는 경우가 흔히 있는데 대개의 경우 결과는 좋지 않다. 예컨대 20%할인으로 파마를 판매하면 25%의 고객수 증가를 실현하여도 똑같다.

캠페인의 위한 선전비나 준비를 위한 인건비 등 기타의 원가를 생각하면 30%이상의 고객수 증가가 불가결하다. 미용기업에서 제공하고 있는 기술은 그 정도로 수요탄력성이 크지는 않다. 할인 캠페인이 대개 실패하는 이유가 여기에 있다.

(4) 시장의 특성

이용빈도, 시장의 규모, 지리적 여건, 이용단가(구매), 이용관습 등이 시장의 특성을 이룬다. 미용에 관해서 말하면 이용빈도는 상당히 늦는 경우가 많다. 시장규모는 확대나 축소되고 있지 않다.(단 미용기업의 수가 늘어나고 있기 때문에 한 미용기업당 고객수가 줄어들고 있다.)

지리적 조건은 걸어서 갈 수 있는 상권을 전제로 하고 이용단가는 각 미용기업마다 다를 수 있다.

시장의 특성으로부터 요금을 미용기업측이 우위로 결정할 수 있는 요인은 과다경쟁, 시장의 성숙화로 인해 가격을 내리라는 압력을 받고 있다.

(5) 경쟁미용기업의 요금

고객은 여러 미용기업을 비교검토해서 어느 한 미용기업을 선택해서 들어간다. 그 선택의 커다란 요소에 요금이란 것이 있다. 경쟁미용기업과의 차별화의 정도에도 따르지만 같은 기술수준이라면

요금이 싼 미용기업으로 발길을 돌린다. 고객의 요망을 만족시킬 기술(독특한 기술)을 차별적으로 지니고 있지 않는 한 경쟁미용기업과의 가격경쟁은 피할 수 없다.

"요금을 싼 맛으로 승부 하느냐, 기술로 승부 하느냐"는 선택해야 할 항목이 아니라 필연의 결과로써 선택하지 않으면 안 된다고 자각해야 한다.

(6) 가격이외의 마케팅 전략

경쟁전략으로 비가격전략을 채용할 경우에는 비교적 높은 가격 설정이 가능하다. "비가격전략"이란 미용 쇼나 이벤트를 대대적으로 개최하거나 극히 좁은 시장범위(예: 곱슬머리 교정전문)를 특화 하는 등 가격 이외의 요소를 강하게 어필시켜 고객의 관심을 그쪽으로 이끄는 전략이다.

이 전략을 성공으로 이끌기 위해서는 높은 수준의 경영수완과 일정이상의 자금력이 필요하게 된다.

3) 고객지향의 요금설정

과거에는 판매가격(기술요금)을 정하는 근거가 되는 것이 〈그림11-3〉의 상단 A식이었다. 경제학적으로는 아주 맞는 식이다. 지금 오랜 기간동안 이 가격 결정방법에 의의를 제기한 적은 없었다. 그러나 경제가 정체되어 소비도 침체되어짐에 따라 문제가 생겼다.

소비자가 "비싸다"고 생각하기 시작한 것이다. 기업의 "어려운 사정"의 소비자가 해 주어야 할 필요가 없다는 것을 소비자 자신이 느끼기 시작했다. 그리고 "비싼 것은 사지 않는다"라는 지극히 일반적인 행동을 나타내기 시작한 것이다.

기업은 즉 "얼마의 요금이면 팔릴 수 있을까?"를 요금결정의 원점으로 삼게 되었다. 그림 하단의 B식은 상단의 우변과 좌변을 대체한 것만으로 보이지만 그것이 의미하는 바는 전혀 다르다.

하단의 B식은 판매 가능한 가격을 전제로 하고 허용원가를 산출해 나간다는 관리회계의 발상인 것이다. 판매가능 가격이란 손님이 "사도 괜찮다"라고 생각하는 가격

인 것이다. 고객에게 있어서 적정요금이라해도 무방하다. "팔고 싶은 가격보다 팔릴 가격"이 요금설정의 유일한 지향점이란 사실을 여기에서 다시 한번 상기해야 한다.

〈표 11-1〉은 일반적으로 생각되는 고요금정책과 저요금정책의 장·단점을 모아본 것이다. 참고해 주기 바란다.

〈그림 11-3〉 적정요금은 고객이 정한다.

A. 지금까지는 …… 필요경비 + 목표이윤 = 판매가격

들어가는 것은 별 수 없다는 발상

쌓아올린 결과의 가격은 고객의 의향이 무시되고 있다.

B. 앞으로는 …… 판매가능가격 = 목표이윤 + 허용원가

요금이 얼마이면 고객은 싸다고 평가 해 줄 것인가?

주어진 범위 속에 원가를 집어넣는 것이 중요하다.

〈표 11-1〉 높은 요금이냐? 낮은 요금이냐?

	장 점	단 점
고요금 정책	1. 단위당 생산성을 높이기 쉽다. 2. 살롱의 품격이 높아 보인다. 3. 종업원의 자존심이 높아진다. 4. 요금보다 스타일을 찾는 고객이 많다.	1. 시대의 흐름과 역행하는 면이 있다. 2. 규모의 확장이 어렵다. 3. 요금정책에서 경직화의 가능성이 크다. 4. 지지자가 적다. 5. 높은 원가 체질이 되기 쉽다.
저요금 정책	1. 시대의 가격혁명에 합치된다. 2. 대규모화의 가능성이 크다. 3. 고요금정책의 도입도 가능하다. 4. 지지자의 폭이 커진다. 5. 낮은 원가 경영으로 이익확보가 가능하다.	1. 단위당 생산성 향상이 어렵다. 2. 살롱의 품격이 낮게 보인다. 3. 종업원이 자학적으로 되기 쉽다. 4. 스타일을 제한하기가 어렵다. 5. 종업원 정착성이 낮다.

2. 미용요금의 합리적인 결정과 차별화 전략

1) 미용기업의 매출증대(미용실을 중심으로)

최근 들어 경기침체로 불황의 늪에 빠져 방향을 찾지 못하던 미용실은 내·외적인 미용경영요인으로 인해 어려움을 겪고 있다.

특히 과다한 출혈경쟁으로 생존을 위한 미용실의 과다경쟁은 무차별적인 미용요금 할인과, 새로운 미용실 형태인 남성커트 전문점의 출현으로 특히 커트요금은 상상할 수 없는 가격으로 하락함으로 미용요금은 "미용인들의 전문적인 미용기술과 서비스 및 노력"에 전혀 미치지 못하는 실정이다.

이런 결과로 미용실은 더욱 어려움을 겪고 있으며, 특히 국내의 87,126(2013년 보건복지부 통계자료)개의 미용실 중 1~2인이 운영하는 78.5%의 소형 미용실은 폐업의 위기에 몰려 있다고 보아야 할 것이다. 국내 미용실은 경기불황으로 많은 미용실이 폐업을 하거나 다른 업종으로 전환을 하는 곳이 많으리라는 전망을 하였으나 오히려 미용실이 매년 1700~2500여 개씩 증가한 것이 이런 결과를 초래한 가장 큰 원인일 것이다. 이런 현 상황에서 미용요금에 대한 합리적인 제고와 새로운 미용요금 대안책이 제시되지 않고는 결국 소형 미용실은 더욱 어려움에 처할 것이며 중·대형 미용실은 더 많은 고객유치와 매상증가를 위해 종업원들을 근로시간을 늘이거나 임금을 삭감시키는 결과를 낳은 것이다.

결국 이것은 미용경영환경 자체를 악화시키는 것이며, 미용실과 깊은 관련이 있는 두발업체나 미용 재료상 또한 종업원들의 매출악화 및 의욕상실의 어려움으로 다가올 것이다.

2) 미용요금의 파괴원인

"장기간의 경기불황이후 심화되는 국내 미용실의 증가현상과 미용요금의 파괴원인은 크게 세 가지로 나눌 수 있을 것이다."

첫째, 경기불황으로 인해 실직한 초급, 중급 디자이너들이 소규모의 미용실로 창업을 하였기 때문이다. 결국 소규모 미용실을 창업한 경영주들은 빨리 자리를 잡기 위해서는 가장 손쉬운 고객획득 마케팅 방법인 "가격파괴"라는 전략을 사용함으로 미용요금의 저가격화를 초래하게 하였다.

둘째, 정부의 무분별한 미용 재취업 교육으로, 복지관이나 무료 국비생 미용학원을 졸업한 주부들이 삼삼오오 소액을 투자하여 미용실을 창업하므로 미용기술이 바탕이 되지 않은 미용실이 우후죽순 격으로 생겨나게 되었고 이것은 미용요금파괴를 일으키는 또 하나의 요인으로 작용했다. 이런 미용실은 3~5명의 주부들이 1000~2000만 원의 소액을 투자하여 미용실을 창업하였으나 전문적인 미용기술이 없으므로 고객들을 확보하기 위해 심한 경우 1~2천 원에 커트를 해 주는 경우도 있다고 한다.

셋째, 남성전용 미용실의 등장으로 차별화를 추구한다는 명목아래 미용요금파괴 바람을 주도하였기 때문이다. 물론 새로운 형태의 미용실이 등장하였다는 면에서는 긍정적인 평가를 할 수 있으나, 커트의 평균요금이 10,000~15,000원에 형성되어 있는 상황에서 6000원으로의 하락은 과포화 상태에 있는 미용실의 미용요금파괴 바람을 더욱 악화시키는 요인으로 작용했다고 볼 수 있다.

3) 미용요금의 합리적 결정

"미용요금의 합리적 결정은 고객의 만족정도에 달려있다."

미용실의 요금이 지난해에 비해 소폭 오름세를 보이고 있는 상황에 있지만 과포화 상태인 미용실 숫자로 인해 침체된 미용경기가 회복되기에는 선결되어야 할 몇 가지 과제가 있으리라 생각된다. 특히 미용실의 활성화를 위한 가장 중요한 선결과제 중의 하나가 미용요금의 합리적 결정 및 요금질서 확립일 것이다.

미용실의 급속한 양적 증대로 인한 과다경쟁과 경기불황으로 인해 미용요금 파괴가 이루어졌지만, 이제는 미용실의 매출확대를 위해서는 "미용요금 질서확립"을 이룩해야 할 것이다. 여기서 말하는 "미용요금의 질서확립"이란 미용실간의 일률적인 미용요금 단합을 의미하는 것이 아니라, 고객에게 차별화 된 미용 서비스를 해 주고 노력의 대가로 정당한 미용요금을 요구하는 미용실이 널리 확산되어 미용업계 전체가 발전되고 "미용요금 질서확립"을 통해 미용실의 이미지 향상을 이룩하자는 것이다.

미용요금의 합리적 결정방법은 다음에 바탕을 두고, 최대의 순이익 확보를 위해 노력해야 할 것이다.

첫째, 미용요금은 고객의 욕구 만족을 결정짓는 요인인 "가치"와 고객만족의 대가로 지불하는 "가격"으로 결정된다. 여기서 말하는 "가치"란 미용실에서 제공하는 미용기술과 서비스를 받은 고객이 판단하는 극히 주관적인 효용에 대한 평가의 결과이다.

그러므로 똑같은 미용기술과 서비스를 제공하더라도 어떤 고객은 크게 만족하고 다른 고객은 불만족 한다는 것을 항상 명심하고 미용요금 이상의 가치를 고객에게 주므로 만족감을 최대한 높이도록 하여야 한다.

둘째, 미용요금에 영향을 주는 여러 요인을 명확하게 분석하여 가장 합리적인 가격을 결정하도록 해야 한다. 예를 들면 원가를 상회하는 매출액을 실현하도록 미용요금을 설정해야 하며, 미용요금과 수요의 관계를 이해하도록 힘써야 한다. 즉 미용요금을 두고 고객은 요금이 비싸면 수요는 작아지고 요금이 내려가면 수요는 증가하는 관계에 놓여 있다는 것을 알고 얼마의 요금을 책정하는 것이 가장 많이 고객을 유치할 수 있는 합리적인 미용요금인가를 분석해야 한다.

셋째, 경쟁미용실의 요금에 신경을 쓰지만 무조건 저 요금 정책을 지양해서는 안 된다. 고객은 여러 미용실을 비교 검토해서 어느 한 미용실을 선택해서 들어가게 된다. 그 선택을 결정하는 커다란 요소 중의 하나가 요금이지만 경쟁 미용실과의 차별화 된 기술을 가지고 있다면 절대로 경쟁에서 지지 않을 것이다. 무조건 요금이 저렴하다고 고객이 가격이 싼 미용실로 가지는 않는다. 또한 경쟁 미용실이 원가 이하의 미용요금을 책정하여 영업을 한다고 자신의 미용실도 무분별한 미용요금 파괴전략으로 경쟁을 하게 될 경우 두 미용실 모두 망하게 될 것이다.

※ 미용요금의 합리적 책정

① 소비자에게 거부감을 주지 않는 범위에서 책정해야 한다.

② 물자절약, 작업능률 개선 등으로 생산성을 높여 원가를 절감하여 경제적인 요금을 책정해야 한다.

③ 고객에게 기대이상으로 가치를 느끼는 요금을 책정해야 한다.
: 미용기술(고품질) + 서비스(감탄, 감동) 제공

④ 소비자 이익을 창출해 내가는 가격전략이 필요하다.

4) 미용요금의 차별화 전략

차별화의 사전적 의미를 보면 “등급이 지게 나누어 가르는 것”을 의미한다. 미용실에서 제공하는 미용기술이나 서비스에도 차별화를 추구하므로 미용요금의 차별화를 이룩할 수 있을 것이다.

첫째, 고객에게 제공하는 미용기술이나 서비스를 차별화 하므로 미용요금의 차별화를 유도하는 것이다. 가령 독자적 노하우에 의한 테크닉을 개발하여 모발을 손상시키지 않는 파마나 칼라링을 고객에게 시술하므로 고객의 요망에 부응하므로 요금을 높게 받을 수 있을 것이다.

둘째, 모발진단에 의한 정확한 시술로 가격차별화를 유도할 수 있다. 잦은 파마와 칼라링으로 손상된 모발을 모발진단 클리닉 프로그램에 의해 정확하게 시술하여 고객감동을 주고 일반 파마나 칼라링과는 차별화된 요금을 받을 수 있다.

고객의 두피를 지성, 건성, 중성으로 구분하고 또한 머릿결을 건강모, 손상모, 염색모 등으로 구분하여 약액이나 시술방법을 달리하여 시술한 후 모발진단기를 통해 두피와 머리결의 변화된 상태를 보여준 후 일반적인 시술보다는 고가의 요금을 받을 수 있을 것이다.

셋째, 고객을 시술하는 헤어 디자이너의 경력과 시술시간에 따른 미용요금차별화를 정착하여야 할 것이다. 남자 커트나 웨이브 있는 여자커트의 경우 시술방법/시간과 미용경력을 고려하여 자기 미용실만의 미용 요금 메뉴표를 만들어 고객에게 차별화된 요금을 제시하므로 고요금의 받을 수 있는 대안을 만들 수 있을 것이다. 1~2인이 운영하는 미용실의 경우는 고객 연령이나 약액, 시술시간, 길이별로 메뉴판을 만들어 차별화를 추구해야 할 것이다.

〈표 11-2〉 미용경력 및 시술방법/ 시간에 따른 미용요금 메뉴표

(여성 커트 기준)

구 분	미용경력	시술시간	시 술 방 법	미용요금
A 급 (만족도 90 ~ 100점)	5년 이상	평균 40분	샴푸에서 커트, 드라이까지 전속 담당 디자이너가 있어 고객이 최상의 만족도를 느끼도록 시술한다.	최상급 요금
B 급 (만족도 80 ~ 90점)	4년 ~ 5년	평균 30분	샴푸: 스텝이 시술 커트, 드라이를 담당디자이너가 시술하여 만족을 준다.	상 급 요금
C 급 (만족도 70 ~ 80점)	3년 ~ 4년	평균 20분	샴푸, 드라이: 스텝이 시술 커트: 매니저가 지정해 준 디자이너가 배정에 의해 시술한다.	중 급 요금

5) 미용요금의 설정방법

미용요금은

① 미용기업이 제공하는 가격을 표시한다는 측면과,
② 경영에 있어서 이익을 직접 만들어 낸다는 2개의 측면을 갖는다.

미용기업에 있어서 제공하는 미용기술이나 서비스 및 이미지를 얼마로 측정하여 고객에게 파는가를 결정하는 것은 매우 중요한 경영전략 요소이다.

여기서는 미용기업의 요금 설정에 대해 좀 더 과학적인 접근을 통해 합리적으로 결정하는 방법을 생각해 보도록 하자.

(1) 가격과 수요의 관계

일반적으로 거래를 할 때 파는 입장에서는 조금이라도 더 비싸게 팔고 싶어하고, 사는 쪽에서는 반대로 얼마라도 더 싸게 사고 싶다고 생각한다. 즉 가격을 두고 파는 측과 사는 측에서는 상호 대립적인 관계가 성립되는 것이다. 이것은 이익과 손해가 상반되기 때문이다.

즉 가격이 비싸면 수요는 절감하며 가격이 내려가면 수요가 증가한다는 관계에 놓여 있다. 이런 사례를 볼 수 있는 것은 백화점 바겐세일 때 몇 배나 되는 고객을 모으는 일을 생각해 보면 쉽게 이해가 될 것이다.

미용기업 특히 미용실에서 “모닝파마”나 “디스카운트 캠페인”을 기획하는 것도 동일선상의 발상이라고 생각할 수 있다. 여기서 중요한 것은 가격을 내리는 것이 무조건 좋은 것이 아니라 동질의 서비스를 제공하고 있다는 전제하에 가격을 내릴 때 미용기업에 고객이 모인다. 물론 고객은 동질의 서비스라고 스스로 인지할 수 있다는 것이 전제되어야 한다.

미용의 경우 미용기업이 제공하는 미용기술과 서비스의 질을 하나의 기준으로 객관적으로 재는 방법은 없다. 말하자면 미용기업의 가격은 미용기업의 수만큼 천차만별이라고 말할 수 있다.

각각의 미용기업이 제공하는 고유의 가격을 미용기업에서 제공하는 미용기술과 서비스를 기준으로 하여 개개의 고객이 주관적인 판단 기준으로 평가하게 된다. 더욱이 한 곳의 미용기업에서 동일한 미용기술을 제공해도 어떤 고객은 비싸다고 느끼고 어떤 사람은 싸다고 느끼는 경우가 발생하게 되는데 미용기업은 이런 것을 전제로 하여 가격설정 방법에 대해 신중한 검토를 할 필요가 있다.

〈그림 11-3〉 가격과 수요의 관계

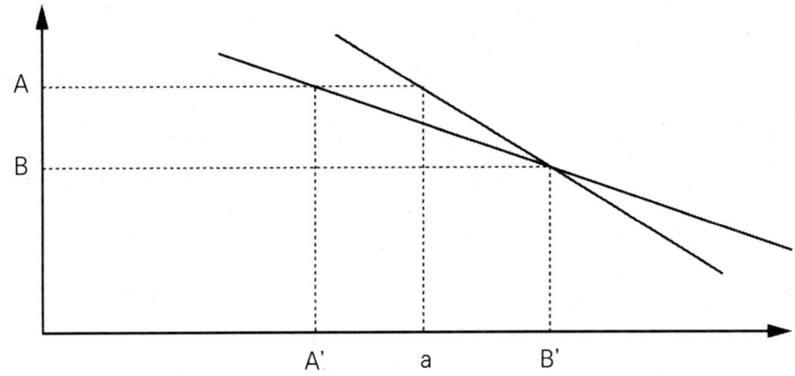

가격을 높게 설정하면 (A) 수요는 작아진다.(A')
가격을 낮게 설정하면 (B) 수요는 높아진다.(B')
차별화의 정도가 높으면 그만큼 수요곡선은 각도가 커진다.
(가격의 탄력성이라고 한다. 가격을 올려도 손님 수는 떨어지지 않는다.)

(2) 가격설정의 이론적 근거

일반적으로 미용기업의 가격설정은 다음의 〈표11-3〉과 같이 여러 가지 방법이 있지만 각각의 방법에 따라 일장일단이 있다. 미용기업의 경쟁상황, 차별화의 정도, 규모, 상권, 소득 수준, 고객층 등 내외의 경영환경조건에 의해서 미용기업이 채택해야 할 가격설정의 방법은 영향을 받게 된다.

특히 경영환경조건에서 중시할 필요가 있는 것은 비용, 경쟁상황, 가격 이 세 가지를 들 수 있다. 여기에서는 비용의 시점으로 생각해 보자. 가격을 설정할 때 비용의 시점에서 발생된 방법이 코스트(Cost) 플러스법과 마크업법 2개이다. 코스트(Cost) 플러스법은 미용시술에 들어가는 비용요건이 늘 변화하는 경우에 유효하다.

가령 인건비라는 비용을 중심으로 설치한 경우 톱 스타일리스트와 주니어 스타일리스트에서는 시간단위가 변한다. 그 비용 부담을 미용기업에서 조절하는 것이 아니라 고객에게 직접 부담하게 하는 방법이다.

마크업법은 원가에 일정한 이익을 상승시키는 방법으로 많은 업계에서 채택되고 있는 널리 알려진 가격설정 방법이다. 가격이 이익을 만들어내는 시점에서 설정되는 측면을 가진 이상 처음부터 일정한 이익을 기대하는 것은 당연한 발상이다.

여기에서 문제가 되는 것은 미용기업에 있어서의 원가의 개념을 어떻게 받아들이느냐이다. 문자 그대로 원가를 생각하면 약액이나. 재료, 또는 제품 구입액이 되나 미용기업의 경우 그 비율은 가격에 대해 겨우 15%정도 밖에 안 된다. 나머지 85%는 이익이 되는 것이다. 이렇게 이익의 폭이 넓은 업종은 많지 않다. 예외도 있으나 20~30%가 평균이라고 할 수 있다. 여기에 가격 결정에 있어서 미용기업의 구조적 문제점이 있다.

즉, 생산성의 문제이다. 미용기업의 생산성을 낮추고 있는 주요원인은 가동률의 저하이다. 가동률의 고저를 결정시키는 요인은 여러 가지가 있으나 그 원인의 특징은 둘째치고 실제의 가동률의 취급을 원가개념에 포함하는 것이 가격설정의 가장 중요한 포인트이다. 또한 미용기업의 비용 최대요소인 인건비와의 관계로 이끌어 가는 가격설정의 방법을 가리키면 〈표 11-4〉와 같이 된다. 이것을 보면 얼마나 가동률의 고저가 중요한지를 알 수 있을 것이다.

〈표 11-3〉 가격설정의 방법과 조건

코스트 플러스법	공급 측의 비용이 확실하지 않은 경우에 사용한다. 예를 들어 시술의 정도에 따라 비용이 변하는 경우 그만큼을 고객에게 부담시킨다. 기술자에 의해 메뉴와 요금이 다르다는 예를 들 수 있다.
마크업법	원가에 일정한 마크업(덧붙임)을 행하는 것으로 일반적으로 가장 많이 사용된다. 그 대신 미용의 경우 원가계산을 어떻게 하는지 명확한 계산기준을 가지고 있지 않으면 쉽게 흘러가는 위험이 있다.
지각가치법	시장검사 등에 의해 팔리는 가격대를 발견하여 거기에 맞는 비용을 다시 보는 방법
수요가격 설정법	고객층의 시간대, 장소에 따라 다른 가격을 설정하는 방법이다. 예를 들면 학생할인, 심야조조요금, 주말요금 등 서비스업에서는 일반적으로 행해지고 있으나, 미용업계에서는 학생할인 정도밖에 실시되고 있지 않다. 미용업계에 맞게 적용할 필요가 있다.
실세 가격법	업계의 리더가 설정하는 가격에 맞추어 가는 방법이다. 가격설정의 방법으로서는 가장 간단하기는 하지만 이론적 근거가 부족하다. 미용기업의 비용구조나 제공하는 가치가 각각 다른 속에서 어디나 같은 가격이라는 상황은 강한 자의 독자적 입김을 부를 가능성이 크다.

(3) 기술의 가치와 고객의 가치

비용에서 과학적으로 이끌어 나온 것이 가격(가치)이라 해도 그것을 고객이 그대로 받아들이는지 어떤지는 별개의 문제이다. 미용기업에서 산정한 계산상의 가격을 팔고 싶은 가격이라고 한다. 미용기업이 제공하는 상품(기술, 디자인, 서비스)을 얼마라면 살까? 라는 시점에서 미용기업이 팔고 싶은 가격이 이론가격이라고 한다면 고객의 사고 싶은 가격에 대응하는 가치를 그 이론가격에 접근시키는 일 외에는 선택의 여지가 없다. 즉 설정한 가격으로 고객이 만족한다는 일을 하는 것이 요구된다.

제공하는 가치가 가격을 상회하면 고객은 만족한다. 이 일을 실현할 수 있으면 미용기업은 반드시 번성하며 성공하는 미용기업이 된다. 가격을 얼마로 설정하는가의 문제는 어느 정도의 가치를 제공할 수 있는 가라는 측면과 늘 표리관계에 있다는 것을 잊어서는 안 된다.

〈그림 11-4〉 생산성에서의 가격 설정법

사전준비로서 아래의 것을 행한다.

1. 각 시술의 표준소요시간을 설정한다.
2. 각 시술을 주로 담당하는 스텝의 평균시간단위를 산출한다.
3. 매상고인 인건비 비율(인건비÷총 노동 시간 수)을 산출한다.
4. 평균 가동률(총시술÷총 노동 시간 수)을 산출한다.

이상의 수치를 사용하여 각 시술의 가격을 산출한다.

$$\text{메뉴가격} = \frac{\text{각 시술에 놓이는 평균임금의 합}}{\text{매상고 인건비 비율} \times \text{미용기업 가동률}}$$

예) 커트코스 요금을 정하는 방법

1) 샴푸 15분 + 스타일링(커트, 드라이) 35분 = 50분
2) 스텝 월 평균임금 40만원, 디자이너 월 평균임금 90만원 (취업일수 20일, 하루 8시간 노동)
3) 매상고 인건비 비율 40%
4) 평균 가동률 60%의 미용기업의 경우 계산상 합리적인 커트요금은

$$\text{커트가격} = \frac{625 + 3,281}{0.4 \times 0.6} = 16,275\text{원}$$

이 된다. 실제적으로는 17,000원이 될 것이다.

이제 미용기업이 이 요금에 알맞은 실력이 있는가 없는가를 평가하면 된다.

3. 이익에 대한 이해

1) 이익의 올바른 관점

경영이론상 "이익"이라고 이름 붙이는 것에도 여러 가지가 있다. 이익에 관해 정리해 보면 아래의 그림과 같다.

〈그림 11-5〉 이익의 분류

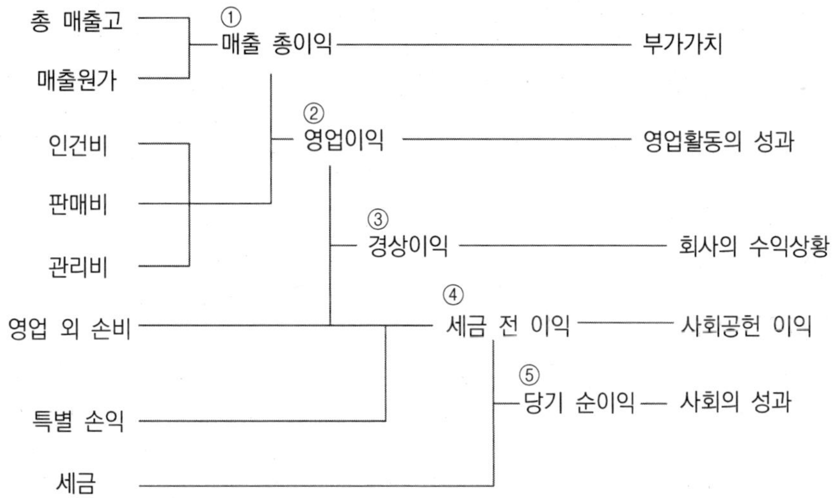

먼저 매출 "총이익"이란 총매출에서 매출원가(미용실의 경우 재료비, 소모품비 등)를 뺀 나머지를 말한다. 다른 말로 "부가가치"라고 부르며 과세대상으로 되는 것이다.

"부가가치가 높은 업종"이란 "구입재료 비율이 낮은 업종"을 말하는 것이며 미용기업은 그 전형이다. 그런데 이 부가가치는 순수한 이익으로 부르지 않는다. 이 부가가치 속에는 인건비 등 여러 가지 경비가 포함된다.

여기에서 인건비, 영업관리비를 더욱 알기 쉽게 말하면 종업원의 임금, 집세, 수도광열비, 기구 값의 감가상각비를 빼고 남은 숫자가 "영업이익"이며 이 영업이익의 수치를 보면 그 기업의 영업상황이 확연히 드러난다.

그러나 최근에는 기업이 본업 이외의 투자를 하여 이윤이 많아지는 경우도 생겨난다. 그렇게 되면 회사나 기업으로서의 경영성적은 영업이익 숫자만 가지고는 정확하게 파악할 수 없게 된다.

그래서 "경상이익" 이란 부업 따위로 생긴 이익이나 손실을 가감한 수치로 나타낸 것이다. 이 이익이 기업으로서의 장래성을 파악하는 척도로서 사용된다.

더욱 자세하게 표현하면 소유하고 있는 차량 따위를 팔아서 생긴 손실이나 돈놀이를 해서 생긴 이자 등을 계산한 것을 "세금 전 이익"이라고 부르고 법인세, 영업세, 주민세 등 영업에 관한 모든 세금을 내고 난 나머지를 당기 순이익이라고 한다. 이렇게 볼 때 "돈벌이가 된다"고 언뜻 보일지라도 엄밀한 의미에서 "이익"이 생겼는지 어떤지는 별개인 것이다.

적어도 경영자라면 자기 미용기업의 "이익"에 대해서는 정확한 인식을 가져야 할 것이다.

2) 고정비와 변동비

매출을 올리는데 든 돈을 "비용"이라 부른다. 그러므로 매출에서 경상이익을 뺀 것은 전부 "비용"이 되는 것이다. 이 비용을 "고정비"와 "변동비"로 크게 나눌 수 있다.

고정비란 매출의 여하에 관계없이 꼭 지불해야 할 경비이고, 변동비란 매상과 연관해서 신축성 있는 경비이다.

예를 들어 미용기업의 변동비의 대표적인 것은 재료비, 전기, 수도료 따위이고 고정비는 월급, 집세 등이다.

파마약, 염색약, 피부관리 재료, 점두판매용 제품 등은 100% 변동비에 속하지만 전기, 수도료 등은 매출과 관계없이 지불해야 할 부분이 있는 경비도 있다.

종업원의 임금도 대부분은 고정비이지만 능률급이라면 변동비에 속한다. 결국 고정비와 변동비의 구분은 일목요연하게 구분되기는 불가능하고 다른 과목으로서의 개념적 분류이며 그 비율이 문제인 것이다.

그러나, 어느 기업이건 총경비 중의 고정비의 비율이 급속하게 상승하고 있어 경영상의 어려움으로 대두되고 있는데 경비의 증가가 점차 높아지고 있는 현황에서는 고정비라고 생각되는 부분에도 근본적으로 손을 써야 할 필요가 있는 부분도 있다.

미용기업의 주요경비를 재료비를 빼고 분류해 보면 다음과 같다.

〈그림 11-6〉 미용기업의 주요경비

아무리 보아도 꼭 필요한 고정성이 있는 것 같아 보이지만 하나하나 점검해 보면 불필요한 것도 발견된다. 어느 미용기업의 경우 한 달의 식대를 전액 지불하고 있었는데, 반찬을 해 주는 외식회사와 연계를 하면서 반찬만 구입을 하고 밥은 순번을 전해서 식사를 한 경우 월간 수 만원의 차가 있다는 것과 종업원의 식사문제 해결 향상이 있음을 알게 되었다.

결국 오랜 타성에 젖어 사무처리를 한 결과 고정비의 낭비가 여기저기에 발견된다는 뜻이다. 또 절감이 불가능하다고 하지만 그 내용의 충실과 효율화를 도모해야 한다는 것도 잊어서는 안 된다.

예컨대 교육 연수비는 기술수준의 향상을 목적으로 하기 때문에 그 중요성은 부인하지 않지만 종업원에게 그 일부를 부담시킨다든지, 효과 없는 교육은 아닌지, 기간을 단축할 수는 없는지 등 모든 고정비용을 점검해 볼 필요가 있다.

3) 매출고와 인건비율

경비라고 부르는 비용 중에서 가장 높은 비중을 차지하는 것이 "인건비"이다. 미용기업같이 부가가치가 높은 업종에서는 매출고에 대한 인건비율은 최저 30%에서 많을 경우 50%에 달한다.

예전의 경영개념으로는 이 수치를 어떻게 내릴 것인가가 이익을 높이는 척도가 되었다. 오늘날도 이 근본이념은 변함이 없으나 높은 부가가치 미용기업이란 전체로서 종업원 임금지수의 향상이 필요한 이상 인건비율이 점차 커지고 있음을 피할 수 없는 것이다. 그러므로 미용기업에 있어서의 인건비에 대하여 확실한 사고방식을 가져야 한다.

먼저 "인건비"란 매월 종업원에게 지불하는 임금만을 의미하는 것이 아니라 전문적 용어로서의 "인건비"란 다음과 같은 것을 포함하고 있다.

〈표 11-5〉 미용기업의 인건비

1. 임금, 수당 (통근수당, 주택수당, 가족수당, 조기출근 수당, 잔업수당, 휴일 근무수당 등)
2. 상여금 (1년에 몇 회 또는 결산 상여금 등)
3. 간부보수 (지점장, 주임 등의 개인소득세, 보험료, 재세 공과금, 개인 저축도 포함될 수 있다.)
4. 복리후생비 (유니폼비, 기숙사비, 보험료, 휴가비, 경조비, 식비, 간식비 등)
5. 구인모집광고비 등 모집을 위한 모든 비용
6. 교육비, 도서비, 세미나비, 연수회비 등

이것을 보고 알 수 있듯이 넓은 의미의 인건비에는 여러 가지가 포함되는 것이다. 그 범위에 대하여 의문을 가질 사람도 있겠으나 자세히 생각해 보면 사람을 모집하기 위한 광고비용은 일반 선전광고와는 엄연히 구별되는 것이다.

그 사람을 구하기 위하여 든 비용이기 때문에 간접적인 인건비인 것이다. 의문을 풀기 위해 미용기업의 인건비와 매출과의 관계를 계산해 보기로 하자.

인건비의 비율은 낮출 수 있겠지만 합리적인 경영의 하나의 척도로서 종업원 인건비는 매출 총 이익의 50%라고 생각하고 있다. (이것을 노동 분배율이라고 한다.)

〈표 11-6〉 노동분배율

$$노동\ 분배율 = \frac{인건비}{매출\ 총\ 이익} \times 100$$

※ 노동분배율은 낮을수록 좋겠으나 인건비는 높을수록 바람직하다. 가령 한 달에 2,000,000원의 매출을 올리는 종업원이 있다고 한다면

* 월 2,000,000원 매출 (매출 총 이익 85%) = 1,700,000원
* 매출 총 이익의 50% 임금 : 월 평균 850,000 (보너스 포함)

바꾸어 말하면 월 평균 850,000원 받는 미용사는 월 평균 2,000,000원, 연평균 24,000,000원의 매출을 올리지 않으면 그 월급을 줄 수 없다는 말이 된다.
그런데, 하루 이 미용사는 한 달에 얼마만큼이나 일을 하고 있는 것일까?
하루 8시간, 한달 평균 25일 출근한다고 한다면 12,000분 일하는 결과가 된다.
앞에 말한 매출 총 이익과 매출고를 여기에 대입시켜 계산해 보면

* 본인의 임금분의 필요매출 → 1분간에 70원 83전 = ($\frac{850,000}{12,000}$)
* 매상 총 이익의 필요매출 → 1분간에 141원 67전 = ($\frac{1,700,000}{12,000}$)
* 본인의 실제 총매출 → 1분간에 70원 83전 = ($\frac{2,000,000}{12,000}$)

즉 인건비가 높을수록 미용기업의 이익에 보다 많이 공헌하게 된다는 것을 알 수 있다.

모든 종업원을 균일하게 하고 싶다면 필연적으로 지출 인건비는 많아지게 마련이다. 그러나 이것에 비례하여 매출고에 대한 인건비율도 높아진다고 보면 안 된다. 이것을 항변하기 위한 발상의 포인트가 여기에 예시한 1분간에 공헌한 이익이다. 즉 조금이라고 높은 임금을 주고 동시에 조금이라도 생산성이 높은 일을 시킨다. 이것이 미용기업의 경영의 기본 자세인 것이다.

4) 경비 비율의 사고방식

인건비와 매출고, 매출고와 영업경비의 관계를 그림으로 표시해 보자.

<그림 11-7> 경비 비율의 사고방식

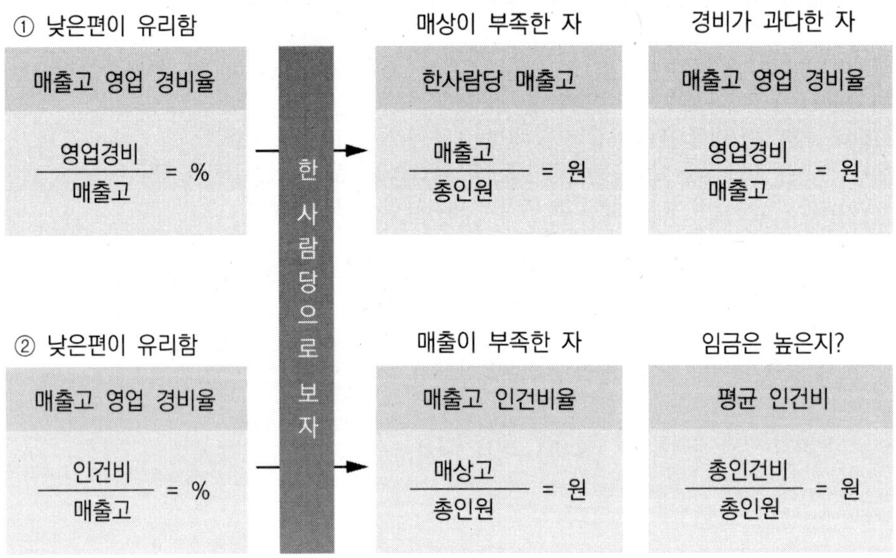

①이나 ②의 경우 모두 %의 수치가 낮을수록 합리적인 경영임에는 틀림없다. 이 수치가 위험성에 도달하고 있을 때 재빠르게 손을 쓰는데는 아무래도 영업경비, 즉 인건비를 낮추는 방법 밖에는 없을 것이다. 그리고 모든 영업경비를 급격히 줄이고자 할 것이다.

그러나 그것은 응급처방 일뿐이고 될 수만 있다면 공식 ①도 ②도 분모에 해당하는 "매출고"를 높이는 일에 모든 노력을 기울이는 것이 그들 %의 수치를 내리는 방법이 되는 것이다.

오늘날 경영을 성공하는 있는 사람은 안일한 경비절감이나 인건비 절약보다는 어떻게 하면 매출수치를 높일 것인가에 두 번 세 번 연구하고 있는 것이다.

4. 이익계획과 손익분기점

1) 이익계획의 중요 포인트

(1) 이익의 종류와 구조의 이해

결산서(대차대조표, 손익계산서)의 손익계산서에는 1년 동안에 얼마만큼의 이익을 올렸는지, 또 그 이익을 올리기 위한 비용을 나타낸다. 따라서 이익의 내역을 알기 위한 중요한 재무표이다.

〈표 11-7〉에서 나타나는 것처럼 손익계산서에 게재하는 이익은

① 매출 총 이익
② 영업 이익
③ 경상 이익
④ 세금 공제 전 당기 이익
⑤ 당기 이익

등이 있다.

〈표 11-7〉 이익의 종류와 구조

이익의 종류

1. 매출 총 이익 = 매출 - 매출원가
2. 영업이익 = 매출 총 이익 - 판매비 또는 일반 관리비
   : 본업에 의한 이익
3. 경상이익 = 영업이익 + 영업외 수익 - 영업의 비용
   : 수익력이나 재무체질을 반영하는 이익, 기업에서 가장 중요시된다.
4. 세금 공제 전 당기이익 = 경영이익 + 특별이익 - 특별손실
5. 당기이익 = 세금 공제 전 당기이익 - 법인세 등
   : 최종 이익으로 배당 대상이 된다.

일반적으로 기업이 가장 중시하는 것은 경상이익이다. 이것에 대해 비교적 소규모의 살롱에서는 여유자금을 운용해서 영업외의 수익을 얻는 것이 적기 때문에 본래의 영업활동에서 생긴 영업이익이 가장 중요시되는 것이다.

(2) 이익계획의 사고방식

손익계산서에 게재한 이익은 과거의 이익이고 그것은 매출고에서 비용을 빼고 남은 것이다.

〈그림 11-8〉 이익계획의 사고방식

ⓐ 예상 매출고 - 예상비용 = 예상이익
↓ (매출고 - 비용 = 이익이라는 생각에 기초한다.)
ⓑ 매출 - 이익 = 허용 비용 (허용되는 범위내의 원가)
↓ (원가 관리를 중시해서 허용 범위내의 비용으로 꾸려나가려는 생각)
ⓒ 목표이익 = 목표매출고 - 목표비용(예측한 비용)
(목표이익을 설정해 목표매출고를 달성하는 수단을 생각해서 계획적으로 원가관리를 실시한다.)

〈그림 11-8〉을 참조해 보면 이익계획을 생각하는 데 있어 ⓐ의 생각에 기초해서 경영계획을 세운다고 하면 예상 매출고에서 예상비용을 빼고 남은 예상이익이라는 것이 되고 어떠한 경영자료도 세우지 않은 소극적인 사고가 되고 만다.

다음으로 ⓑ의 생각은 원가관리를 중시해서 매출고에서 이익을 빼고 남은 허용비용을 충분히 컨트롤해서 이익을 얻으려고 한 것이다. 조금은 이익계획을 적극적으로 생각한 것이다.

ⓒ의 생각은 우선 목표이익을 설정한 후 거기에 필요한 목표매출고와 달성 수단을 고려해서 예측한 비용 내에서 경영전개를 꾀하려는 것이다. 정확한 이익계산을 가장 중시하는 발전적인 사고방식이다.

2) 손익분기점과 이익산출

(1) 손익분기점 매출고를 구하는 법

"손익분기점"이란 것은 이익의 발생과 손실의 발생의 분기점이 되는 시점의 매출고이다. 손익은 수익과 비용과의 차액이지만 수익이 비용을 넘으면 이익이 발생하고 역으로 비용이 수익을 넘어 버리면 손실이 발생된다.

즉 매출고와 비용이 같으면 손익은 제로가 되고 이 시점의 매출고가 손익 분기점 매출고가 된다.

손익분기점 매출고의 구하는 법은 다음의 2가지 방법이 있다.

① 도표법 : 이익 도표 상에 작성해서 손익 분기점을 읽어 내는 방법 - 〈그림 11-9〉

② 공식법 : 공식에 대입해서 손익분기점을 산출하는 방법 - 〈그림 11-10〉

예를 들어 "J 살롱"이 2016년 연간 매출고는 6,000만원, 이익은 1,000만원, 비용은 5,000만원이었다. 이 비용을 구분하면 고정비가 3,500만원, 변동비가 1,500만원이다. "J 살롱"의 손익분기점은 〈그림 11-9, 11-10〉를 참조하면서 도표법과 공식법으로 구하면 다음과 같이 된다.

〈그림 11-9〉 도표법에 의한 손익분기점

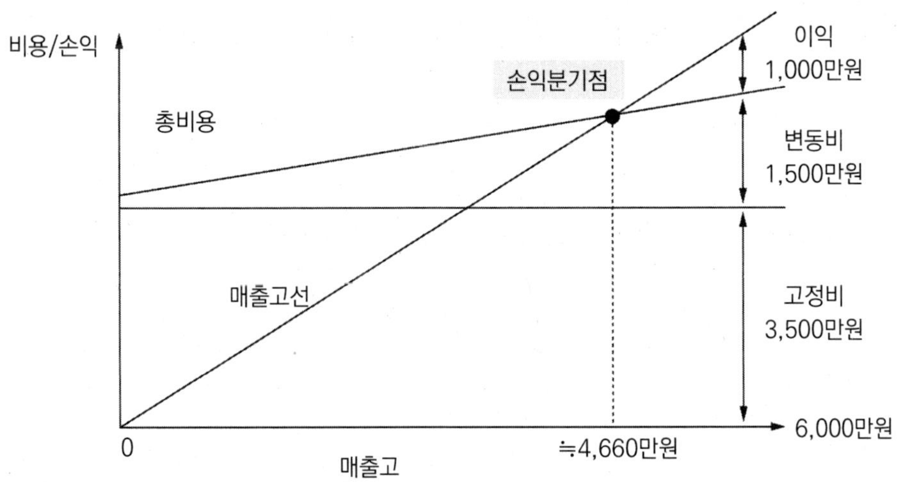

〈그림 11-10〉 공식법에 의한 손익분기점

$$\text{손익분기점 매출고} = \frac{\text{고정비}}{1 - \dfrac{\text{변동비}}{\text{매출고}}}$$: 이 공식에 적용하여 산출한다.

$$\text{손익분기점 매출고} = \frac{3{,}500}{1 - \dfrac{1{,}500}{6{,}000}} = \frac{3{,}500}{1 - 0.25} = \frac{3{,}500}{0.75} \fallingdotseq 4{,}666\text{만원}$$

↑ ($\frac{1{,}500}{6{,}000}$) 이것을 먼저 계산한다. (0.25)

이 "J 살롱"의 손익 분기점 매상고는 약 4,666만원으로 이 이하의 매출고라고 하면 적자이고 그 이상의 매출고가 오르면 흑자가 된다.

즉 손익분기점의 매출고를 넘고 나서 "J 살롱"의 이익(경영자의 소득)이 서서히 증가해 6,000만원 매출고를 올려서 1,000만원의 이익이 나왔다.

(2) 이익 산출의 구체적인 방법

손익 분기점 매출고를 먼저 도표법으로 읽어내고 공식법에 의해 산출했지만 여기서 우선 그 순서의 설명을 하겠다. 손익 분기점 매출고를 산출하는 경우에는 손익계산서에서 얻은 비용을 어떤 기준에 따라서 고정비와 변동비로 구분할 필요가 있다.

〈표 11-8〉 "J 살롱"의 경비과목 비용 구분표

단위 : 만원

경비과목	비 용	고 정 비	변 동 비
1. 매출원가	1,010		1,010
2. 종업원 급여, 상여	1,925	1,925	
3. 복리 후생비	125	125	
4. 교육 연구비	100	100	
5. 광고 선전비	180	180	
6. 통신 교통비	180	180	
7. 접대 교제비	90	90	
8. 임대료	420	420	
9. 감가상각비	120	120	
10. 수선비	100	100	
11. 수도, 광열비	240		240
12. 소모품비	250		250
13. 리스료	150	150	
14. 지불이자 할인료	60	60	
15. 그 외 잡비	50	50	
합 계	5,000	3,500	1,500

* 비용 중 준 고정비, 준 변동비 금액을 고정비, 변동비에 넣어 계산한다.

〈표 11-8〉에서 나타낸 것은 같은 구분표로 종합된 것이지만 좀 더 비용을 분해할 경우에는 예를 들어 수도 광열비 등의 기본요금은 고정비, 종량 요금(사용량에 따른 요금)은 변동비로 하는 것이 기본이다. 그러나 편의상 이런 준 변동비는 변동비에 또 소액의 능력급 등의 준 고정비는 고정비에 합산하는 것이 보다 실무적인 방법이다.

그리고 목표이익을 설정한 다음 그것에 필요한 매출고를 산출한다. 그래서 전년에 비해 고정비〈인건비, 그 외 부가가치세 인상 등)나 변동비(원재료비, 그 외)의 증가를 예측할 수 있다. 물론 이들 예측액을 산출하는 것이 바람직하다.

(3) 실례 - 소규모 살롱에서도 여기까지 이익 계획을 세우지 않으면 안 된다.

"J 살롱"의 2015년 월간 평균 매출고는 500만원(연간 6,000만원)이다. "J 살롱"의 입지조건은 상점가에서 약간 떨어진 주택지로 약 5m인 도로에 접하고 있다.

살롱은 경영자의 자택 2층을 개조한 것(23.1㎡)으로 본인과 중견 기술자 1명, 스텝 1명으로 영업하고 있다.

전년도 실적에 입각해서 2016년도 목표 이익을 300만원 많은 1,250만원으로 설정했다. 비용은 5,335만원(고정비 3,690만원, 변동비 1,645만원)이므로 산출된 필요 매출고는 6,585만원이다.

2015년도 연간 매출고 6,000만원에 대해 585만원의 매출 증가를 찾을 수 있나. 즉 1개월에 평균 약 49만원의 증가이다. 이것을 지금까지의 객단가 35,000원으로 나누면 월간 14명의 고객이 증가한다는 계산이 된다.

또 고정비의 증가(190만원)만이 아니라 변동비로 3%정도 증가(45만원)하면 예측해서 산출한 필요 매출고도 약 6,675만원이 된다. 물론 1,250만원의 이익 확보를 전제조건에 넣고 산출한 것이다.

〈그림 11-11〉 필요 매출고의 산출

$$\text{필요 매출고} = \frac{\text{목표이익} + \text{고정비}}{\text{한계이익률}}$$

$$1 - \frac{\text{변동비}}{\text{매출고}} = 1 - \frac{1{,}520\text{만원}}{6{,}000\text{만원}} = 0.75$$

(1) "J 살롱"의 2016년 목표이익 1,250만원 (작년보다 250만원 인상)
(2) "J 살롱"의 2016년 고정비 3,690만원 (작년보다 190만원 인상 예측)
(3) "J 살롱"의 2016년 한계 이익률 0.75(75%)

↓

$$\text{"J 살롱"의 필요 매출고} = \frac{1{,}250\text{만원}+3{,}690\text{만원}}{0.75} \fallingdotseq 6{,}585\text{만원}$$

↓

약 6,585만원

* 변동비가 올라서 한계 이익률이 1% 내려간 경우
변동비도 3%정도 올라 1,545만원이 된 경우로 매출고가 2015년과 같은 경우에는 한계 이익률이 0.74(74%)로 저하한다.

$$\text{한계이익} = 1 - \frac{1{,}545\text{만원}}{6{,}000\text{만원}} = 0.74$$ 이 조건을 고려한 경우의

$$\text{"J 살롱"의 필요 매출고} = \frac{1{,}250\text{만원} + 3{,}690\text{만원}}{0.74} \fallingdotseq 6.675\text{만원}$$

↑

약 6,675만원

〈그림 11-11〉의 계산에서 알 수 있듯이 요금 등을 올리지 않으면 변동비의 증가분이 한계 이익률(75% → 74%)을 약 1%저하시키는 결과가 되기 때문이다. 즉 변동비의 증가분을 고려해도 작년보다 월간 평균 56만 5천원(연간 675만원)정도 매출 증가를 달성하면 좋을 것이다. 35,000원 객단가로 월간 약 16명의 고객을 늘린다면 좋은 계산이다.

"J 살롱"의 실례에서 알 수 있듯이 경영규모의 대소에 관계없이 이익계획을 중시하는 경영활동이 각 살롱에 점점 요구되고 있다. 이익 확보가 불충분하면 종업원의 대우개선을 할 수 없을 뿐더러 살롱의 개장은커녕 차입금의 상환에도 어렵게 된다.

이익 계획을 세워서 손익분기점을 확인해서 환경의 변화를 빠르게 잡아 매출, 비용, 이익의 관계를 항상 염두에 두고 이익을 내기 위한 전략을 수립해야 한다고 생각한다.

5. 미용기업의 경영분석

1) 경영분석

"경영분석"이란 계획이나 목표가 예정대로 실현되었는가를 분석·검증하는 일이다. 따라서 PDC 사이클의 체크(C)부분에 해당한다.

미용기업의 경영계획에 기초하여 여러 가지의 경영행위가 목표의 달성을 향해 실천되어진다. 이러한 개개의 행위가 결과로서 몇 점의 성적에 도달하였는가를 어느 시점에서 분석할 필요가 있다.

그것을 근거로 하여 다음의 계획(P)에 반영하기 위한 피드백(Feed Back)이 필요하기 때문이다.

경영분석은 우선 "무엇을 측정할 것인가?"라는 분석대상 항목을 확정하지 않으면 안 된다. 또한 "어떻게 측정할 것인가?" 또 "평가의 기준을 어떻게 할 것인가?"라는 척도를 결정하는 준비작업도 필요하게 된다.

이런 경우에는 일반적으로 대상에 따른 분석항목에 대하여 검토하고 다음에 개개의 점포(규모)에 따라 특히 포인트와 전체부분에 관하여 고려하도록 한다.

(1) "계수"에 의한 척도

경영의 세계에 있어서 수치는 말하자면 공통언어이다. 따라서 수치화 할 수 있는 것은 할 수 있는 한 수치로서 목표를 세우도록 하는 것이 바람직하다. 그렇게 되면 경영분석도 극히 간단할 수 있다.

수치로서의 목표도 매출액이나 총고객수에 의한 현장에서의 노력이 직접적으로 반영하는 것도 있는가 하면 목표이익이나 노동분배율이라는 보다 경영판단이 요구되는 것도 있다.

어느 것도 중요하지 않은 것은 없으며 각각의 수치가 갖는 성격에 따른 그 실행책임은 "누가 담당할까?"라는 일을 명확하게 해 두는 것이 필요하다.

〈표 11-9〉부터 〈표 11-11〉는 여러 가지 수치 목표를 산출하기 위한 가이드이다. 각 항목에 대하여서는 계산식을 덧붙여 산출하는 일을 쉽게 한 것이다.

여기 항목 가운데 용어의 의미를 명확히 하기 위하여 약간의 해설을 해 보면 다음과 같다.

① 경상이익 : 세금을 내기전의 이익, 기업의 1년간의 남은 이익을 표시한다.

② 매출 총이익 : 매출액에서 매출원가를 뺀 나머지 이익이다.

미용기업의 경우는 사용 원재료 및 판매상품원가가 매출원가가 된다. 단, 당월의 매입액 그것이 당월의 매출원가가 아니라는데 주의해야 한다. 엄밀히 당월 매출원가는 “매출원가 = 월초재고 + 당월매입 - 월말재고”라는 계산으로 산출한다.

평균적으로 매출 총이익율(매출액에서 차지하는 총이익액의 비율)이 85%에서 90%라는 높은 비율이 미용기업의 특징이다.

③ 노동분배율 : 매출 총이익에서 차지하는 인건비의 비율이다.

미용기업의 경우 가장 많이 지출되는 경비는 인건비이다. 매출액의 6할 이상이 되는 미용기업도 적지 않다(매출액 인건비 비율). 노동분배율은 일반적으로 40%이하로 억제하는 것이 이상적이지만 실제로는 50%를 상회하지 않도록 노력을 기울일 필요가 있다.

총이익율 85%의 미용기업은 매출액의 42.5% 미만으로 인건비를 억제하는 것이 목표가 된다.

그 이상이 되면 경영이 어렵게 된다.

④ 손익분기점 : 총비용(원가)과 총수익(매출)이 일치하는 점이다.

이 이상 매출액이 높아지면 이익이 발생하고 이 이하가 되면 손실이 발생하는 분기점이다.

자기 미용기업의 손익분기점은 예상되는 경비를 총이익율로 나누어 나온 답이 손익분기점의 매출액이다. 그것을 현재의 매출액으로 나눈 답이 손익분기점 비율이다. 덧붙여 그것을 100에서 빼는 나머지를 경영안전 여유율이라고 한다.

예를 들어 손익분기점 비율 92%의 미용기업의 안전 여유율은 "100-92"로 80%이다. 현재의 매출액이 80% 떨어지면 적자경영으로 전락하는 데드라인을 표시하는 것이 안전 여유율이다.

⑤ 종업원 총수 : 계획기간(경영분석기간) 중의 인원수를 말한다.

현재의 재직자수는 의미하는 것이 아니며 가장 이상적인 것은 계획기간 중의 모든 영업일에 일하는 종업원 수를 누계 할 수 있다면 좋다.

〈표 11-9〉 경영분석을 위한 필수 수치

경 상 이 익		매 출 액	연간 월평균
매출 총이익		중점상품 매출액	연간 월평균
손익 분기점		총 고객수	연간 월평균
매출액 대 인건비율		주요상품 고객수	연간 월평균
노동 분배율		종업원1인당 매출액	연간 월평균
목표이익의 산출식	법인의 경우 배당 · 임원 상여 ↓ (차입금의 반제 예정액+점주급료+적립예금예정액)+세금=목표이익 * 차입금의 반제는 설비투자를 차입 입금할 예정인 경우 다음 년도 중의 반제액도 포함한다. * 세금은 법인의 경우는 ( )안과 대체로 같다. * 개인의 경우는 ( )안의 숫자보다 단계적으로 과세율이 다르므로 소득세의 세액표를 이용하여 산출한다.		
매출액 예산의 산출식	$\frac{\text{다음 년도의 경비예산+상기에서 산출한 목표이익}}{\text{매출 총 이익률(한계이익률)}}$ = 매출액 예산		
손익분기점 산출식	$\frac{\text{다음 년도의 경비예산+점주급료(고정비)}}{\text{매출 총 이익률(한계이익률)}}$ = 손익분기점 매출액		
손익분기점 비율	$\frac{\text{손익분기점 매출액}}{\text{매출액}} \times 100$ = 손익분기점 비율		
매출액 대 인건비 비율	$\frac{\text{인건비}}{\text{기술매출액}} \times 100$ = 매출액 대 인건비 비율		
노동분배율	$\frac{\text{인건비}}{\text{매출 총이익}} \times 100$ = 노동분배율		

〈표 11-10〉 (　　)년도 경영데이터 평가

	항 목	수치 산출법	성 적	평가점
계 획 성	매출목표 달성율	매출실적 ÷ 매출액목표 × 100	%	
	객수목표 달성율	객수실적 ÷ 객수목표 × 100	%	
발 전 성	매 출 신 장 율	금년의 매출액÷전년의 매출액×100	%	
	객 수 신 장 율	금년의 객수÷전년의 객수×100	%	
경 제 성	객 단 가(월)	기술매출액 ÷ 객수	원	
	주요상품 비율	주요상품 고객수÷총고객수 × 100	%	
	점판매출액 비율	점판매출액 ÷ 총매출액 × 100	%	
	종업원 1인당(1일) 실제가동 시간	과목별 고객수×평균시술시간 = ⓐ (ⓐ ÷ 영업일수) ÷ 종업원수	분÷60 시간 분	
생 산 성	1인당 매출액(월)	총매출액 ÷ 종업원수	원	
	1인당 객수(월)	총고객수 ÷ 종업원수	원	
	1인당 매출 총이익액(월)	매출 총이익 ÷ 종업원수	원	
	1인당 이익액(월)	이익 ÷ 종업원수	원	

〈표 11-11〉 생산성을 측정하는 척도

항 목	계 산 식	단 위
1. 종업원 1인당 기술매출액	$\frac{\text{기술매출액}}{\text{종업원 총수}}$	원/1인
2. 셋트면당 기술매출액	$\frac{\text{기술매출액}}{\text{셋트면 총수}}$	원/1면
3. 인시생산성	$\frac{\text{기술매출액}}{\text{종업원 총수}} \div \text{영업시간}$	원/1인1시간
4. 영업면적당 기술매출액	$\frac{\text{기술매출액}}{\text{총영업면적}}$	원/㎡
5. 종업원 1인당 처리객수	$\frac{\text{내점객 총수}}{\text{종업원 총수}}$	원/1인
6. 셋트면당 회전수	$\frac{\text{내점객 총수}}{\text{셋트면 총수}}$	회전/일면
7. 시술항목별 처리시간수	$\frac{\text{기술별 총 처리시간수}}{\text{종업원 총수}}$	분/1인
8. 노동 생산성	$\frac{\text{총부가가치액(매출총이익)}}{\text{종업원 총수}}$	원/1인

(2) 기간비교와 수치비교

수치로 표현하는 목표는 기본적으로는 수치척도로 경영분석을 하는 것이 된다. 경영의 옳고 그름을 전체적으로 판단하기 위하여 〈표 11-12〉에 표시된 각 비율을 산출해 보는 것이 좋다.

이러한 지표는 기업의 경영을 기업의 재무상황과 영업상황의 양면에서 상호의 연관성을 근거로 구성된다. 여기서 중요한 것은 이러한 산출결과를 "어떻게 평가할 것인가?"하는 것이다.

이런 것은 1년의 단일연도의 경영분석으로는 판단할 수 없다. 매년 같은 항목마다 시계열(時系列)로 측정할 필요가 있다. 그 결과 각각의 항목에 관한 경향이 나타난다.

매출액은 정체되어 있는가? 이익률은 상승되고 있는가? 종업원수가 증가하는 비율에 따라 매출액이 신장되지 않는가? 등을 과거와 비교하면서 문제점을 용이하게 찾아낼 수 있다.

이러한 형태로 과거에서 현재까지의 경영수치를 비교하는 방법을 "기간비교"라고 한다. 기간비교를 하지 않게 되면 자기 미용기업 경영항목의 성장하는 형태를 알 수가 없다. 따라서 기간비교는 자기 미용기업의 움직임을 시계열 적으로 보여주는데 효과적이다.

그러나, 이러한 측정치가 다른 미용기업과 비교하여 우수한가 떨어지는 것인가는 알 수 없다.

우리의 아이가 작년부터 금년에 걸쳐서 열심히 공부하여 지식이 증가한 것이 틀림없는가, 과연 그 학습 수준은 다른 같은 나이의 아이들과 비교하면 어떨 것인가, 이것을 알기 위하여 다른 아이의 평균을 대표하는 "표준치"와의 비교가 필요한 것이다.

경영에 있어서도 마찬가지다. 자기 미용기업의 경영비율은 다른 미용기업과 비교하여 어떤가를 파악하여야 할 것이다.

자기 미용기업과 비슷한 규모의 지표를 기준으로 하여 좋은가, 나쁜가, 높은가, 낮은가를 비교해 보자.

이상과 같이 미용기업에 대하여 효과적으로 목표를 설정하기 위한 포인트는

① 측정의 대상을 확실히 하는 것

② 가능한 한 수치로 표현하는 것

③ 평가의 기준을 명확하게 갖는 것의 3가지이다.

〈표 11-12〉 경영비율표

부문	번호	비 율 명	비율의 산출방법	경영비율		경향	지표
				산식	%		
종합	1	경영자본 대 경영이익률(%)	$\frac{\text{영업이익}}{\text{경영자본}} \times 100$				
	2	경영자본회전율(회)	$\frac{\text{순매출액}}{\text{경영자본}}$				
	3	매출액 대 영업이익률(%)	$\frac{\text{영업이익}}{\text{순매출액}} \times 100$				
	4	자기자본 대 경상이익률(%)	$\frac{\text{경상이익}}{\text{자기자본}} \times 100$				
	5	총자본 대 경상이익률(%)	$\frac{\text{경상이익}}{\text{총자본}} \times 100$				
재무	6	총자본 대 자기자본비율(%)	$\frac{\text{자기자본}}{\text{총자본}} \times 100$				
	7	유동비율(%)	$\frac{\text{유동자산}}{\text{유동부채}} \times 100$				
	8	자기자본 대 고정자산 비율(%)	$\frac{\text{고정자산}}{\text{자기자본}} \times 100$				
	9	고정장기적합율(%)	$\frac{\text{고정자산}}{\text{자기자본+장기차입금}} \times 100$				
	10	매출액 대 지급이자비율(%)	$\frac{\text{지급이자할인료-받을이자}}{\text{순매출액}} \times 100$				
	11	고정자산 회전비율(%)	$\frac{\text{순매출액}}{\text{고정자산}} \times 100$				
판매	12	매출액 대 총이익율(%)	$\frac{\text{매출총이익}}{\text{순매출액}} \times 100$				
	13	매출액 대 경상이익률(%)	$\frac{\text{경상이익}}{\text{순매출액}} \times 100$				
	14	상품회전율(회)	$\frac{\text{순매출액}}{\text{재료+상품+저장품}} \times 100$				
	15	연간 매출액(만원)					
	16	종업원 1인당 연간 매출액(만원)	$\frac{\text{순매출액}}{\text{상근임원+종업원수}} \times 100$				
	17	판매관리비(%)	$\frac{\text{판매 및 관리비}}{\text{순매출액}} \times 100$				
	18	판매비 비율(%)	$\frac{\text{판매비}}{\text{순매출액}} \times 100$				
	19	매출액 대 광고비 비율(%)	$\frac{\text{광고선전비}}{\text{순매출액}} \times 100$				
	20	매장 3.3㎡평 매출액(천원)	$\frac{\text{순매출액}}{\text{매장면적}} \times 100$				
노무	21	매출액 대 인건비 비율(%)	$\frac{\text{임원급료수당+사무원+판매원급료수당+식대+복리후생비}}{\text{순매출액}} \times 100$				
	22	종업원 1인당 월평균 인건비	$\frac{\text{인건비}}{\text{상근임원+종업원수}} \times 100$				
	23	인건비 대 복리후생비 비율(%)	$\frac{\text{복리후생비}}{\text{인건비}} \times 100$				
	24	종업원 1인당 유형고정자산액	$\frac{\text{토지건물+설비자산}}{\text{상근임원+종업원수}} \times 100$				
	25	교차비율(%)	한계이익율×상품회전율				
기타	26	노동분배율(%)	$\frac{\text{인건비}}{\text{매출총이익}} \times 100$				
	27	1인당 매출 총이익	$\frac{\text{매출총이익}}{\text{종업원수}} \times 100$				
	28	1인당 경상이익	$\frac{\text{경상이익}}{\text{종업원수}} \times 100$				
	29	매출 대 교제비 비율(%)	$\frac{\text{교제비}}{\text{매출액}} \times 100$				

Chapter 12

미용기업의 모의경영

1. 미용기업이란 살아있는 생명체이다.

미용기업에 근무하는 종업원은 무엇보다도 기업의 생리를 이해하고 파악하여야 한다. 기업은 무엇을 목적으로 해서 경영되고 있는가? 그리고 기업의 성격이나 기업본래의 모습은 무엇인가? 하는 것들을 올바르게 이해하여야 하는 것이다.

기업이라든가 또는 소점포라는 것은 그것 자체가 생활하고 발전, 성장하는 살아있는 생명체라고 말하면 놀라지 모르겠지만, 실제로 기업은 생명이 있는 살아있는 존재인 것이다.

살아있는 생명체로서의 기업은 무엇보다도 먼저 안정된 활동을 영위하여야 한다. 그리고 나아가 성장하고 발전하여야 하는 것이다. 이 안정을 위한 노력은 기업의 본질이고 동시에 기업의 목적이기도 하다.

기업은 무엇보다도 스스로의 생활유지를 가장 큰 이념으로 하는 것을 목적으로 하고 있다. 인간에게는 수명이 있지만 기업은 얼마든지 긴 생명을 지니고 있다. 예를 들어 개인으로서의 경영자는 임기가 있고 정년이 있지만 기업에는 수명이 없다. 그래서 외국의 예에서 알 수 있듯이 100년, 200년의 기업사를 쓸 수 있게 될만한 긴 생명을 지니고 성장 발전하는 것이 기업 본래의 이상이라야 할 것이다.

2. 미용기업의 생산성

기업의 목적인 생활유지라고 하는 것을 실현시키기 위한 수단은 과연 무엇이라고 할 수 있을까?

그것이 바로 기업이 창출하는 수익이라고 하는 것이다. 인간은 생명을 유지하고 성장해 나가기 위해 먹을 것을 취한다. 인간은 결국 먹을 것이라는 수단에 의해 그 성장이라는 과제를 완수하고 있는 것이다. 이와 마찬가지로 기업도 살아있는 생명체로서 영양을 보급하지 않으면 안 되는 것이다. 기업에 있어서 이러한 인간에 있어서의 먹을 것의 역할을 하는 것이 바로 수익이라고 하는 것이다. 따라서 기업은 생산성을 높이고 수익을 올리는 노력을 계속적으로 해 나가지 않으면 안 되는 것이다.

기업은 이러한 수익을 올린다는 것은 기업 본래의 목적을 달성하기 위하여 기업 자체의 안정과 발전이라고 하는 "생활 유지"를 위하여서 절대로 필요한 수단이라는 것을 잊어서는 안 되는 것이다. 인간은 먹이가 끊어지면 생명을 유지할 수 없듯이 수익 없이는 기업의 발전은 고사하고 존속할 수 없는 것이다. 그렇기 때문에 기업경영의 목적은 기업의 안정과 성장에 있으며 그와 같은 것을 지속하기 위해서 수익성의 향상이 꼭 필요한 것이다.

3. 조직이란 무엇인가?

조직이란 한사람으로서는 가능하지 않은 것을 모두(여러 사람)로 완수하기 위해 만들어진 집합체이다. 그러면 조직이라고 불러지기 위해서는 어떤 요건이 필요한가를 알아보자.

1) 한사람이 아니라 집단으로 활동하는 곳

집단이라고 하는 것이다. 혼자서 하던 일이 수요가 늘어남에 따라 더 많은 사람이 모이기 마련이다. 배구는 선수 6명과 감독, 대기 후보선수 등 제한된 인원으로 활동하지만 사회조직에서는 규모가 확대됨에 따라 구성원이 점점 늘어나는 점이 다소 다를 뿐 어느 쪽이나 집단으로 활동한다고 하는 점에서는 틀림이 없다.

2) 명확한 목적이 있는 곳

명확한 목적이 없으면 안 된다는 것이다. 집단이 늘더라도 단지 목적 없는 집단이어서는 오합지졸에 불과하다. 예를 들면 화재현장에 구경꾼이 많이 모였다고 해서 조직이라고 말하지 않고 단순한 사람의 집합이라고만 한다. 배구에서는 선수가 일치 협력해서 상대에게 이긴다고 하는 명확한 목적이 있기 때문에 조직활동이라고 말할 수 있다.

3) 역할이 분담되어 있는 곳

조직이 확대되어 가면 개개의 작용이 다양화하고 전문화하며 세분화되어진다. 또 개개인의 힘을 최대한 발휘시키려면 그 사람의 특성에 맞는 일을 주지 않으면 안 된다. 이것이 역할분담이고 적재적소의 배치에 해당된다.

4) 리더가 있는 곳

조직은 개개의 힘을 최대한으로 살려 전체의 상승효과를 올리는 것이 목적이기 때문에 전원을 일정한 방향으로 향하게 히고 컨드롤 해 가는 지도자가 필요하다. 회사에서는 경영자나 관리자, 감독자로 불리는 사람들이 이에 해당하며 배구에서는 감독이 관리자이지만 코치는 일정분야의 성과를 올리기 위한 리더라고 생각할 수 있다. 대리나 주무의 직함을 갖고 있으면서 스스로의 일을 하고 있는 사람도 있는데 이런 사람들은 선수 겸 코치라고 생각하면 좋다.

5) 개개인이 서로 협력하고 있는 곳

이것은 조직요건 중에서 제일 중요한 것이라고 말할 수 있다. 조직은 항상 개개의 기능이 상호간 서로 의존하고 유기적으로 연결되어 움직이고 있다. 회사를 건강체로 비유했지만 눈이나 귀 혹은 손이나 발이 각각으로 흩어져 가능하다면 몸이라고는 말할 수 없다. 배구에서도 마찬가지로 강력한 스파이크를 가하기 위해서는 세트로부터 때리기 좋은 공을 올려 받지 않으면 안 된다. A, B퀵을 하기 위해서는 다른 선수의 위장도 필요해진다. 팀웍이 좋은 팀은 이 협력관계가 은밀한 중에 잘 이루어져서 공은 마치 살아있는 사물과 같이 뜻한 대로 움직여 준다.

4. 미용기업의 모의경영훈련

1) 모의경영훈련 전개도

〈그림 12-1〉 모의경영훈련 전개도

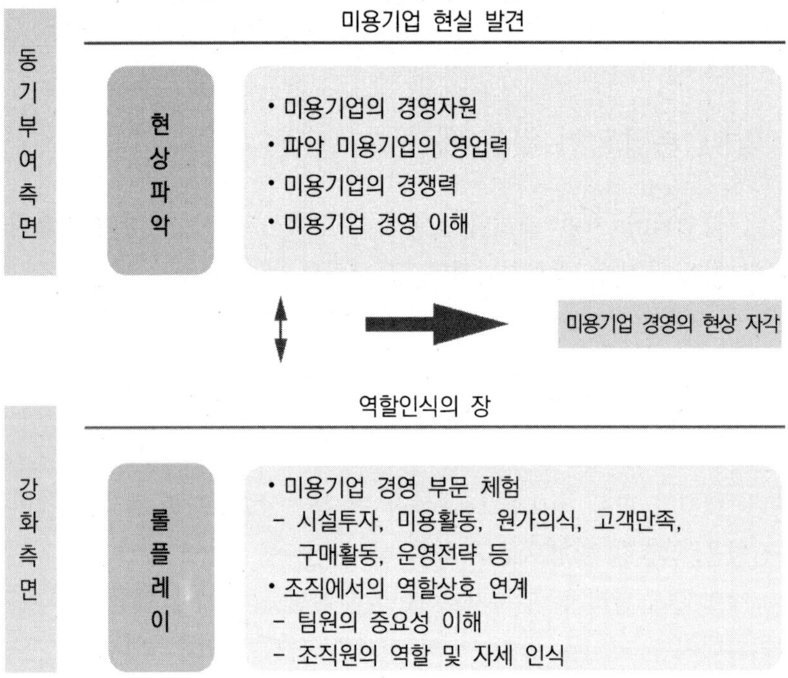

2) 교육목표

(1) 미용기업 경영의 올바른 이해와 운영감각을 체득한다.

(2) 각 부문 기능의 이해와 협력의 중요성을 인식한다.

(3) 고객의 가치창조를 위한 사고력을 고양한다.

(4) 경영합리화를 위한 원가의식 고취

(5) 미용기업의 이익발생에 대한 나의 역할을 인식한다.

3) 모의경영훈련 프로세스

〈그림 12-2〉 모의경영훈련 프로세스

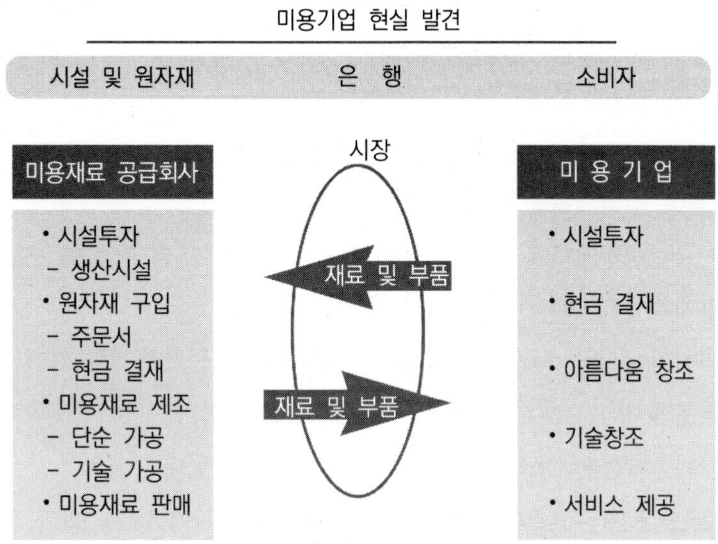

4) 자본금 및 설비

〈표 12-1〉 자본금 및 설비

구　　분	미 용 기 업	미용재료 회사
자 본 금		
설　　비		

5) 모의경영훈련 정보

1) 미용기업과 미용재료회사를 설립하고 각각 미용서비스 및 미용재료 공급을 하여 최대이익을 도모한다.

2) 설립된 회사는 먼저 대표를 결정하고 각 부서장을 임의로 선출하여 업무분담을 한다.

3) 투입된 노무비, 제조경비, 판매비 및 일반관리비 등은 각 회사의 동일한 조건으로 보고 결산시 별도 비용 처리한다.
예: 노무비(매출액 15%), 경비(매출액 5%), 서비스비(매출액 10%)

4) 각 회사는 시설물을 교육본부로부터 구매하여 시설 투자비는 타인자본으로 보고 이자를 지급해야 한다.

5) 각 회사는 교육본부로부터 필요한 활동방법, 제조요령과 검사규격 등에 관한 설명을 듣고 경영계획을 수립한다.

6) 각 회사는 경영계획에 따라 교육본부 및 시장으로부터 자재를 구입한다.
예: 반제품 · 완제품 가격은 시장 경쟁가이다.

7) 재료회사의 제품은 미용재료로 보고 미용기업의 제품은 미용서비스로 본다.

8) 교육본부에서의 완제품 구매시 납기 및 품질에 따라 자동 구매한다.

9) 각 회사는 제한된 장소를 넘어서 왕래를 하지 못한다.

10) 미용기업에서는 교육본부로부터 원자재를 직접 구입할 수 없다.

6) 손익 계산서

회사명 :

총 매출액			원	재료 판매의 총액
기초원가	재료비	원	원	미용기업 : 부품, 매입가격 제조회사 : 원자재 구입
	인건비	원		총 매출액의 10%
	기타경비	원		총 매출액의 5%
매 출 총 이 익			원	매출액-기초원가
판촉비 및 일반관리비			원	매출총액의 15%
영 업 이 익			원	매출총이익 - 판촉비 및 일반관리비
영업 외 비용	설비투자에 대한지급이자		원	설비투자의 10% (연리 10%)
	감가 상각비		원	설비에 대한 10년 정액법
경상이익			원	영업이익 - 영업의 비용
제 세 금			원	경상이익의 30%
세후 순이익			원	경상이익 - 제세금

7) 경영활동 분석

(1) 경영활동은 활발하였는가? 활동이 부진하였다면 그 원인은?

(2) 조직구성(업무분담)은 효율적이었는가? 상황에 따라 유연하게 변화하였는가?

(3) 결산결과에 대해 만족하였는가? 만족하지 못하였다면 그 이유는?
이익은 최대였는가? 손해가 났다면 그 원인은?

(4) 모의경영을 통하여 얻은 점, 깨달은 점, 느낀 점은?

5. 미용기업의 모의경영 계획서

1) 기본계획

1) 살 롱 명 :
대표자명 : 성 별 :
나 이 : 미용업계 경력 :

2) 영업종목 :
개업일자 :

3) 경영형태 (자영, 동업, 부부경영, 프랜차이즈, 법인, 기타)

4) 시설사항 : 층수 (층), 면적 (평), 경대수 (개), 샴푸대수 (개),
기타시설 ( )

5) 입지 : 일반주택, 아파트, 상가, 상가와 주택 혼합, 오피스 타운, 대학가, 공장지대

(가) 500m 이내 미용기업 수 (개), 주변 미용기업 수준 (상, 중, 하)
(나) 고객수준 (상류층, 중류층, 하류층)
(다) 입지(장소) 선택과 이유 :

6) 주 고객층 (주부, 직장인, 학생, 장년층, 노인층, 기타)

(가) 연령 (10대, 20대, 30대, 40대, 50대, 60대 이상)
(나) 남성고객 비율 : (%)
(다) 500m 이내 가망 고객수 : (약   명), 1000m 이내 가망 고객수 : (약   명)
(라) 고객의 거주분포 (살롱 주변, 시내일부, 시내전체, 기타지역)
(마) 고정(단골)고객 수 (약   명) , 고정고객 비율 (약   %)

7) 요금(일반평균)

(가) 자기 살롱 : 커트 (₩   ), 파마 (₩   ), 염색 (₩   ), 드라이 (₩   )
(나) 주변 살롱 : 커트 (₩   ), 파마 (₩   ), 염색 (₩   ), 드라이 (₩   )

8) 영업시간

(가) 휴일 (요일   회), 기타 (   )
(나) 개점 (시   분), 폐점 (시   분)

9) 직원수 :   명

10) 로고 :

11) 고유색 :

12) 로고에 대한 해설 :

13) 표어(슬로건) :

14) 사훈

(가)
(나)
(다)
(라)

15) 경영방침

(가)
(나)

(다)
(라)
(마)

16) 경영자가 생각하는 경영에 있어서 가장 중점 관리사항

(가)
(나)
(다)
(라)
(마)

17) 일정계획 실례

기 간	프 로 젝 트	담 당 자	준 비 물	비 고
D - 40	총괄계획 확정	경영자	경영 계획서	
D - 35	인테리어 발주	인테리어	인테리어 도면	
D - 30	직원 선발과 교육	경영자	인사규정	
D - 20	광고기획과 발주	경영자	광고 기획안	
D - 15	기구 및 재료 발주	경영자	카탈로그	
D - 10	개업식, 이벤트 준비	경영자	초대장, 이벤트업체	
D - 5	개업 예행 연습	전직원	개점 프로그램	
D - 3	개업 점검	경영자	점검표	
D - 0	개업	전직원	음식물	

2) 시설관리 계획

(1) 인테리어의 중요 포인트 체크
(2) 시설도면 체크
(3) 내부 인테리어의 개요
(4) 외부 인테리어(간판, 기타) 형태
(5) 주요기구, 비품, 설비 구입계획 (품명과 수량)
(6) 시설관리 방안
(7) 기타

3) 인적자원관리 계획

(1) 채용

(가) 선발기준 :

(나) 방안 :

(다) 절차 :

(2) 조직

(가) 인적구성

① 인원수 : (남　　명), (여　　명), (합계　　명)

② 직원실태 및 임금수준

직 급	성 명	성 별	총경력	입사경력	임 금	학 력	근무평점

(나) 조직 구성도 실례

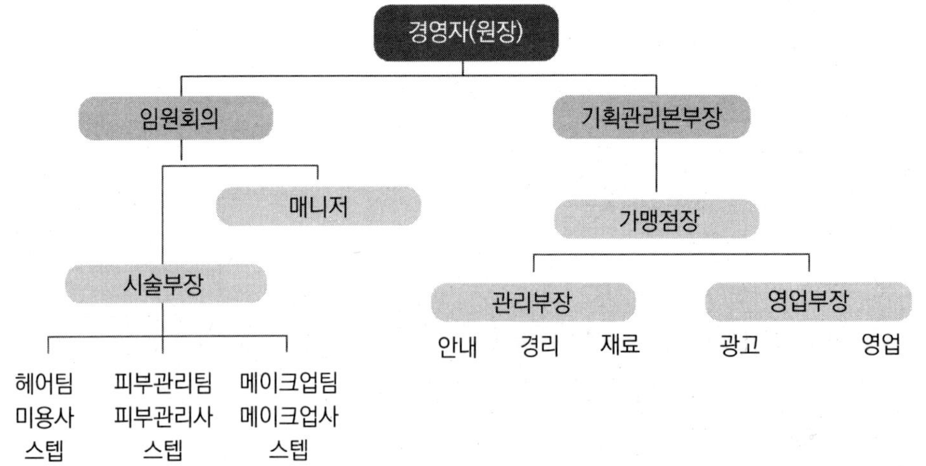

(3) 교육 및 훈련계획 (신기술 도입과 개발)

(4) 급여제도

(5) 근무평가

(6) 인사고과제도 (승진, 전보, 퇴사 등)

(7) 복지후생 및 조직 활성화 방안

(8) 기타

4) 마케팅 계획

(1) 미용기술과 서비스의 차별화 계획

(2) 시장경로(고객층)의 선정과 고객관리 방안

(3) 요금(가격) 정책

(4) 광고와 판촉 활동계획

(5) 기타

5) 고객관리 계획

(1) 고객유치 (광고 · 판촉)

(2) 접객관리 서비스

(3) 사후 고객관리

6) 생산성관리 계획

(1) 효율적인 시술(작업)관리 방안

(2) 재료(상품) 구입과 재고 관리

(3) 기타

7) 재무관리 계획

(1) 총투자 예산 : 자기자본(₩) + 타인자본(₩) = 총자본(₩)

(가) 임대보증금(₩) (나) 권리금(₩)
(다) 인테리어(₩) (라) 기자재 및 비품비(₩)
(마) 기초 재료비(₩) (바) 기초 상품비(₩)
(사) 광고 판촉비(₩) (아) 가입비(전화, 단체 등)(₩)
(자) 차량 공구비(₩) (차) 사무 및 소모품비(₩)
(카) 개업 준비 및 이벤트비(₩) (타) 예비비, 기타(₩)

합계 : (₩)

(2) 월간 수익계획 (개업 3개월 후)

항 목	금 액	산 출 기 초	비 율(%)
1. 기술 수익	₩	고객 수 × 객단가 × 근무일수	
1) 커트	₩		
2) 파마	₩		
3) 칼라링	₩		
4) 드라이	₩		
5) …	₩		
2. 상품판매 수익	₩	1일 평균 판매수익 × 근무일수	
1) 두발용품	₩		
2) 화장품	₩		
3) …	₩		
3. 기타 수익	₩		
1) 이자	₩		
2) …	₩		
총 합 계	₩		

(3) 월간 비용계획 (개업 3개월 후)

항　　목	금　　액	산 출 기 초	비 율(%)
1. 인건비	₩	직원수 × 임금액	
1) 고정급	₩		
2) 변동급	₩		
3) 제수당	₩		
4) 복지후생비	₩		
5) 기타	₩		
2. 재료비	₩	1일 평균 재료비용 × 근무일수	
3. 상품 구입비	₩		
4. 광고 판촉비	₩		
5. 수도, 전기료	₩		
6. 통신비	W		
7. 사무용품, 소모품비	₩		
8. 수리, 수선비	₩		
9. 교육비	₩		
10. 제세 공과금	₩		
11. 임대료	₩		
12. 가입비	₩		
13. 지급이자	₩		
14. 예비비, 기타	₩		
총 합 계	₩		
비용 비율 구분	1) 고정비 : ₩　　(%)		
	2) 변동비 : ₩　　(%)		
	3) 기　타 : ₩　　(%)		

(4) 월간 손익계산서 (개업 3개월 후)

(가) 월간 총수익 : ₩

(나) 월간 총비용 : ₩

(다) 세　　　금 : ₩

(라) 월간 순수익 : ₩

(5) 경영분석

(가) 손익 분기점에서의 내점 고객수 :　　　　　　　명

(나) 손익 분기점에서의 매출액 :　　　　　　　원

(다) 매출액 순이익률 (당기순이익 / 총매출액) :　　　　　　　%

(라) 총자산 이익률 (당기순이익 / 총자산) :　　　　　　　%

8) 장기 투자계획 (경영자 장래의 비전)

6. 미용기업 경영의 자기진단 체크리스트 (B64,17 참조)

1) 상품(제품, 서비스)

(1) 기술-1		매우 좋음 5	4	3	2	아주 나쁨 1
1	미용기기, 미용재료는 최신의 생태학적인 것을 준비하고 있는가?	☐	☐	☐	☐	☐
2	컴퓨터 그래픽(CG)에 의한 가상현실을 통하여 카운셀링 등 새로운 테크놀리지를 도입하고 있는가?		☐	☐	☐	
3	최신의 기술이나 유행을 곧바로 입수할 수 있는 체계나 네트워크가 확립되어 있는가? (해외연수, 기술강습회, 콘테스트, 대외 미용잡지, 패션잡지 등)		☐	☐	☐	
4	뉴 라인의 연구는 충분하게 이행하고 있는가? 그것은 자점에서의 장려하는 메뉴에 반영되고 있는가?		☐	☐	☐	
5	전문가의 의견(해외를 포함)이 기술이나 서비스에 반영되고 있는가?		☐	☐	☐	
6	미용기술에 관한 자점의 체계를 갖고 있고 또는 자점의 자신만만한 분야를 결정하여 계통적인 정보수집, 연구, 학습을 하고 있는가?	☐	☐	☐	☐	☐
7	공평하게 보아서 미용기술의 레벨은 어느 정도의 수준에 있다고 생각하고 있는가?	☐	☐	☐	☐	☐

(2) 기술-2		매우 좋음 5	4	3	2	아주 나쁨 1
1	고객 요구(Needs)를 충분하게 창작하여서 시술을 하고 있는가?	☐	☐	☐	☐	☐
2	미용기술을 충분히 살려서 기술상의 불안, 흐트러짐이 없도록 관리·교육하고 있는가?	☐	☐	☐	☐	☐
3	감성, 추천작품 등의 자점의 특징을 살리는 시술을 하고 있는가?	☐	☐	☐	☐	☐
4	시술중의 프로세스(과정)관리가 잘 되어 고객을 짜증나게 하는 일은 없는가?	☐	☐	☐	☐	☐

(3) 요금		매우 좋음 5	4	3	2	아주 나쁨 1
1	알기 쉽게, 납득하게, 점포의 특징을 살리는 체계로 되어 있는가?	☐	☐	☐	☐	☐
2	입지, 환경, 점포의 방침(개성화 전략), 고객 요구에 기인하여서 요금체계를 만들고 있는가?	☐	☐	☐	☐	☐
3	요금은 기술(하드, 소프트를 함께), 리프레시, 클리닉 느낌(쾌적, 청결, 안심감이란 기분을 포함해서)등의 퍼포먼스(활동)에 걸맞게 고객을 만족시키기에 충분하다고 생각하는가?	☐	☐	☐	☐	☐

(4) 장르(종류)		매우 좋음 5	4	3	2	아주 나쁨 1
1	모발, 얼굴(두부)이외의 미용장르로 미용을 확대하고 있는가? (에스테틱, 메이크업, 네일 등)	☐	☐	☐	☐	☐
2	육체(Body), 마음(Mind), 정신(Spirit)의 건강을 위해 어떤 운동. 요법, 명상, 식이요법, 호흡법 등을 지도, 실시하고 있는가?		☐	☐	☐	
3	장르를 두부(머리부분)에 한정하고 있는 경우는 그 분야를 어떻게 깊이 있게 하는가의 계획이나 컨셉을 갖고 있는가?		☐	☐	☐	
4	미용의 확대, 깊이의 계획을 어느 정도 구체화하고 있는가?		☐	☐	☐	

(5) 패션		매우 좋음 5	4	3	2	아주 나쁨 1
1	패션의 정보(국내 · 해외)를 계통적 계속적으로 연구 · 수집하고 있는가?	☐	☐	☐	☐	☐
2	토탈패션의 입장에서 카운셀링 활동을 전개하고 있는가?		☐	☐	☐	
3	라이프 스타일에 알맞은 미용이나 패션이 현재화하고 있는 것에 대해서 준비하고 카운셀링이 가능하도록 되고 있는가?		☐	☐	☐	
4	고객 본인뿐만 아니고 그 가족에 대한 미용이나 패션 상담에 어느 정도 묽을 하고 있는가?		☐	☐	☐	

	(6) 카운셀링	매우 좋음 5	4	3	2	아주 나쁨 1
1	지점의 미용카운셀링을 어느 정도 실시하고 있는가?	□	□	□	□	□
2	점주나 점장 등이 책임을 갖고서 각 고객에게 카운셀링을 실시하고 있는가?		□	□	□	
3	고객의 요구를 입수하여서 개인별 가이드를 작성하고 있는가?		□	□	□	
4	어떠한 미용 카운셀링을 실행하고 있는가?					
	a. 고객본인의 미용에 관해서		□	□	□	
	b. 사계절의 모발(헤어), 두피(스캘프), 피부(스킨) 대책		□	□	□	
	c. 미용재료, 트리트먼트, 헤어다이 등의 지식		□	□	□	
	d. 가정에서 가능한 미용테크닉의 지도		□	□	□	
	e. 연대별 유행하는 헤어라인과 개인의 어울리는 헤어라인		□	□	□	
	f. 토탈 퍼스널 칼라의 지식과 미용, 패션 등의 응용의 방법		□	□	□	
	g. 최초의 미용모드, 패션의 정보		□	□	□	
	h. 마음과 육체의 건강(이른바 심리 미용)을 위한 보디워크, 세리퍼,		□	□	□	
	명상, 식이요법, 호흡법 등의 지식		□	□	□	

	(7) 접객서비스	매우 좋음 5	4	3	2	아주 나쁨 1
1	접객서비스의 기본 훈련은 가능한가?	□	□	□	□	□
2	접객서비스는 어느 정도의 수준에 있다고 생각하는가? (미용업에 따른 접객의 경영공헌도는 지극히 높고, 호텔이나 항공기와 똑같이 중시되고 있다.)	□	□	□	□	□

2) 종업원

	(1) 인적자원관리	매우 좋음 5	4	3	2	아주 나쁨 1
1	종업원과의 커뮤니케이션은 충분하게 이행하고 있는가?		☐	☐	☐	
2	종업원의 의사를 경영에 어떻게 반영하고 있는가?		☐	☐	☐	
3	종업원의 개인별 장래목표나 계획을 어느 정도 파악하고 그의 목표 만들기를 지원하고 있는가?		☐	☐	☐	
4	매년의 연간 개인별 목표의 작성에 관해서 어느 정도의 커뮤니케이션이나 지원을 하고 있는가?		☐	☐	☐	
5	취업규칙 또는 그것에 해당하는 것을 갖고 있는가?		☐	☐	☐	
6	급여, 휴일, 근로시간, 유급휴가 등 근로기준법을 초과하는 규정, 특전을 만들고 있는가?		☐	☐	☐	
7	취업관리는 어떻게 행하고 있는가? 그 엄격한 정도가 어떤가?		☐	☐	☐	
8	급여 가운데는 장려급 제도를 도입하고 있는가?		☐	☐	☐	
9	인적자원관리는 정정한 기준에 기초하여서 행하고 있는가?		☐	☐	☐	
10	자기개발 계획은 개인별로 작성하고 있는가? 그것은 점포의 교육계획과의 연계를 충분히 할 수 있는가?		☐	☐	☐	
11	복리후생 활동은 어느 정도, 중시하여 실시하고 있는가?		☐	☐	☐	

	(2) 리쿠르트, 적성관리 - 비교적 큰 규모의 점포에 필요한 사항	매우 좋음 5	4	3	2	아주 나쁨 1
1	중·장기적인 교육계획이 가능한가?		☐	☐	☐	
2	고용에 따른 심리, 성격, 능력측정을 실시하고 적성평가를 한적이 있는가?		☐	☐	☐	
3	어떠한 인재를 적성으로 판단하고 있는가? 그 기준은 갖고 있는가?		☐	☐	☐	
4	정착율은 어떤가? 그것은 무엇을 반영하고 있다고 생각하는가? (기술·서비스 교육, 인간교육, 커뮤니케이션, 점포의 기술·서비스력, 점포의 격(格), 등급, 점주의 인품 등)		☐	☐	☐	
5	퇴점자, 독립지망자 등의 사전파악은 할 수 있는가? 그 원인을 파악하고 뭔가의 조언이나 대응을 하고 있는가?		☐	☐	☐	
6	고용에 즈음하여 어떠한 꿈 만들기를 하고 있는가?		☐	☐	☐	

(3) 인간교육 - 종업원에 대한 새로운 인간교육 시스템		매우 좋음 5	4	3	2	아주 나쁨 1
1	인간으로서 성장을 촉진하는 연수계획을 갖고 있는가?		□	□	□	
2	점주, 점장 등의 리더십에 의한 동기부여는 가능한가?		□	□	□	
3	X이론 Y이론 등의 행동과학의 사고방식으로 접근한 적이 있는가?		□	□	□	
4	리더십을 발휘하는 기술, 트레이닝의 연수를 받은 적이 있는가?		□	□	□	
5	사는 보람, 자기실현, 인간형성 등에 관해서 종업원과 대화하고 만찬한 적이 있는가?	□	□	□	□	□

(4) 기술 · 서비스력 - 특히 기술교육의 정착율에 크게 영향을 미친다.		매우 좋음 5	4	3	2	아주 나쁨 1
1	기술교육을 위한 연수 스케줄은 프로그램화하고 있는가? 또 어느 정도 실시하고 있는가?		□	□	□	
2	카운셀링의 체계를 갖고 연수프로그램을 작성하고 있는가? 또 어느 정도 실시하고 있는가?		□	□	□	
3	접객서비스의 연수 프로그램을 작성하고 있는가? 또 어느 정도 실시하고 있는가?		□	□	□	
4	개인계획과 합치되고 있는가?		□	□	□	
5	종업원의 외부에서 기술강습회 참가계획을 어떻게 또 어느 정도 실시하고 있는가? (금전, 시간, 컨설팅 등의 면에서)		□	□	□	
6	타점과의 교류, 콩쿠르, 콘테스트 등의 참가를 적극적으로 진행하고 있는가?		□	□	□	

3) 점포

(1) 점포설계		매우 좋음 5	4	3	2	아주 나쁨 1
1	상권입지나 타겟 고객에게 맞도록 설계하였는가?		☐	☐	☐	
2	지점의 개성화 전략이나 CI계획을 반영한 것으로 되어 있는가?		☐	☐	☐	
3	지점이 목표로 하는 "제공하는 편익"을 명확히 하고 있는가?		☐	☐	☐	
4	점포의 컨셉은 1~3을 기초로 하여서 구축하고 있는가?	☐	☐	☐	☐	☐
5	점포의 컨셉은 개개의 계획에 반영하도록 설계되고 있는가? (① 건물의 정면 등 도입부 ② 실내 전반 구성, 레이 아웃 ③ 조명 ④ 색채 ⑤ 설비 ⑥ 방제 ⑦ 사인(간판) 등의 설계)	☐	☐	☐	☐	☐
6	점포의 컨셉은 다음의 각 사항에 능숙하게 알기 쉽게 전개하고 있는가? A. 점포의 타입, 등급(grade), 장르 등에 대해서 B. 점포의 효율, 일의 효율면에 관해서 C. 고객만족도의 향상면에서 D. 점포환경, 관리면에서 E. 각 점포의 스페이스 전개에 있어서(① 도입부 ② 접수부 ③ 대기 실 ④ 작업실 ⑤ 카운셀링코너 ⑥ 점판상품코너 ⑦ 기타		 ☐ ☐ ☐ ☐ ☐ ☐	 ☐ ☐ ☐ ☐ ☐ ☐	 ☐ ☐ ☐ ☐ ☐ ☐	
7	투자효과, 효율에서 판단하여 적정한 투자내용으로 되었는가?	☐	☐	☐	☐	☐
8	점포와 그 이미지에 관해서 고객이나 전문가의 평가를 받은 적이 있는가?		☐	☐	☐	
9	점포설계업자, 시공업자의 선정 내지 설계 시공의 순서는 적정하다고 생각하였는가?		☐	☐	☐	

(2) CI 계획		매우 좋음 5	4	3	2	아주 나쁨 1
1	CI 도입의 배경을 확실히 압도하고 있는가?	☐	☐	☐	☐	☐
2	아이덴티티(Identity)점의 위치를 머물지 않고 장래의도를 함께 담아서 구축하고 있는가?		☐	☐	☐	
3	지점의 사업영역을 결정하는 도메인 설정이나 전략 만들기의 과제를 집어넣고 있는가?		☐	☐	☐	
4	CI 계획은 4가지의 영역까지 취급되고 있는가? ① MI : Mind Identity- 기업의 이념, 신조 ② SI : Strategy Identity - 경영전략의 성찰과 구축 ③ BI : Behavior Identity - 전략에 기초한 행동계획이나 중장기 계획 등	☐	☐	☐	☐	☐

	④ VI : Visual Identity - 커뮤니케이션을 위한 디자인 계획					
5	이념, 신조, 사시, 사훈 등을 만들었는가?		☐	☐	☐	
6	전략에 기초하여 중장기 계획은 가능한가?		☐	☐	☐	
7	이념, 전략을 표현하는 디자인 계획, 시각표시 통일을 위한 마크, 사인, 로고타입 등은 가능한가?		☐	☐	☐	
8	VI에 기초하여 디자인이나 시각표시 통일의 개별계획은 어느 정도 가능한가? (회사색깔, 점포, 오피스의 전개, 점두, POP, 광고판촉 표현, 사무용품, 사기, 유니폼, 차량 등의 전개)		☐	☐	☐	

(3) 계수관리		매우 좋음 5	4	3	2	아주 나쁨 1
1	장부는 정리되어 있는가?		☐	☐	☐	
2	손익계산서가 가능하도록 관리되어 있는가?		☐	☐	☐	
3	판매관리를 위한 수익성, 생산성지표를 파악하고 있는가?		☐	☐	☐	
4	손익분기점을 항상 파악하고 있는가?		☐	☐	☐	
5	구입관리는 어떤 기준을 설정하여서 실시하고 있는가?		☐	☐	☐	
6	매출액, 이익, 경비 등의 목표나 계획을 세워서 매월 내지 연간의 관리를 하고 있는가?		☐	☐	☐	
7	손익분기점을 기초한 매출액, 이익, 경이관리를 하고 있는가?		☐	☐	☐	
8	미용, 점판 부문 등에 관해서 장르별로 부문관리를 하고 있는가?		☐	☐	☐	
9	개인별 목표숫자를 설정하고 있는가?		☐	☐	☐	
10	가계(家計)와 사업회계(事業會計)는 분리하여 운영하고 있는가?		☐	☐	☐	
11	재무관리를 하여 안전성, 유동성 지표를 파악하고 있는가?		☐	☐	☐	

(4) 상권관리		매우 좋음 5	4	3	2	아주 나쁨 1
1	지점의 상권은 어느 정도 정확하게 파악하고 있는가?	☐	☐	☐	☐	☐
2	후배지(後背地)의 특성을 구역별로 파악하고 있는가?		☐	☐	☐	
3	내점객 분석을 할 수 있는가?		☐	☐	☐	
4	각 상권별로(1차-2차에 대하여) 총 미용인구와 상정하여 얻는 타업소와의 시장점유율을 파악하고 있는가?		☐	☐	☐	

5	경쟁점과의 시장점유율을 예측, 자점 · 경쟁점의 종합평가표는 만들고 있는가?	□ □ □
6	입지에 합당한 개성화 정책은 확립되어 있는가?	□ □ □
7	지점의 개성화 전략, 경쟁점에의 대항소수점을 설정하고 있는가?	□ □ □
8	상권변화에 의한 추세로서 고객수는 증가경향이 있다고 생각하는가?	□ □ □
9	상권의 장래에 관해서 도시계획 등의 데이터를 수입하여 충분히 변화예측을 하고 있는가?	□ □ □
10	상권의 장래변화에 대응하여서 자점의 시책은 가능한 것인가?	□ □ □
11	전략전환, 이미지 체인지, 출점, 이전 등의 장래계획을 책정하고 있는가?	□ □ □

(5) 점포환경관리		매우 좋음 5	4	3	2	아주 나쁨 1
1	점포환경의 개선, 관리를 위하여 어떤 시설, 설비, 활동에 주력하여 실시하고 있는가? A. 리렉션 대책에 대해서 B. 청결감 대책에 대해서 C. 안심, 안전감 대책에 대해서	 □ □ □	 □ □ □	 □ □ □	 □ □ □	 □ □ □
2	점포환경에 대하여 검토한 적이 있는가? (점포환경의 최적조건을 만들고 구체적인 체크포인트를 업계나 단체에서 결정하고 레벨 향상방법으로서 각 점포에 협력을 요청하고 있는 활동)		□	□	□	

4) 고객

(1) 고객관리		매우 좋음 5	4	3	2	아주 나쁨 1
1	고객미용 카르테는 내용 항목별로 보며 실제의 활용 면에서 충분하게 살려서 분류 정비하고 있는가?	☐	☐	☐	☐	☐
2	신규고객개척은 어떻게 실시하고 있는가? 그것은 매년의 고정고객의 자연감소를 보충하여 충분히 활동하고 있는가?	☐	☐	☐	☐	☐
3	신규고객의 고정 고객화를 어떻게 진행하고 있는가? 또 매년 고정고객은 증가경향이 있는가?	☐	☐	☐	☐	☐
4	고정고객의 조직화를 위한 애용 고객화(3년 이상의 고정고객)는 어느 정도 가능한가?		☐	☐	☐	
5	조직된 모임에서는 충분한 활동을 하고 있는가? (규칙, 행사내용, 미용상담 등)		☐	☐	☐	
6	고정 고객화, 애용 고객화, 조직화의 효과는 어떤가? 효율적으로 보아 평가할 수 있는가? 고객을 포기하지 않는 연구를 실시하고 있는가?		☐	☐	☐	
7	고객의 개인적 성향이나 속성을 파악하고 그것에 따라 개별 대응이나 카운셀링을 실시하고 있는가?		☐	☐	☐	

(2) 판촉계획		매우 좋음 5	4	3	2	아주 나쁨 1
1	광고 · 판촉계획은 매월의 판촉 숫자 목표까지는 그 목표치를 기초로 하여 작성, 실시하고 있는가?	☐	☐	☐	☐	☐
2	그것은 자점에서의 고객의 인지경험을 반영한 활동내용으로 이뤄지는가?	☐	☐	☐	☐	☐
3	연간판촉계획은 작성되고 있는가? 그것을 매월의 활동에 짜 넣고 타의 제동과 연동하여 균형 있게 작성하고 있는가? (타의 제활동 - 교육, 연구, 카운셀링, 점판상품판매, 점내 커뮤니케이션 등)	☐	☐	☐	☐	☐
4	매년의 고정고객의 자연감소에 대비하여 신규고객의 획득(특히 3~4개월의 신미용 인구화에 있는 봄의 캠페인에 의한)을 의식적으로 추구하는 계획이 있는가?	☐	☐	☐	☐	☐
5	신규고객의 고정객화, 조직화(7월내지 9월, 10월의 가을 캠페인)를 의식적으로 추구하고 있는가?	☐	☐	☐	☐	☐

		5	4	3	2	1
6	3월 → 4월, 9월 → 10월에 걸쳐서 고객수, 매출액은 증가하였는가?		□	□	□	
7	뉴라인의 PR, 카운셀링 활동, 점판상품 판매 등을 연간 판촉계획에 집어넣고 있는가?		□	□	□	
8	소개활동에는 어느 정도의 무게를 두고 실시하고 있는가? (소개활동은 미용업에 있어서는 중요한 판촉활동으로 있는 것을 명심할 것)	□	□	□	□	□
9	광고 판촉 활동의 종업원 협력도는 어느 정도까지 행하고 있는가?		□	□	□	
10	효과측정이나 채산성 체크는 어디까지 추구하고 최적 프로모션 믹스를 위한 노력이 행하여지고 있는가?		□	□	□	

	(3) 질 관리 (현재 대기업을 중심으로 행하여지고 있지만 장래 서비스업 전체에 요구되어지는 현대적 경영관리 수법에 따른 일의 질 관리 활동)	매우 좋음 5	4	3	2	아주 나쁨 1
1	고객의 점포에 대한 평가나 의견을 뭔가의 형태로 수집한 적이 있는가?	□	□	□	□	□
2	고객의 평가, 만족도에 관해서 상세한 조사를 실시하고 있는 적이 있는가?		□	□	□	
3	클레임이나 그 대책에는 충분한 힘을 넣고 있는가?		□	□	□	
4	다음 2가지의 질관리의 활동에 관해서 학습한다거나 검토한 적이 있는가?	□	□	□	□	□
	(가) 품질관리 or TQC(Total Quality Control활동)					
	① 제공하는 상품, 서비스, 기술 등의 질	□	□	□	□	□
	② 데이터에 기준한 품질수준을 파악하고 향상 하도록 한다.		□	□	□	
	③ 고객이나 일을 계층별화 하여 관리, 개선한다.		□	□	□	
	④ 점포의 방침, 이념에 따라서 고객지향, 마케팅의 입장에서 전부문에 있어서 작은 개선을 쌓는다.		□	□	□	
	⑤ 고객지향의 서비스를 데이터를 기반으로 증대, 향상한다.		□	□	□	
	(나) 고객만족경영 = CS(Customer Satisfaction)					
	① 제공하는 상품, 서비스, 기술 등 모두 고객만족도를 향상하기 위하여 설계, 준비하며 이것을 측정결과에 의한 데이터로써 파악하고 개선하고 있다고 하는 경영활동이다.		□	□	□	
	② 고객접점 중시, 만족도의 정기 · 정량 완전 측정, 경영자 · 관리자 주도의 3원칙을 기본으로 하고 있다.		□	□	□	
	③ 마지막으로 자기진단을 이제까지 어느정도 실시하고 있는가? 또 그것은 개선에 유용한가?	□	□	□	□	□

찾아보기

성공하는 미용기업을 위한

미용경영학

2016년 8월 30일 초판 인쇄
2021년 3월 10일 초판 2쇄발행
2023년 3월 10일 초판 3쇄발행

지은이 / 정 훈
펴낸이 / 이상태
펴낸곳 / 청구문화사
주 소 / (03706) 서울특별시 서대문구 성산로11길 15
전 화 / 02) 332-0541(代) FAX / 02) 337-9577
등 록 / 1990년 11월 2일 제9-247호

정가 23,000 원

ISBN 978-89-5616-716-9 93590